21世纪高等学校系列教材 | 计算机科学与技术

离散数学

（第2版）

刘忠艳 付喜辉 主编

刘金芳 李懿 王光辉 刘辉 副主编

清華大学出版社

北京

内 容 简 介

本书包括数理逻辑、集合论、图论和组合与代数四部分内容。书中定义、原理论述详细，通俗易懂，内容丰富，既注重对基本概念的论述，又注重原理的证明方法及其在计算机科学中的实际应用。每章末都有对应本章知识点的习题，便于读者更深入理解和巩固所学的理论知识，讲授时建议 64 学时左右。

本书可以作为计算机及相关专业的本科生教材，也可以作为计算机相关资格水平考试的参考书，还可以为从事计算机软件、硬件开发和应用的人员提供参考。

图书在版编目(CIP)数据

离散数学/刘忠艳，付喜辉主编. —2 版. —北京：清华大学出版社，2022.7（2025.1 重印）
21 世纪高等学校系列教材·计算机科学与技术
ISBN 978-7-302-60838-7

Ⅰ. ①离… Ⅱ. ①刘… ②付… Ⅲ. ①离散数学—高等学校—教材 Ⅳ. ①O158

中国版本图书馆 CIP 数据核字(2022)第 080321 号

责任编辑：贾 斌
封面设计：傅瑞学
责任校对：李建庄
责任印制：刘 菲

出版发行：清华大学出版社
网 址：https://www.tup.com.cn，https://www.wqxuetang.com
地 址：北京清华大学学研大厦 A 座 **邮 编**：100084
社 总 机：010-83470000 **邮 购**：010-62786544
投稿与读者服务：010-62776969，c-service@tup.tsinghua.edu.cn
质量反馈：010-62772015，zhiliang@tup.tsinghua.edu.cn
课件下载：https://www.tup.com.cn，010-83470236
印 装 者：三河市龙大印装有限公司
经 销：全国新华书店
开 本：185mm×260mm **印 张**：14.25 **字 数**：348 千字
版 次：2016 年 9 月第 1 版 2022 年 8 月第 2 版 **印 次**：2025 年 1 月第 3 次印刷
印 数：2301～3300
定 价：49.00 元

产品编号：096230-01

前言

本书在第1版的基础上融入了编者们多年的教学经验，改进了部分内容的叙述方式和部分例题的解决方法，尤其是第3章内容改变较大，增加了新的实际应用案例。同时，重新整理、修改了第1～6章习题，增加了参考答案，更加符合"离散数学"课程教学基本要求，并兼顾当今高等学校应用型人才的培养要求。

离散数学是现代数学的一个重要分支，也是计算机科学的理论基础，它以离散量为研究对象，研究各种各样的离散量的结构及其关系，这正与计算机所处理的对象相一致，因此成为计算机科学的基本工具。它的前导课程为"线性代数"，可以为后续课程，如"数据结构""数据库""信息科学""算法设计""人工智能"等课程提供必要的数学基础。

在本书的编写过程中，不但考虑了离散数学与前导课程的关系，也考虑了其与后续课程的关系，注重理论与实践的结合。把理论应用于实际，解决实际问题，这是本书的一大特色。对于每章的理论，都通过例题或习题应用于实际，解决了实际应用的问题。本书详细论述了相关概念及定理，对于大部分定理，都给出了证明推理。学生不仅要学会理解定理，更重要的是要学习数学思维，为今后的学习和研究打下坚实的数学基础。

本书由岭南师范学院刘忠艳和黑龙江科技大学付喜辉任主编，刘金芳、李懿、王光辉、刘辉任副主编。全书主要包括数理逻辑、集合论、图论和组合与代数四部分内容。第1、2章由李懿编写，第3、5、6章由刘忠艳编写，第4章由王光辉编写，第7～9章由付喜辉编写，第1～6章习题及答案由刘金芳编写，全书由刘辉主审。对岭南师范学院刘金芳及黑龙江科技大学付喜辉、王光辉、李懿、刘辉等老师表示感谢。同时，本书也得到了岭南师范学院计算机与智能教育学院和黑龙江科技大学计算机与信息工程学院领导、老师和同学们的大力支持与协助，在此一并表示感谢。

本书可作为计算机及相关专业的本科生教材，也可作为计算机相关资格水平考试的参考书，还可作为从事计算机软件、硬件开发和应用人员的指导书。

由于作者水平有限，书中不妥或疏漏之处在所难免，恳请读者批评指正，多提出宝贵意见，以便今后改正。

刘忠艳

2022年5月

第一部分 数理逻辑

第二部分　集　合　论

第三部分　图　　论

第一部分

数理逻辑

数理逻辑的创始人是Leibniz，为了实现把推理变为演算的想法，他把数学引入了形式逻辑，其后，又经多人努力，逐渐使得数理逻辑成为一门专门的学科。数理逻辑是用数学方法来研究推理的形式结构和推理规律的数学学科，它与数学的其他分支、计算机、人工智能、语言学等学科均有十分密切的联系，而且越来越显示出其重要性和广泛的应用前景。数理逻辑的基础部分是命题逻辑和谓词逻辑。第1、2章将介绍命题逻辑和谓词逻辑的基本知识、推理规则、方法及应用。

第1章 命题逻辑

命题逻辑研究以命题为基本单位构成的前提和结论之间的可推导关系。本章介绍命题逻辑的基本知识。

1.1 命题的基本概念

1.1.1 命题及分类

1. 命题的概念

定义 1.1 判断结果非真即假的陈述句为**命题**。命题是命题逻辑最基本的单位。

判断结果称为命题的**真值**,真值只取两个值:**真**或**假**。真值为真的命题称为**真命题**,真值为假的命题称为**假命题**。真命题表达的判断正确,假命题表达的判断错误。任何命题的真值都是唯一的。

因此,判断给定句子是否为命题,应该分两步:首先判定它是否为陈述句,其次判断它是否有唯一的真值。

另外,感叹句、祈使句和疑问句都不是命题。

例 1.1 下列句子中哪些是命题?

(1) π 大于$\sqrt{2}$吗?

(2) 请不要吸烟!

(3) 你的外语讲得太棒了!

(4) a 大于 b。

(5) 3 是奇数。

(6) 金星上有冰。

(7) 3 的平方与 4 的平方和不等于 5 的平方。

(8) 3 是奇素数。

(9) 3 是奇数或素数。

(10) 若 3 是奇数,则雪是黑色的。

(11) 3 是奇数当且仅当雪是黑色的。

解 因(1)是疑问句,(2)是祈使句,(3)是感叹句,因而这 3 个句子都不是命题。虽然(4)是陈述句,但(4)无确定的真值,根据 a,b 的不同取值情况它可真可假,即无唯一的真值,因而不是命题。本例中,(5)～(11)都是命题。其中,(5),(8),(9)为真命题,(7),(10)和(11)为假命题。虽然今天我们不知道(6)的真值,但它的真值客观存在,而且是唯一的,将来总会知道(6)的真值。

对于悖论,由于其判断结果不唯一确定,所以悖论不是命题。如:

小说《唐·吉诃德》里描写过一个国家。它有一条奇怪的法律:每一个旅游者都要回答一个问题。问题是:你来这里做什么?

如果旅游者回答对了,一切都好办。如果回答错了,他就要被绞死。

一天,有个旅游者回答——

我来这里是要被绞死。

如果他们不把这个人绞死,他就说错了,就得受绞刑。可是,如果他们绞死他,他就说对了,就不应该绞死他。

2. 命题的分类

根据命题能否被拆分为更简单的句子,可将命题分为简单命题和复合命题。

定义 1.2 不能被拆分为更简单陈述句的命题称为**简单命题**,亦称为**原子命题**。如例 1.1 中的(5)和(6)。

定义 1.3 由简单命题和联结词按照一定的逻辑关系构成的陈述句称为**复合命题**。如例 1.1 中的(7)～(11)。

为了进行命题的符号化和演算,本书中用小写字母 $p,q,r,\cdots,p_i,q_i,r_i,\cdots$ 表示简单命题,其真值用"1"或"T"表示真,用"0" 或"F"表示假。

如例 1.1 中(5)～(11)的简单命题符号化表示如下。

p:3 是奇数。

q:金星上有冰。

r:3 的平方与 4 的平方和等于 5 的平方。

s:3 是素数。

t:雪是黑色的。

于是,例 1.1 中(7)～(11)可以分别符号化为"非 r""p 且 s""p 或 s""若 p 则 t""p 当且仅当 t"。

例 1.1 中(7)～(11)符号化形式,由于逻辑联结词没有符号化,所以只能称为**半形式化语言**,如果将各种要素都符号化,则称完全由符号所构成的语言为**形式语言**。

1.1.2 逻辑联结词

在不失一般性的情况下,以下不妨假设 p 和 q 均为简单命题。

定义 1.4 复合命题"非 p"称为 p 的**否定式**,记作 $\neg p$,$\neg$称为**否定联结词**。并规定 $\neg p$ 为真当且仅当 p 为假,如表 1.1 所示。

表 1.1 否定联结词的真值表

p	$\neg p$
0	1
1	0

所以,例1.1中的(7)可符号化为$\neg r$,由于r的真值为1,则命题(7)的真值为0。

定义1.5　复合命题"p且q"称为p与q的**合取式**,记作$p \wedge q$,$\wedge$称为**合取联结词**,并规定$p \wedge q$为真当且仅当p与q同时为真,如表1.2所示。

表1.2　逻辑联结词真值表

p	q	$p \wedge q$	$p \vee q$	$p \to q$	$p \leftrightarrow q$
0	0	0	0	1	1
0	1	0	1	1	0
1	0	0	1	0	0
1	1	1	1	1	1

所以,例1.1中的(8)可符号化为$\mathrm{p} \wedge \mathrm{s}$,由于p和s的真值均为1,所以命题(8)的真值为1。

定义1.6　复合命题"p或q"称为p与q的**析取式**,记作$p \vee q$,$\vee$称为**析取联结词**。并规定$p \vee q$为假当且仅当p与q同时为假,如表1.2所示。

所以,例1.1中的(9)可符号化为$p \vee s$,由于p和s的真值均为1,所以命题(9)的真值为1。

注意:自然语言中的"或"有"相容性的或"和"排斥性的或"两种。

例1.1中的(9)中的"或"是属于相容性的。而复合命题"王刚是计算机1班或2班。"中的"或"是属于排斥性的,为了显示逻辑语言的严谨性和明确性,类似属于排斥性"或"的命题应符号化为

$$(p_1 \wedge \neg p_2) \vee (\neg p_1 \wedge p_2)$$

其中p_1表示王刚是计算机1班,p_2表示王刚是计算机2班。

定义1.7　复合命题"若p,则q"称为p与q的**条件式**,记作$p \to q$,$\to$称为**条件联结词**。$p \to q$的逻辑关系为p是q的充分条件,q是p的必要条件。称p是条件式的**前件**,q为条件式的**后件**,并规定$p \to q$为假当且仅当p为真q为假,如表1.2所示。

所以,例1.1中的(10)可符号化为$p \to t$,由于前件p和后件t的真值分别为1和0,所以命题(10)的真值为0。

注意:作为一种规定,当p的真值为假时,无论q的真值是真是假,$p \to q$的真值均为真,只有p为真q为假时,$p \to q$为假。如复合命题"若雪是黑色的,则3不是奇数。"可以符号化为$t \to \neg p$,虽然后件$\neg p$的真值为0,但由于前件t的真值为0,所以为复合命题$t \to \neg p$的真值为1。

定义1.8　复合命题"p当且仅当q"称为p与q的**双条件式**,记作$p \leftrightarrow q$,$\leftrightarrow$称为**双条件联结词**。$p \leftrightarrow q$的逻辑关系是p与q互为充分必要条件,规定$p \leftrightarrow q$的真值为真当且仅当p,q真值都为真,或者都是假的,如表1.2所示。

所以,例1.1中的(11)可符号化为$p \leftrightarrow t$,由于前件p和后件t的真值分别为1和0,所以命题(11)的真值为0。

例1.2　将下列命题符号化。

(1) 王刚不参加100米跑比赛。

(2) 王刚与赵明都参加100米跑比赛。

(3) 王刚与赵明是队友。

(4) 王刚参加100米跑比赛或跳远比赛。

(5) 王刚是计算机专业的学生或物联网专业的学生。

(6) 若 $1+1\neq2$,则乌龟比兔子跑得快。

(7) 只有乌龟比兔子跑得快,才有 $1+1\neq2$。

(8) 太阳绕着地球转当且仅当 $1+1\neq2$。

分析:对于每个命题,首先要明确原子命题及对每个原子命题进行符号化,然后再明确逻辑联结词并符号化。

解

(1) p:王刚参加100米跑比赛;命题符号化为 $\neg p$。

(2) p:王刚参加100米跑比赛;q:赵明参加100米跑比赛,命题符号化为 $p\wedge q$。

(3) p:王刚与赵明是队友,命题符号化为 p。

(4) p:王刚参加100米跑比赛;q:王刚参加跳远比赛,命题符号化为 $p\vee q$。

(5) p:王刚是计算机专业的学生;q:王刚是物联网专业的学生,命题符号化为 $(p\wedge\neg q)\vee(\neg p\wedge q)$。

(6) p:$1+1=2$;q:乌龟比兔子跑得快,命题符号化为 $\neg p\rightarrow q$。

(7) p:$1+1=2$;q:乌龟比兔子跑得快,命题符号化为 $\neg p\rightarrow q$。

(8) p:太阳绕着地球转;q:$1+1=2$,命题符号化为 $p\leftrightarrow\neg q$。

与代数运算中四则运算相似,一般规定逻辑联结词的优先顺序依次为(),$\neg$,$\wedge$,$\vee$,$\rightarrow$,$\leftrightarrow$。同一优先级别,先出现者先运算。多次使用联结词,可以组成更为复杂的复合命题。

例1.3 令

p:中国位于亚洲。

q:熊猫是国家一级保护动物。

r:$2>3$。

求下列复合命题的真值:

(1) $((\neg p\wedge q)\vee(p\wedge\neg q))\rightarrow r$;

(2) $(q\vee r)\rightarrow(p\rightarrow\neg r)$;

(3) $(\neg p\vee r)\leftrightarrow(p\wedge\neg r)$。

解 真值分别为1,1,0。

1.2 命题公式及类型

1.2.1 命题公式及赋值

从本节开始对命题进一步抽象,引入命题常项和命题变项的概念。

1. 命题变项

已知简单命题公式是真值唯一确定的命题逻辑中最基本的研究单位,可用符号表示。

定义1.9 真值唯一的简单命题称为**命题常项**(**命题常元**),可用符号表示。

如 p：2 是偶数。

定义 1.10　可表示任意的命题，真值未定的符号称为**命题变元**。如 p,q,r。

当 p：$2+1=3$，其真值为 1；当 p：$2+2=3$，其真值为 0。

可见，尚未表示特定命题的命题变项，其真值未定，已不是命题。p,q,r 既可以表示命题常项，又可以表示命题变项，由上下文来确定。

2. 命题公式(合式公式)

定义 1.11　将命题变项用逻辑联结词和圆括号按一定的逻辑关系联结起来的符号串称为**命题公式**，简称为**公式**。命题公式可用大写字母 $A,B,C,\cdots,A_1,A_2,A_3,\cdots$表示。

若公式 B 为公式 A 的一部分，则称 B 为 A 的子公式。

如$(p\vee q)\wedge r$，$(p\rightarrow q)\wedge(q\leftrightarrow r)$均为命题公式，其中 p,q,r 和 $p\vee q$ 均可以看作公式 $(p\vee q)\wedge r$ 的子公式。

将命题公式用联结词和圆括号按一定的逻辑关系联结起来的表达式仍是命题公式。命题公式也可以采用递归形式定义如下：

(1) 原子合式公式(单个命题变项)；

(2) 若 A 是合式，则 $(\neg A)$也是；

(3) 若 A,B 是合式，则$(A\wedge B)$，$(A\vee B)$，$(A\rightarrow B)$，$(A\leftrightarrow B)$也是。

只有有限次地应用(1)～(3)形成的符号串才是公式。

如 $A\rightarrow(B\vee A)$和$(B\wedge C\vee A)\rightarrow B$ 都是命题公式，而 BA 和 $B\wedge\vee A$ 不是命题公式。

3. 合式公式的层次

定义 1.12

(1) 若公式 A 是单个命题变项，则称 A 为 0 层公式；

(2) 对下面的情况，称 A 是 $n+1(n\geqslant 0)$层公式：

① $A=\neg A_1$，A_1 是 n 层公式；

② $A=A_1\wedge A_2$，其中 A_1,A_2 分别为 n_1 层和 n_2 层公式，且 $n=\max(n_1,n_2)$；

③ $A=A_1\vee A_2$，其中 A_1,A_2 的层次及 n 同②；

④ $A=A_1\rightarrow A_2$，其中 A_1,A_2 的层次及 n 同②；

⑤ $A=A_1\leftrightarrow A_2$，其中 A_1,A_2 的层次及 n 同②。

例 1.4　求$(\neg p\wedge q)\rightarrow r$ 的层。

解　因为 p 为 0 层，$\neg p$ 为 1 层，$\neg p\wedge q$ 为 2 层，所以$(\neg p\wedge q)\rightarrow r$ 为 3 层。

一般公式的层也可以采用二叉树分解的方法来分析和求取，树的高度记为公式的层，如图 1.1 所示，树高为 3，所以也可以得到$(\neg p\wedge q)\rightarrow r$ 的层为 3。

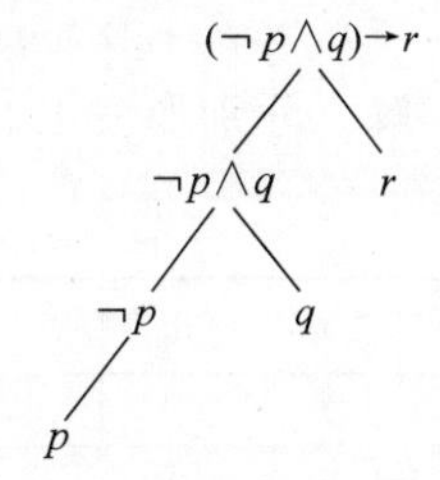

图 1.1　$(\neg p\wedge q)\rightarrow r$ 二叉树分解

在命题公式中，由于有命题变项的出现，因此真值是不确定的。当将公式中出现的全部命题变项都解释成具体的命题之后，公式就成了真值确定的命题了。

如在公式$(p\vee q)\rightarrow r$ 中，给出解释：

(1) 若 p：2是素数，q：3是偶数，r：$\sqrt{2}$是无理数，则 p,q,r 的真值分别为1,0,1,对应命题公式$(p\vee q)\to r$ 的真值为1；

(2) 若 p：2是素数，q：3是偶数，r：$\sqrt{2}$是有理数，则 p,q,r 的真值分别为1,0,0,对应命题公式$(p\vee q)\to r$ 的真值为0。

4. 公式的赋值(或解释)

定义 1.13 设公式 A 含有 n 个命题变项 $p_1,p_2,\cdots,p_n$，若给 $p_1,p_2,\cdots,p_n$ 各指定一个真值，则称为对 A 的一个**赋值**或**解释**。若指定的一组真值使 A 的真值为1，则称这组值为 A 的**成真赋值**，若使 A 的真值为假，则称这组值为 A 的**成假赋值**。

如设 $A=(\neg p_1\wedge\neg p_2\wedge\neg p_3)\vee(p_1\wedge p_2)$，则

p_1,p_2,p_3	A
0 0 0	1
1 1 0	1
0 0 1	0
0 1 1	0

所以000,110都是 A 的成真赋值，而001,011都是 A 的成假赋值。

1.2.2 命题公式类型与真值表

1. 真值表

定义 1.14 将命题公式 A 在所有赋值下的真值列成表，称为 A 的**真值表**。不难看出，含 $n(n\geqslant 1)$个命题变项的公式有从低到高 $0\cdots00,0\cdots01,\cdots,1\cdots11$ 共 2^n 个不同的赋值。

一般求公式的真值表主要分以下3个步骤：

(1) 列出命题公式的所有 n 个不同的命题变项，并从低到高赋 2^n 个不同的值；

(2) 按照定义1.14依次从低到高列出公式的各层；

(3) 依次从低到高列出公式的各层的真值，至公式本身。

于是，根据命题公式的真值表可以得到公式的所有成真赋值和成假赋值。

例 1.5 求下列公式的真值表，并求成真赋值和成假赋值。

(1) $(\neg p\wedge q)\to\neg r$

(2) $(p\wedge\neg p)\leftrightarrow(q\wedge\neg q)$

(3) $\neg(p\to q)\wedge q\wedge r$

解 分别如表1.3～表1.5所示。

表 1.3 公式$(\neg p\wedge q)\to\neg r$ 的真值表

p	q	r	$\neg p$	$\neg r$	$\neg p\wedge q$	$(\neg p\wedge q)\to\neg r$
0	0	0	1	1	0	1
0	0	1	1	0	0	1
0	1	0	1	1	1	1
0	1	1	1	0	1	0

续表

p	q	r	$\neg p$	$\neg r$	$\neg p \wedge q$	$(\neg p \wedge q) \to \neg r$
1	0	0	0	1	0	1
1	0	1	0	0	0	1
1	1	0	0	1	0	1
1	1	1	0	0	0	1

所以，命题公式$(\neg p \wedge q) \to \neg r$的成真赋值为000，001，010，100，101，110，111；成假赋值为011。

表1.4 公式$(p \wedge \neg p) \leftrightarrow (q \wedge \neg q)$的真值表

p	q	$\neg p$	$\neg q$	$p \wedge \neg p$	$q \wedge \neg q$	$(p \wedge \neg p) \leftrightarrow (q \wedge \neg q)$
0	0	1	1	0	0	1
0	1	1	0	0	0	1
1	0	0	1	0	0	1
1	1	0	0	0	0	1

所以，公式$(p \wedge \neg p) \leftrightarrow (q \wedge \neg q)$的4种赋值均为成真赋值，无成假赋值。

表1.5 公式$\neg(p \to q) \wedge q \wedge r$的真值表

p	q	r	$p \to q$	$\neg(p \to q)$	$\neg(p \to q) \wedge q$	$\neg(p \to q) \wedge q \wedge r$
0	0	0	1	0	0	0
0	0	1	1	0	0	0
0	1	0	1	0	0	0
0	1	1	1	0	0	0
1	0	0	0	1	0	0
1	0	1	0	1	0	0
1	1	0	1	0	0	0
1	1	1	1	0	0	0

所以，公式$\neg(p \to q) \wedge q \wedge r$的8种赋值均为成假赋值，无成真赋值。

根据命题公式在所有赋值下的取值，可将命题公式进行分类。

2. 命题公式的类型

定义1.15 设A为任一命题公式：

(1) 若A在各种赋值下真值均为真，则称A为**重言式**或**永真式**，如例1.5中的(2)；

(2) 若A在各种赋值下真值均为假，则称A为**矛盾式**或**永假式**，如例1.5中的(3)；

(3) 若A不是矛盾式，则称A为可满足式，如例1.5中的(1)和(2)。

注意：

(1) A是可满足式的等价定义是：A至少存在一个成真赋值；

(2) 重言式一定是可满足式，反之不真；至少存在一个成假赋值的可满足式称为非重言式的可满足式；

(3) 真值表可用来判断公式的类型。

n 个命题变项共产生 2^n 个不同的赋值,只有 2 的 2^n 次方个不同的真值表,很多公式具有相同的真值表。如 $n=1$,有 2 个不同的赋值,可有 4 个不同的真值表,如表 1.6 所示。

表 1.6 1 个命题变量的 4 种真值表

p	A_1	A_2	A_3	A_4
0	0	0	1	1
1	0	1	0	1

例 1.6 给出下列公式的真值表并判断哪些具有相同的真值表。

(1) $p \to q$

(2) $p \leftrightarrow q$

(3) $\neg(p \wedge \neg q)$

(4) $(p \to q) \wedge (q \to p)$

(5) $\neg q \vee p$

解 从表 1.7 中可看出,(1)、(3)具有相同的真值表,(2)、(4)具有相同的真值表。

表 1.7 例 1.6 中命题公式的真值表

p	q	$p \to q$	$p \leftrightarrow q$	$\neg(p \wedge \neg q)$	$(p \to q) \wedge (q \to p)$	$\neg q \vee p$
0	0	1	1	1	1	1
0	1	1	0	1	0	0
1	0	0	0	0	0	1
1	1	1	1	1	1	1

例 1.7 下列公式中哪些具有相同的真值表?

(1) $p \to q$

(2) $\neg q \vee r$

(3) $(\neg p \vee q) \wedge ((p \wedge r) \to p)$

(4) $(q \to r) \wedge (p \to p)$

解 从表 1.8 中可以看出,(1)、(3)具有相同的真值表,(2)、(4)具有相同的真值表。

表 1.8 例 1.7 中命题公式的真值表

p	q	r	$p \to q$	$\neg q \vee r$	$(\neg p \vee q) \wedge ((p \wedge r) \to p)$	$(q \to r) \wedge (p \to p)$
0	0	0	1	1	1	1
0	0	1	1	1	1	1
0	1	0	1	0	1	0
0	1	1	1	1	1	1
1	0	0	0	1	0	1
1	0	1	0	1	0	1
1	1	0	1	0	1	0
1	1	1	1	1	1	1

具有相同真值表的公式 A、B，在 B 中出现而在 A 中不出现的命题变项称为 A 的哑元。上例 1.7 中，r 是(1)的哑元，p 是(2)的哑元。

例 1.8　下列公式的真值表是否正确？说明理由。

(1) $p\rightarrow\neg q$

(2) $p\wedge(q\leftrightarrow\neg r)$

(3) $p\rightarrow(q\rightarrow r)$

解　如表 1.9～表 1.11 所示。

表 1.9　例 1.8 中命题公式 $p\rightarrow\neg q$ 的真值表

p	q	$\neg q$	$p\rightarrow\neg q$
0	0	1	1
0	1	0	1
1	0	1	1

命题公式 $p\rightarrow\neg q$ 的真值表不正确，2 个命题变项，应该是 4 组赋值，缺少 $p=1,q=1$ 的赋值及最后的取值。

表 1.10　例 1.8 中命题公式 $p\wedge(q\leftrightarrow\neg r)$ 的真值表

p	q	r	$\neg r$	$q\leftrightarrow\neg r$	$p\wedge(q\leftrightarrow\neg r)$
0	0	0	1	1	0
0	0	1	0	1	0
0	1	0	1	1	0
0	1	1	0	0	0
1	0	0	1	1	1
1	0	1	0	1	1
1	1	0	1	1	1
1	1	1	0	0	0

命题公式 $p\wedge(q\leftrightarrow\neg r)$ 的真值表不正确，$q\leftrightarrow\neg r$ 可能按照 $q\rightarrow\neg r$ 进行了取值，从而导致 $q\leftrightarrow\neg r$ 的第一行取值不正确。

表 1.11　例 1.8 中命题公式 $p\rightarrow(q\rightarrow r)$ 的真值表

p	q	r	$p\rightarrow q$	$p\rightarrow(q\rightarrow r)$
0	0	0	1	0
0	0	1	1	1
0	1	0	1	0
0	1	1	1	1
1	0	0	0	1
1	0	1	0	1
1	1	0	1	0
1	1	1	1	1

命题公式 $p\to(q\to r)$ 的真值表不正确，没有对 $(q\to r)$ 进行取值，从而导致 $p\to(q\to r)$ 的第一、三行取值不正确。

综上所述，在应用真值表计算公式取值时，要尽量遵照公式真值表的主要 3 个步骤，避免取值错误的问题出现。

1.3 命题公式的等价演算

1.3.1 命题公式的等价式

1. 等价式

定义 1.16 设 A,B 是两个命题公式，若 A,B 构成的双条件式 $A\leftrightarrow B$ 为重言式，则称 A 与 B 是等价的，记作 $A\Leftrightarrow B$，读作 A 等价于 B。

注意：

(1) $\Leftrightarrow$ 不是联结词，$A\leftrightarrow B$ 是命题，而 $A\Leftrightarrow B$ 不是命题，只说明命题 $A\leftrightarrow B$ 是重言式；

(2) 可用真值表法判断 $A\leftrightarrow B$ 是否为重言式；

(3) 若 A 与 B 不等价，记作 $A\not\Leftrightarrow B$。

显然，“$\Leftrightarrow$”作为两个命题公式的一种关系，具有以下性质。

(1) 自反性：$A\Leftrightarrow A$。

(2) 对称性：若 $A\Leftrightarrow B$，则 $B\Leftrightarrow A$。

(3) 传递性：若 $A\Leftrightarrow B$，且 $B\Leftrightarrow C$，则 $A\Leftrightarrow C$。

例 1.9 (1) 判断公式 $\neg p\vee q$ 与 $p\to q$ 是否等价。

(2) 证明公式 $p\leftrightarrow q$ 与 $(p\to q)\wedge(q\to p)$ 等价。

解 从表 1.12 中可看出，$\neg p\vee q\Leftrightarrow p\to q$。

表 1.12 例 1.9(1)中命题公式的真值表

p	q	$\neg p\vee q$	$p\to q$	$(\neg p\vee q)\leftrightarrow(p\to q)$
0	0	1	1	1
0	1	1	1	1
1	0	0	0	1
1	1	1	1	1

证明 从表 1.13 中可看出，$p\leftrightarrow q\Leftrightarrow(p\to q)\wedge(q\to p)$。

表 1.13 例 1.9(2)中命题公式的真值表

p	q	$p\leftrightarrow q$	$(p\to q)\wedge(q\to p)$	$(p\leftrightarrow q)\leftrightarrow((p\to q)\wedge(q\to p))$
0	0	1	1	1
0	1	0	0	1
1	0	0	0	1
1	1	1	1	1

例 1.10　证明公式$(p \vee q) \rightarrow r$与$(p \rightarrow r) \vee (q \rightarrow r)$不等价。

证明　列出如表 1.14 所示的真值表。

表 1.14　例 1.10 中命题公式的真值表

p	q	r	$(p \vee q) \rightarrow r$	$(p \rightarrow r) \vee (q \rightarrow r)$	$((p \vee q) \rightarrow r) \leftrightarrow ((p \rightarrow r) \vee (q \rightarrow r))$
0	0	0	1	1	1
0	0	1	1	1	1
0	1	**0**	**0**	**1**	**0**
0	1	1	1	1	1
1	0	**0**	**0**	**1**	**0**
1	0	1	1	1	1
1	1	0	0	0	1
1	1	1	1	1	1

所以，$(p \vee q) \rightarrow r$与$(p \rightarrow r) \vee (q \rightarrow r)$不等价。

用真值表可判断任何两个公式是否等价，但当命题变项很多时，其工作量是很大的。可用公式演算。

2. 基本的等价式

(1) 双重否定律：$A \Leftrightarrow \neg\neg A$。

(2) 幂等律：$A \Leftrightarrow A \vee A$；

$A \Leftrightarrow A \wedge A$。

(3) 交换律：$A \vee B \Leftrightarrow B \vee A$；

$A \wedge B \Leftrightarrow B \wedge A$；

$A \leftrightarrow B \Leftrightarrow B \leftrightarrow A$。

(4) 结合律：$(A \vee B) \vee C \Leftrightarrow A \vee (B \vee C)$；

$(A \wedge B) \wedge C \Leftrightarrow A \wedge (B \wedge C)$；

$(A \leftrightarrow B) \leftrightarrow C \Leftrightarrow A \leftrightarrow (B \leftrightarrow C)$。

(5) 分配律：$A \vee (B \wedge C) \Leftrightarrow (A \vee B) \wedge (A \vee C)$；

$A \wedge (B \vee C) \Leftrightarrow (A \wedge B) \vee (A \wedge C)$。

(6) 德·摩根律：$\neg(A \vee B) \Leftrightarrow \neg A \wedge \neg B$；

$\neg(A \wedge B) \Leftrightarrow \neg A \vee \neg B$。

(7) 吸收律：$A \vee (A \wedge B) \Leftrightarrow A$；

$A \wedge (A \vee B) \Leftrightarrow A$。

(8) 零律：$A \vee 1 \Leftrightarrow 1$，　$A \wedge 0 \Leftrightarrow 0$。

(9) 同一律：$A \vee 0 \Leftrightarrow A$，　$A \wedge 1 \Leftrightarrow A$。

(10) 补余律：$A \vee \neg A \Leftrightarrow 1$。

(11) 矛盾律：$A \wedge \neg A \Leftrightarrow 0$。

(12) 条件等价式：$A \rightarrow B \Leftrightarrow \neg A \vee B$。

(13) 双条件等价式：$A \leftrightarrow B \Leftrightarrow (A \rightarrow B) \wedge (B \rightarrow A)$；

$\Leftrightarrow(\neg A \vee B) \wedge(\neg B \vee A)$；

$\Leftrightarrow(A \wedge B) \vee(\neg A \wedge \neg B)$。

(14) 假言易位：$A \rightarrow B \Leftrightarrow \neg B \rightarrow \neg A$。

(15) 双条件否定等价式：$A \leftrightarrow B \Leftrightarrow \neg A \leftrightarrow \neg B$。

(16) 归谬论：$(A \rightarrow B) \wedge(A \rightarrow \neg B) \Leftrightarrow \neg A$。

有些公式是成对出现的，把一个公式中的∧、∨、0、1分别换为∨、∧、1、0，就得到另一个公式。

1.3.2 命题公式的等价演算

定理 1.1(替换规则) 设命题公式 A 是命题公式 $\Psi(A)$ 的子公式，若 $A \Leftrightarrow B$，并将 $\Psi(A)$ 中的子公式 A 用公式 B 替换，得到公式 $\Psi(B)$，则 $\Psi(A) \Leftrightarrow \Psi(B)$。

定义 1.17 由已知的等价式可以推演出更多的等价式，这个过程称为**等价演算**。

在等价演算的过程中，要不断地使用替换规则，如下：

例 1.11 用等价演算法验证如下公式。

(1) $p \rightarrow q \rightarrow r \Leftrightarrow \neg r \rightarrow(p \wedge \neg q)$。

证明

$p \rightarrow q \rightarrow r$

$\Leftrightarrow \neg(\neg p \vee q) \vee r$ (条件等价式，替换规则)

$\Leftrightarrow(p \wedge \neg q) \vee r$ (德·摩根律，替换规则)

$\Leftrightarrow r \vee(p \wedge \neg q)$ (交换律，替换规则)

$\Leftrightarrow \neg \neg r \vee(p \wedge \neg q)$ (双重否定律，替换规则)

$\Leftrightarrow \neg r \rightarrow(p \wedge \neg q)$ (条件等价式，替换规则)

(2) $(p \vee q) \rightarrow r \Leftrightarrow(p \rightarrow r) \wedge(q \rightarrow r)$。

证明

$(p \rightarrow r) \wedge(q \rightarrow r)$

$\Leftrightarrow(\neg p \vee r) \wedge(\neg q \vee r)$

$\Leftrightarrow(\neg p \wedge \neg q) \vee r$

$\Leftrightarrow \neg(p \vee q) \vee r$

$\Leftrightarrow(p \vee q) \rightarrow r$

说明：

(1) 也可以从右边开始演算；

(2) 因为每一步都用替换规则，故可不写出；

(3) 熟练后，基本等价式也可以不写出；

(4) 用等价演算不能直接证明两个公式不等价。

例 1.12 证明 $(p \rightarrow q) \rightarrow r \not\Leftrightarrow p \rightarrow(q \rightarrow r)$。

证明

方法一：观察赋值法。易知 010 是 $(p \rightarrow q) \rightarrow r$ 成假赋值，是 $p \rightarrow(q \rightarrow r)$ 成真赋值。

等价演算可以用来判断公式类型。

方法二：用真值表法，如表 1.15 所示。

表 1.15　例 1.12 中命题公式的真值表

p	q	r	$(p\to q)\to r$	$p\to(q\to r)$	$((p\to q)\to r)\leftrightarrow(p\to(q\to r))$
0	0	0	0	1	0
0	0	1	1	1	1
0	1	0	0	1	0
0	1	1	1	1	1
1	0	0	**1**	**1**	**1**
1	0	1	1	1	1
1	1	0	0	0	1
1	1	1	1	1	1

例 1.13　用等价演算法判断下列公式的类型。

(1) $(p\to q)\wedge p\to q$

(2) $\neg(p\to(p\vee q))\wedge r$

(3) $p\wedge(((p\vee q)\wedge\neg p)\to q)$

解

(1)　$(p\to q)\wedge p\to q$

$\Leftrightarrow(\neg p\vee q)\wedge p\to q$　　（条件等价式）

$\Leftrightarrow\neg((\neg p\vee q)\wedge p)\vee q$　　（条件等价式）

$\Leftrightarrow(\neg(\neg p\vee q)\vee\neg p)\vee q$　　（德·摩根律）

$\Leftrightarrow((p\wedge\neg q)\vee\neg p)\vee q$　　（德·摩根律）

$\Leftrightarrow((p\vee\neg p)\wedge(\neg q\vee\neg p))\vee q$　　（分配律）

$\Leftrightarrow(1\wedge(\neg q\vee\neg p))\vee q$　　（补余律）

$\Leftrightarrow(\neg q\vee q)\vee\neg p$　　（同一律）

$\Leftrightarrow 1\vee\neg p$　　（补余律）

$\Leftrightarrow 1$　　（零律）

所以$(p\to q)\wedge p\to q$ 为重言式。

(2)　$\neg(p\to(p\vee q))\wedge r$

$\Leftrightarrow\neg(\neg p\vee p\vee q)\wedge r$

$\Leftrightarrow(p\wedge\neg p\wedge\neg q)\wedge r$

$\Leftrightarrow 0\wedge r$

$\Leftrightarrow 0$

所以$\neg(p\to(p\vee q))\wedge r$ 为矛盾式。

(3)　$p\wedge(((p\vee q)\wedge\neg p)\to q)$

$\Leftrightarrow p\wedge(\neg((p\vee q)\wedge\neg p)\vee q)$

$\Leftrightarrow p\wedge(\neg((p\wedge\neg p)\vee(q\wedge\neg p))\vee q)$

$\Leftrightarrow p\wedge(\neg(0\vee(q\wedge\neg p))\vee q)$

$\Leftrightarrow p\wedge(\neg q\vee p\vee q)$

$\Leftrightarrow p \wedge 1$

$\Leftrightarrow p$

所以 $p \wedge (((p \vee q) \wedge \neg p) \to q)$ 为可满足式。

1.3.3 等价演算的实例应用

例 1.14 某个刑事案件是由甲、乙、丙、丁 4 个嫌疑人中的一个人做的，审讯 4 个人后回答如下。

甲说：这案件是丙做的。

乙说：这案件我没做。

丙说：甲讲得不符合事实。

丁说：这案件是甲做的。

假设甲、乙、丙、丁 4 个人中 3 个人说的对，1 人说的错，问这个案件是谁做的？

解 命题符号化，设：

p：这案件是甲做的；

q：这案件是乙做的；

r：这案件是丙做的；

s：这案件是丁做的。

将甲、乙、丙、丁 4 个人说的命题符号化，如下所示。

$A_1 \Leftrightarrow \neg p \wedge \neg q \wedge r \wedge \neg s$

$A_2 \Leftrightarrow \neg q$

$A_3 \Leftrightarrow \neg r$

$A_4 \Leftrightarrow p \wedge \neg q \wedge \neg r \wedge \neg s$

于是，3 个人说的对，1 人说的错的复合命题可符号化为

$A \Leftrightarrow (\neg A_1 \wedge A_2 \wedge A_3 \wedge A_4) \vee (A_1 \wedge \neg A_2 \wedge A_3 \wedge A_4) \vee (A_1 \wedge A_2 \wedge \neg A_3 \wedge A_4) \vee (A_1 \wedge A_2 \wedge A_3 \wedge \neg A_4) \Leftrightarrow 1$

因 $\neg A_1 \wedge A_2 \wedge A_3 \wedge A_4 \Leftrightarrow \neg(\neg p \wedge \neg q \wedge r \wedge \neg s) \wedge (\neg q) \wedge (\neg r) \wedge (p \wedge \neg q \wedge \neg r \wedge \neg s)$

$\Leftrightarrow \neg(\neg p \wedge \neg q \wedge r \wedge \neg s) \wedge (p \wedge \neg q \wedge \neg r \wedge \neg s)$

$\Leftrightarrow (p \vee q \vee \neg r \vee s) \wedge (p \wedge \neg q \wedge \neg r \wedge \neg s)$

$\Leftrightarrow ((p \vee q \vee \neg r \vee s) \wedge p) \wedge (\neg q \wedge \neg r \wedge \neg s)$

$\Leftrightarrow p \wedge \neg q \wedge \neg r \wedge \neg s$

而 $A_1 \wedge \neg A_2 \wedge A_3 \wedge A_4 \Leftrightarrow (\neg p \wedge \neg q \wedge r \wedge \neg s) \wedge \neg(\neg q) \wedge (\neg r) \wedge (p \wedge \neg q \wedge \neg r \wedge \neg s)$

$\Leftrightarrow (\neg p \wedge p) \wedge (\neg q \wedge r \wedge \neg s) \wedge q \wedge (\neg r) \wedge (\neg q \wedge \neg r \wedge \neg s)$

$\Leftrightarrow 0$

同上有 $A_1 \wedge A_2 \wedge \neg A_3 \wedge A_4 \Leftrightarrow 0$，$A_1 \wedge A_2 \wedge A_3 \wedge \neg A_4 \Leftrightarrow 0$。

所以，这个案件是甲做的。

例 1.15 在某次考古过程中，三名考古队员对一个陶瓷艺术品的年代进行了如下判断。

甲说：这不是唐代的，也不是宋代的。

乙说：这不是唐代的，是明代的。

丙说：这不是明代的，是唐代的。

经过专家鉴定后发现，其中一人判断都是正确的，一人判断对了一半，另外一个人全错了。根据以上情况判断陶瓷艺术品的年代。

解 命题符号化，设：

p：陶瓷艺术品为唐代的；

q：陶瓷艺术品为宋代的；

r：陶瓷艺术品为明代的。

则可得

$F_1 \Leftrightarrow$(甲全对)$\wedge$(乙对一半)$\wedge$(丙全错)

$\Leftrightarrow(\neg p \wedge \neg q) \wedge ((\neg p \wedge \neg r) \vee (p \wedge r)) \wedge (\neg p \wedge r)$

$\Leftrightarrow(\neg p \wedge \neg q \wedge \neg p \wedge \neg r \wedge \neg p \wedge r) \vee (\neg p \wedge \neg q \wedge p \wedge r \wedge \neg p \wedge r)$

$\Leftrightarrow 0 \vee 0 \Leftrightarrow 0$

$F_2 \Leftrightarrow$(甲全对)$\wedge$(乙全错)$\wedge$(丙对一半)

$\Leftrightarrow(\neg p \wedge \neg q) \wedge (p \wedge \neg r) \wedge ((p \wedge r) \vee (\neg p \wedge \neg r))$

$\Leftrightarrow(\neg p \wedge \neg q \wedge p \wedge \neg r \wedge p \wedge r) \vee (\neg p \wedge \neg q \wedge p \wedge \neg r \wedge p \wedge r)$

$\Leftrightarrow 0 \vee 0 \Leftrightarrow 0$

$F_3 \Leftrightarrow$(甲对一半)$\wedge$(乙全对)$\wedge$(丙全错)

$\Leftrightarrow((\neg p \wedge q) \vee (p \wedge \neg q)) \wedge (\neg p \wedge r) \wedge (\neg p \wedge r)$

$\Leftrightarrow(\neg p \wedge r \wedge \neg p \wedge r \wedge \neg p \wedge q) \vee (\neg p \wedge r \wedge \neg p \wedge r \wedge p \wedge \neg q)$

$\Leftrightarrow(\neg p \wedge r \wedge q) \vee 0 \Leftrightarrow (\neg p \wedge r \wedge q)$

$F_4 \Leftrightarrow$(甲对一半)$\wedge$(乙全错)$\wedge$(丙全对)

$\Leftrightarrow((\neg p \wedge q) \vee (p \wedge \neg q)) \wedge (p \wedge \neg r) \wedge (p \wedge \neg r)$

$\Leftrightarrow(p \wedge \neg r \wedge p \wedge \neg r \wedge \neg p \wedge q) \vee (p \wedge \neg r \wedge p \wedge \neg r \wedge p \wedge \neg q)$

$\Leftrightarrow 0 \vee (p \wedge \neg r \wedge \neg q) \Leftrightarrow (p \wedge \neg r \wedge \neg q)$

仿照上面可得

$F_5 \Leftrightarrow$(甲全错)$\wedge$(乙对一半)$\wedge$(丙全对)$\Leftrightarrow 0$

$F_6 \Leftrightarrow$(甲全错)$\wedge$(乙全对)$\wedge$(丙对一半)$\Leftrightarrow 0$

$1 \Leftrightarrow F_1 \vee F_2 \vee F_3 \vee F_4 \vee F_5 \vee F_6$

$\Leftrightarrow(\neg p \wedge q \wedge r) \vee (p \wedge \neg q \wedge \neg r)$

因陶瓷艺术品的年代不可能同时为宋代的和明代的，所以 $\neg p \wedge q \wedge r \Leftrightarrow 0$。

于是，$p \wedge \neg q \wedge \neg r \Leftrightarrow 1$。

所以陶瓷艺术品为唐代的，不是宋代的和明代的，丙说的对。

1.4 命题公式的范式及应用

1.4.1 析取范式与合取范式

1. 范式

定义 1.18 命题变项及其否定统称为**文字**。

仅由有限个文字构成的析取式称为**简单析取式**。

仅由有限个文字构成的合取式称为**简单合取式**。

例如,文字：p，$\neg q$，r，q。

简单析取式：p，q，$p \vee q$，$p \vee \neg p \vee r$，$\neg p \vee q \vee \neg r$。

简单合取式：p，$\neg r$，$\neg p \wedge r$，$\neg p \wedge q \wedge r$，$p \wedge q \wedge \neg q$。

定理 1.2 (1) 一个简单析取式是重言式当且仅当它同时含某个命题变项及它的否定。

(2) 一个简单合取式是矛盾式当且仅当它同时含某个命题变项及它的否定。

定义 1.19 (1) 由有限个简单合取式构成的析取式称为**析取范式**。

(2) 由有限个简单析取式构成的合取式称为**合取范式**。

(3) 析取范式与合取范式统称为**范式**。

例如,析取范式：$(p \wedge \neg q) \vee r$，$\neg p \wedge q \wedge r$，$p \vee \neg q \vee r$。

合取范式：$(p \vee q \vee r) \wedge (\neg q \vee r)$，$\neg p \wedge q \wedge r$，$p \vee \neg q \vee r$。

定理 1.3 (1) 一个析取范式是矛盾式当且仅当它的每个简单合取式都是矛盾式。

(2) 一个合取范式是重言式当且仅当它的每个简单析取式都是重言式。

2. 范式的特点

(1) 范式中不出现联结词→、↔,求范式时可消去：

$$A \rightarrow B \Leftrightarrow \neg A \vee B$$

$$A \leftrightarrow B \Leftrightarrow (\neg A \vee B) \wedge (A \vee \neg B)$$

(2) 范式中不出现如下形式的公式：

$$\neg\neg A, \neg(A \wedge B), \neg(A \vee B)$$

因为

$$\neg\neg A \Leftrightarrow A$$

$$\neg(A \wedge B) \Leftrightarrow \neg A \vee \neg B$$

$$\neg(A \vee B) \Leftrightarrow \neg A \wedge \neg B$$

(3) 在析取范式中不出现如下形式的公式：

$$A \wedge (B \vee C)$$

在合取范式中不出现如下形式的公式：

$$A \vee (B \wedge C)$$

因为

$$A \wedge (B \vee C) \Leftrightarrow (A \wedge B) \vee (A \wedge C)$$

$$A \vee (B \wedge C) \Leftrightarrow (A \vee B) \wedge (A \vee C)$$

定理 1.4(范式存在定理) 任一命题公式都存在着与之等价的析取范式与合取范式。

3. 求范式的步骤

(1) 消去联结词→、↔;

(2) 消去否定号¬;

(3) 利用分配律。

例 1.16 求公式$(p\to q)\leftrightarrow\neg r$的析取范式与合取范式。

解

(1) 合取范式。

$$
\begin{aligned}
(p\to q)\leftrightarrow\neg r &\Leftrightarrow(\neg p\vee q)\leftrightarrow\neg r\\
&\Leftrightarrow((\neg p\vee q)\to\neg r)\wedge(\neg r\to(\neg p\vee q))\\
&\Leftrightarrow(\neg(\neg p\vee q)\vee\neg r)\wedge(r\vee(\neg p\vee q))\\
&\Leftrightarrow((p\wedge\neg q)\vee\neg r)\wedge(\neg p\vee q\vee r)\\
&\Leftrightarrow(p\vee\neg r)\wedge(\neg q\vee\neg r)\wedge(\neg p\vee q\vee r)
\end{aligned}
$$

(2) 析取范式。

$$
\begin{aligned}
(p\to q)\leftrightarrow\neg r &\Leftrightarrow((p\wedge\neg q)\vee\neg r)\wedge(\neg p\vee q\vee r)\\
&\Leftrightarrow(p\wedge\neg q\wedge\neg p)\vee(p\wedge\neg q\wedge q)\vee(p\wedge\neg q\wedge r)\\
&\quad\vee(\neg r\wedge\neg p)\vee(\neg r\wedge q)\vee(\neg r\wedge r)\\
&\Leftrightarrow(p\wedge\neg q\wedge r)\vee(\neg p\wedge\neg r)\vee(q\wedge\neg r)
\end{aligned}
$$

例 1.16 析取范式求取过程中,其倒数第一行和第二行均为析取范式。所以一个公式的析取范式是存在而不是唯一的,同样公式的合取范式也是存在而不是唯一的。

1.4.2 主析取范式与主合取范式

1. 极小(大)项

定义 1.20 含 n 个命题变项的简单合取式(简单析取式),若每个命题变项和它的否定式不同时出现,且二者之一必出现且仅出现一次,则称该简单合取式为**极小项(极大项)**。

表 1.16 和表 1.17 分别列出了含 2 个和 3 个命题变项的极小项和极大项。

表 1.16 由 p,q 两个命题变项形成的极小项与极大项

极小项			极大项		
公式	成真赋值	名称	公式	成假赋值	名称
$\neg p\wedge\neg q$	0 0	m_0	$p\vee q$	0 0	M_0
$\neg p\wedge q$	0 1	m_1	$p\vee\neg q$	0 1	M_1
$p\wedge\neg q$	1 0	m_2	$\neg p\vee q$	1 0	M_2
$p\wedge q$	1 1	m_3	$\neg p\vee\neg q$	1 1	M_3

表 1.17 由 p,q,r 三个命题变项形成的极小项与极大项

极小项			极大项		
公式	成真赋值	名称	公式	成假赋值	名称
$\neg p\wedge\neg q\wedge\neg r$	0 0 0	m_0	$p\vee q\vee r$	0 0 0	M_0
$\neg p\wedge\neg q\wedge r$	0 0 1	m_1	$p\vee q\vee\neg r$	0 0 1	M_1
$\neg p\wedge q\wedge\neg r$	0 1 0	m_2	$p\vee\neg q\vee r$	0 1 0	M_2
$\neg p\wedge q\wedge r$	0 1 1	m_3	$p\vee\neg q\vee\neg r$	0 1 1	M_3
$p\wedge\neg q\wedge\neg r$	1 0 0	m_4	$\neg p\vee q\vee r$	1 0 0	M_4
$p\wedge\neg q\wedge r$	1 0 1	m_5	$\neg p\vee q\vee\neg r$	1 0 1	M_5
$p\wedge q\wedge\neg r$	1 1 0	m_6	$\neg p\vee\neg q\vee r$	1 1 0	M_6
$p\wedge q\wedge r$	1 1 1	m_7	$\neg p\vee\neg q\vee\neg r$	1 1 1	M_7

说明：

(1) n 个命题变项可组成 2^n 个不同的极小项和 2^n 个不同的极大项；

(2) 每个极小项都有且仅有一个成真赋值，它们是一一对应的，其成真赋值对应的二进制数转化为十进制数为 i，记该极小项为 m_i；

(3) 每个极大项都有且仅有一个成假赋值，它们是一一对应的，其成假赋值对应的二进制数转化为十进制数为 i，记该极大项为 M_i。

定理 1.5 设 m_i 和 M_i 是 $p_1, p_2, \cdots, p_n$ 组成的极小项和极大项，则

$$\neg m_i \Leftrightarrow M_i, \quad \neg M_i \Leftrightarrow m_i$$

2. 主析(合)取范式

定义 1.21 全部由极小项组成的析取范式称为**主析取范式**；全部由极大项组成的合取范式称为**主合取范式**。主析取范式和主合取范式统称为主范式。如

$$(p \wedge q) \vee (p \wedge \neg q) \Leftrightarrow m_2 \vee m_3$$

$$(p \vee q) \wedge (\neg p \vee q) \wedge (p \vee \neg q) \Leftrightarrow M_0 \wedge M_2 \wedge M_1$$

定理 1.6 任何命题公式都存在与之等价的主析取范式和主合取范式，且是唯一的。

可以分别应用等价演算法和真值表法求得公式的主析取范式和主合取范式。

应用等价演算法求公式的主范式的步骤如下。

(1) 先求析取范式(合取范式)。

(2) 将不是极小项(极大项)的简单合取式(简单析取式)化成与之等价的若干个极小项之析取(极大项之合取)，利用的等价式为同一律(零律)、补余律(矛盾律)、分配律、幂等律等。

(3) 极小项(极大项)用名称 $m_i(M_i)$ 表示，并按下标从小到大顺序排序。

另外，由于极小项和极大项分别与成真赋值和成假赋值一一对应，所以可以通过命题公式的真值表获取该公式的所有成真赋值和成假赋值，进而对应求得该公式的所有极小项和极大项，最后，分别得到该公式的主析取范式和主合取范式。反之，由主析取范式或主合取范式也可以获得该公式的真值表。

定理 1.7 (1) 任意命题公式的所有成真赋值所对应的极小项的析取式为该公式的主析取范式。

(2) 任意命题公式的所有成假赋值所对应的极大项的合取式为该公式的主合取范式。

例 1.17 求公式 $(p \to q) \leftrightarrow \neg r$ 的主析(合)取范式。

解 方法一：等价演算法。

(1) 求主析取范式。

由例 1.16 可知，

$$(p \to q) \leftrightarrow \neg r \Leftrightarrow (p \wedge \neg q \wedge r) \vee (\neg p \wedge \neg r) \vee (q \wedge \neg r)$$

因为

$$\begin{aligned}(\neg p \wedge \neg r) &\Leftrightarrow \neg p \wedge (\neg q \vee q) \wedge \neg r \\ &\Leftrightarrow (\neg p \wedge \neg q \wedge \neg r) \vee (\neg p \wedge q \wedge \neg r) \\ &\Leftrightarrow m_0 \vee m_2\end{aligned}$$

$$(q \land \neg r) \Leftrightarrow (\neg p \lor p) \land q \land \neg r$$
$$\Leftrightarrow (\neg p \land q \land \neg r) \lor (p \land q \land \neg r)$$
$$\Leftrightarrow m_2 \lor m_6$$
$$(p \land \neg q \land r) \Leftrightarrow m_5$$

所以

$$(p \to q) \leftrightarrow \neg r \Leftrightarrow m_0 \lor m_2 \lor m_5 \lor m_6$$

(2) 求主合取范式。

同上,由$(p \lor \neg r) \land (\neg q \lor \neg r) \land (\neg p \lor q \lor r)$可以求得

$$(p \to q) \leftrightarrow \neg r \Leftrightarrow M_1 \land M_3 \land M_4 \land M_7$$

方法二:真值表法。列出真值表,如表1.18所示。

表1.18 公式$(p \to q) \leftrightarrow \neg r$的真值表和极小项及极大项

p	q	r	$p \to q$	$(p \to q) \leftrightarrow \neg r$	极小项或极大项
0	0	0	1	1	m_0
0	0	1	1	0	M_1
0	1	0	1	1	m_2
0	1	1	1	0	M_3
1	0	0	0	0	M_4
1	0	1	0	1	m_5
1	1	0	1	1	m_6
1	1	1	1	0	M_7

所以,由定理1.7可得主析取范式为$m_0 \lor m_2 \lor m_5 \lor m_6$,主合取范式$M_1 \land M_3 \land M_4 \land M_7$。

含n个命题变项的公式,其主析取范式所含极小项的个数与其主合取范式所含极大项的个数之和为2^n,并且极小项的下标分别为成真赋值的十进制数,极大项的下标分别为成假赋值的十进制数。可见,主析取范式和主合取范式的下标是互补的。已求出公式的一个主析取范式后,可立即得到公式的另一个主合取范式。

定理1.8 设命题公式A含有n个命题变项,若A的主析取范式是由k个极小项m_{i_1},m_{i_2},…,m_{i_k}构成,则A的主合取范式是由2^n-k个极大项M_{j_1},M_{j_2},…,M_{2^n-k}构成。

该定理具体可以应用定理1.6进行证明。

例1.18 求公式$(p \to \neg q) \to r$的主析取范式与主合取范式。

解

(1) 求主析取范式。

$(p \to \neg q) \to r \Leftrightarrow (p \land q) \lor r$ (析取范式) ①

$(p \land q) \Leftrightarrow (p \land q) \land (\neg r \lor r)$

$\Leftrightarrow (p \land q \land \neg r) \lor (p \land q \land r) \Leftrightarrow m_6 \lor m_7$ ②

$r \Leftrightarrow (\neg p \lor p) \land (\neg q \lor q) \land r$

$\Leftrightarrow (\neg p \land \neg q \land r) \lor (\neg p \land q \land r) \lor (p \land \neg q \land r) \lor (p \land q \land r)$

$\Leftrightarrow m_1 \lor m_3 \lor m_5 \lor m_7$ ③

②,③代入①并排序,得

$$(p\rightarrow \neg q)\rightarrow r\Leftrightarrow m_1 \vee m_3 \vee m_5 \vee m_6 \vee m_7 \qquad \text{(主析取范式)}$$

(2) 求主合取范式。

由定理1.8有

$$(p\rightarrow \neg q)\rightarrow r\Leftrightarrow M_0 \wedge M_2 \wedge M_4 \qquad \text{(主合取范式)}$$

1.4.3 主范式的实例应用

1. 求公式的成真与成假赋值

由定理1.7和1.8可知,对含有 n 个变项的命题公式 A,若其主析取范式含 $s(0\leqslant s\leqslant 2^n)$ 个极小项,则 A 有 s 个成真赋值,它们是极小项下标的二进制表示,其余 2^n-s 个赋值都是成假赋值。

例如,在例1.17中,$(p\rightarrow q)\leftrightarrow \neg r\Leftrightarrow m_0\vee m_2\vee m_5\vee m_6$,因各极小项含三个文字,故各极小项下标长为3的二进制数000,010,101,110为该公式的成真赋值,而其余赋值001,011,100,111为成假赋值。

2. 判断公式的类型

定理1.9 设公式 A 中含 n 个变项,则

(1) A 为重言式当且仅当 A 的主析取范式含全部 2^n 个极小项;

(2) A 为矛盾式当且仅当 A 的主析取范式不含任意极小项(此时,记 A 的主析取范式为0);

(3) A 为可满足式当且仅当 A 的主析取范式中至少含一个极小项。

例1.19 利用公式的主析取范式判断下列公式的类型。

(1) $(p\rightarrow q)\wedge(p\wedge \neg q\wedge r)$

(2) $p\rightarrow(p\vee q)$

(3) $(p\vee q)\rightarrow r$

解

(1)
$$\begin{aligned}(p\rightarrow q)\wedge(p\wedge \neg q\wedge r)&\Leftrightarrow(\neg p\vee q)\wedge(p\wedge \neg q)\wedge r\\&\Leftrightarrow\neg(p\wedge \neg q)\wedge(p\wedge \neg q)\wedge r\\&\Leftrightarrow 0\end{aligned}$$

由定理1.9(2)可知 $(p\rightarrow q)\wedge(p\wedge \neg q\wedge r)$ 为矛盾式。

(2)
$$\begin{aligned}p\rightarrow(p\vee q)&\Leftrightarrow \neg p\vee p\vee q\\&\Leftrightarrow(\neg p\wedge(\neg q\vee q))\vee(p\wedge(\neg q\vee q))\vee((\neg p\vee p)\wedge q)\\&\Leftrightarrow(\neg p\wedge \neg q)\vee(\neg p\wedge q)\vee(p\wedge \neg q)\vee(p\wedge q)\vee(\neg p\wedge q)\vee(p\wedge q)\\&\Leftrightarrow(\neg p\wedge \neg q)\vee(\neg p\wedge q)\vee(p\wedge \neg q)\vee(p\wedge q)\\&\Leftrightarrow m_0\vee m_1\vee m_2\vee m_3\end{aligned}$$

由定理1.9(1)可知 $p\rightarrow(p\vee q)$ 为重言式。

注: 另一种推演为 $p\rightarrow(p\vee q)\Leftrightarrow \neg p\vee p\vee q\Leftrightarrow 1\vee q\Leftrightarrow 1\Leftrightarrow m_0\vee m_1\vee m_2\vee m_3$。

(3)
$$\begin{aligned}(p\vee q)\rightarrow r&\Leftrightarrow \neg(p\vee q)\vee r\Leftrightarrow(\neg p\wedge \neg q)\vee r\\&\Leftrightarrow(\neg p\wedge \neg q\wedge(\neg r\vee r))\vee((\neg p\vee p)\wedge(\neg q\vee q)\wedge r)\end{aligned}$$

$$\Leftrightarrow(\neg p \wedge \neg q \wedge \neg r) \vee (\neg p \wedge \neg q \wedge r) \vee (\neg p \wedge \neg q \wedge r)$$
$$\vee (\neg p \wedge q \wedge r) \vee (p \wedge \neg q \wedge r) \vee (p \wedge q \wedge r)$$
$$\Leftrightarrow m_0 \vee m_1 \vee m_3 \vee m_5 \vee m_7$$

由定理1.9(3)可知$(p \vee q) \to r$为可满足式，但不是重言式。

3. 判断两个公式是否等价

设公式A,B共有n个变项。按n个变项求出A,B的主析取范式。若A与B有相同的主析取范式，则$A \Leftrightarrow B$；否则$A \not\Leftrightarrow B$。

例1.20　判断公式$(p \to q) \to r$与$(p \wedge q) \to r$是否等价。

解　因

$$(p \to q) \to r \Leftrightarrow m_1 \vee m_3 \vee m_4 \vee m_5 \vee m_7$$

而

$$(p \wedge q) \to r \Leftrightarrow m_0 \vee m_1 \vee m_2 \vee m_3 \vee m_4 \vee m_5 \vee m_7$$

故$(p \to q) \to r$与$(p \wedge q) \to r$不等价。

4. 利用主析取范式和主合取范式解决应用问题

例1.21　某公司要从5名员工甲、乙、丙、丁、戊中选派一些人出国度假。选派必须满足以下条件：

① 若甲去，乙也去；　② 丁、戊两人中至少有一人去；

③ 乙、丙两人中有一人去且仅去一人；　④ 丙、丁两人同去或同不去；

⑤ 若戊去，则甲、乙也去。

试用主析取范式法分析该公司如何选派他们出国度假。

解此类问题的步骤如下：

(1) 将简单命题符号化；

(2) 写出各复合命题；

(3) 写出由(2)中复合命题组成的合取式，进一步得到主合取范式；

(4) 求(3)中所得公式的主析取范式。

解

(1) 设p：派甲去；q：派乙去；r：派丙去；s：派丁去；u：派戊去。

(2) 各复合命题如下：

① $B_1 \Leftrightarrow (p \to q)$；

② $B_2 \Leftrightarrow (s \vee u)$；

③ $B_3 \Leftrightarrow ((q \wedge \neg r) \vee (\neg q \wedge r))$；

④ $B_4 \Leftrightarrow ((r \wedge s) \vee (\neg r \wedge \neg s))$；

⑤ $B_5 \Leftrightarrow (u \to (p \wedge q))$。

(3) ①～⑤构成的合取式为

$$A \Leftrightarrow (p \to q) \wedge (s \vee u) \wedge ((q \wedge \neg r) \vee (\neg q \wedge r))$$
$$\wedge ((r \wedge s) \vee (\neg r \wedge \neg s)) \wedge (u \to (p \wedge q))$$
$$\Leftrightarrow (\neg p \vee q) \wedge ((q \wedge \neg r) \vee (\neg q \wedge r)) \wedge (s \vee u)$$
$$\wedge (\neg u \vee (p \wedge q)) \wedge ((r \wedge s) \vee (\neg r \wedge \neg s)) \quad \text{(交换律)}$$

$$B_1 \Leftrightarrow \neg p \vee q \Leftrightarrow M_{16} \wedge M_{17} \wedge M_{18} \wedge M_{19} \wedge M_{20} \wedge M_{21} \wedge M_{22} \wedge M_{23}$$

$B_2 \Leftrightarrow s \vee u \Leftrightarrow M_0 \wedge M_4 \wedge M_8 \wedge M_{12} \wedge M_{16} \wedge M_{20} \wedge M_{24} \wedge M_{28}$

$B_3 \Leftrightarrow ((q \wedge \neg r) \vee (\neg q \wedge r))$

$\Leftrightarrow (q \vee r) \wedge (\neg q \vee \neg r)$

$\Leftrightarrow (M_0 \wedge M_1 \wedge M_2 \wedge M_3 \wedge M_{16} \wedge M_{17} \wedge M_{18} \wedge M_{19})$

$\wedge (M_{12} \wedge M_{13} \wedge M_{14} \wedge M_{15} \wedge M_{28} \wedge M_{29} \wedge M_{30} \wedge M_{31})$

$B_4 \Leftrightarrow ((r \wedge s) \vee (\neg r \wedge \neg s))$

$\Leftrightarrow (r \vee \neg s) \wedge (\neg r \vee s)$

$\Leftrightarrow (M_2 \wedge M_3 \wedge M_{10} \wedge M_{11} \wedge M_{18} \wedge M_{19} \wedge M_{26} \wedge M_{27})$

$\wedge (M_4 \wedge M_5 \wedge M_{12} \wedge M_{13} \wedge M_{20} \wedge M_{21} \wedge M_{28} \wedge M_{29})$

$B_5 \Leftrightarrow (u \rightarrow (p \wedge q))$

$\Leftrightarrow (\neg u \vee (p \wedge q))$

$\Leftrightarrow (p \vee \neg u) \wedge (q \vee \neg u)$

$\Leftrightarrow (M_1 \wedge M_3 \wedge M_5 \wedge M_7 \wedge M_9 \wedge M_{11} \wedge M_{13} \wedge M_{15})$

$\wedge (M_1 \wedge M_3 \wedge M_5 \wedge M_7 \wedge M_{17} \wedge M_{19} \wedge M_{21} \wedge M_{23})$

$A \Leftrightarrow B_1 \wedge B_2 \wedge B_2 \wedge B_4 \wedge B_5$

$\Leftrightarrow M_0 \wedge M_1 \wedge M_2 \wedge M_3 \wedge M_4 \wedge M_5 \wedge M_7 \wedge M_8 \wedge M_9 \wedge M_{10} \wedge M_{11} \wedge M_{12} \wedge M_{13} \wedge M_{14}$

$\wedge M_{15} \wedge M_{16} \wedge M_{17} \wedge M_{18} \wedge M_{19} \wedge M_{20} \wedge M_{21} \wedge M_{22} \wedge M_{23} \wedge M_{24} \wedge M_{26} \wedge M_{27} \wedge M_{28}$

$\wedge M_{29} \wedge M_{30} \wedge M_{31}$

(4) 主析取范式为

$$A \Leftrightarrow m_6 \vee m_{25}$$

$$\Leftrightarrow (\neg p \wedge \neg q \wedge r \wedge s \wedge \neg u) \vee (p \wedge q \wedge \neg r \wedge \neg s \wedge u)$$

可以选派丙、丁去(甲、乙、戊不去)或派甲、乙、戊去(丙、丁不去)。

1.5 全功能逻辑联结词组

为了便于描述和表示命题之间的关系,在1.1节介绍5个逻辑联结词的基础上,本节再介绍与非联结词和或非联结词。

1. 与非联结词和或非联结词的定义

定义1.22 设 p,q 为两个命题变项,称复合命题"p 与 q 的否定"为 p 与 q 的**与非式**,记作 $p \uparrow q$,$\uparrow$ 为与非式联结词,即 $p \uparrow q \Leftrightarrow \neg(p \wedge q)$,规定 $p \uparrow q$ 取值为假当且仅当 p,q 同时取值为1。

定义1.23 设 p,q 为两个命题变项,称复合命题"p 或 q 的否定"为 p 与 q 的**或非式**,记作 $p \downarrow q$,$\downarrow$ 为或非式联结词,即 $p \downarrow q \Leftrightarrow \neg(p \vee q)$,规定 $p \downarrow q$ 取值为真当且仅当 p,q 同时取值为0。

例1.22 将下列命题符号化。

(1) 王刚或赵明不是北京人。

(2) 王刚和赵明都不是北京人。

解 p:王刚是北京人;q:赵明是北京人。

(1) $\neg p \vee \neg q \Leftrightarrow \neg(p \wedge q) \Leftrightarrow p \uparrow q$，可符号化为 $p \uparrow q$。

(2) $\neg p \wedge \neg q \Leftrightarrow \neg(p \vee q) \Leftrightarrow p \downarrow q$，可符号化为 $p \downarrow q$。

2. 与非联结词和或非联结词的性质

(1) $p \uparrow q \Leftrightarrow q \uparrow p$，$p \downarrow q \Leftrightarrow q \downarrow p$；

(2) $p \uparrow p \Leftrightarrow \neg p$，$p \downarrow p \Leftrightarrow \neg p$；

(3) $(p \uparrow q) \uparrow (p \uparrow q) \Leftrightarrow \neg(p \uparrow q) \Leftrightarrow p \wedge q$；

(4) $(p \downarrow q) \downarrow (p \downarrow q) \Leftrightarrow \neg(p \downarrow q) \Leftrightarrow p \vee q$。

3. 全功能逻辑联结词组

定义 1.24　设 S 是一个逻辑联结词集合，如果任意命题公式都可以由仅含 S 中的逻辑联结词来表示，则称 S 是**全功能逻辑联结词组**。

由定理 1.7 可推得以下定理。

定理 1.10　集合 $S=\{\neg, \wedge, \vee\}$ 为全功能逻辑联结词组。

由定理 1.10 可得如下推论。

推论　*以下均为全功能逻辑联结词组。*

(1) $S_1=\{\neg, \wedge, \vee, \rightarrow\}$；

(2) $S_2=\{\neg, \wedge, \vee, \rightarrow, \leftrightarrow\}$；

(3) $S_3=\{\neg, \wedge\}$；

(4) $S_4=\{\neg, \vee\}$；

(5) $S_5=\{\neg, \rightarrow\}$；

(6) $S_6=\{\downarrow\}$；

(7) $S_7=\{\uparrow\}$。

证明　(1)，(2)的成立是显然的。

(3) 由于$\{\neg, \wedge, \vee\}$是联结词完备集，仅需说明析取联结词 $\vee$ 可以由否定联结词 $\neg$ 和合取联结词 $\wedge$ 表示即可。对于任意公式 A，B，因为 $A \vee B \Leftrightarrow \neg\neg(A \vee B) \Leftrightarrow \neg(\neg A \wedge \neg B)$，因而任意命题公式都可以由仅含 $S_3=\{\neg, \wedge\}$中的联结词表示，所以 S_3 为全功能逻辑联结词组。

(4) 同(3)的证明，因 $A \wedge B \Leftrightarrow \neg(\neg A \vee \neg B)$，所以 S_4 为全功能逻辑联结词组。

(5) 因 $A \vee B \Leftrightarrow \neg A \rightarrow B$，由(4)可知 S_5 为全功能逻辑联结词组。

(6) 由与非联结词和或非联结词的性质中的(2)和(3)分别有 $\neg A \Leftrightarrow A \downarrow A$ 和 $A \wedge B \Leftrightarrow (A \downarrow A) \downarrow (B \downarrow B)$。则由$\{\neg, \wedge\}$为全功能逻辑联结词组，可得证 S_6 为全功能逻辑联结词组。

(7) 同(6)的证明，因 $\neg A \Leftrightarrow A \uparrow A$ 和 $A \vee B \Leftrightarrow (A \uparrow A) \uparrow (B \uparrow B)$，则由$\{\neg, \vee\}$为全功能逻辑联结词组，可得证 S_7 为全功能逻辑联结词组。

最后，可以证明$\{\wedge, \vee, \rightarrow\}$不是全功能逻辑联结词组。当然，它的任何子集也不是全功能逻辑联结词组。

1.6　命题公式的推理及证明

数理逻辑就是用数学方法研究推理，推理主要由前提、结论和规则 3 部分构成。一般前提由若干已知的命题公式 $A_1, A_2, \cdots, A_s$ 构成，应用适当的推理规则，推出结论 B 的逻辑过程就是推理。

1.6.1 推理基本定义

定义 1.25 设 $A_1,A_2,\cdots,A_s$ 和 B 是含命题变项 $p_1,p_2,\cdots,p_n$ 的命题公式，则称 $A_1 \land A_2 \land \cdots \land A_s \to B$ 为由前提 $A_1,A_2,\cdots,A_s$ 推出结论 B 的**推理形式结构**。

定义 1.26 若推理形式结构 $A_1 \land A_2 \land \cdots \land A_s \to B$ 为重言式，则称由前提 $A_1,A_2,\cdots,A_s$ 推出结论 B 的推理是**正确的**(**或有效的**)，并称 B 是正确的结论，记作 $A_1 \land A_2 \land \cdots \land A_s \Rightarrow B$。

1.6.2 推理的证明方法

由定义 1.26 可知，推理的证明方法主要有真值表法、等价演算法、主析取范式法以及应用推理规则的直接推理演算法和间接推理演算法。

1. 真值表法、等价演算法和主析取范式法

例 1.23 判断下列推理是否正确。

(1) 若今天晚上下雪了，则明天我们去滑雪。今天晚上下雪了。所以，明天我们去滑雪。

(2) 若王刚过了英语六级，则王刚不参加日语一级考试。王刚过了英语六级。所以，王刚不参加日语一级考试。

(3) 若王刚过了英语六级，则王刚不参加日语一级考试。王刚不参加日语一级考试。所以，王刚过了英语六级。

解

(1) 命题符号化，设

p：今天晚上下雪了；

q：明天我们去滑雪。

前提：$p \to q, p$。

结论：q。

推理的形式结构：$(p \to q) \land p \to q$。

证明 用真值表法，如表 1.19 所示，公式 $(p \to q) \land p \to q$ 为重言式，所以该推理是正确的。

表 1.19 公式 $(p \to q) \land p \to q$ 的真值表

p	q	$(p \to q)$	$(p \to q) \land p$	$(p \to q) \land p \to q$
0	0	1	0	1
0	1	1	0	1
1	0	0	0	1
1	1	1	1	1

(2) 命题符号化，设

p：王刚过了英语六级；

q：王刚参加日语一级考试。

前提：$p \to \neg q, p$。

结论：$\neg q$。

推理的形式结构：$(p \to \neg q) \wedge p \to \neg q$。

证明 用等价演算法，如下。

$$
\begin{aligned}
(p \to \neg q) \wedge p \to \neg q &\Leftrightarrow \neg((\neg p \vee \neg q) \wedge p) \vee \neg q \\
&\Leftrightarrow ((p \wedge q) \vee \neg p) \vee \neg q \\
&\Leftrightarrow (p \wedge q) \vee \neg(p \wedge q) \\
&\Leftrightarrow 1
\end{aligned}
$$

公式$(p \to \neg q) \wedge p \to \neg q$ 为重言式，所以该推理是正确的。

(3) 命题符号化，设

p：王刚过了英语六级；

q：王刚参加日语一级考试。

前提：$p \to \neg q, \neg q$。

结论：p。

推理的形式结构：$(p \to \neg q) \wedge \neg q \to p$。

证明 用主析取范式法，如下：

$$
\begin{aligned}
&(p \to \neg q) \wedge \neg q \to p \\
\Leftrightarrow &(\neg p \vee \neg q) \wedge \neg q \to p \\
\Leftrightarrow &\neg((\neg p \vee \neg q) \wedge \neg q) \vee p \\
\Leftrightarrow &q \vee p \\
\Leftrightarrow &p \vee q \\
\Leftrightarrow &M_0 \\
\Leftrightarrow &m_1 \vee m_2 \vee m_3
\end{aligned}
$$

结果不含 m_0，故 00 是成假赋值，所以推理不正确。

2. 直接推理演算法

下面介绍推理的基本规则、推理定律。

定义 1.27

(1) 在推理的过程中，都可以适当引入前提，称为**前提引入规则**。

(2) 在推理的过程中，已推导出的正确结论都可以适当引入作为后续推理的前提，称为**结论引入规则**。

(3) 在推理的过程中，命题公式的任何子式都可以用与之等价的命题公式置换，称为**置换规则**。

在研究推理过程中，人们发现了一些重要的推理规则和定律，在推理过程中可直接引用，如下所示。

(1) 附加规则 I_1：$A \Rightarrow A \vee B$。

(2) 化简规则 I_2：$A \wedge B \Rightarrow A, A \wedge B \Rightarrow B$。

(3) 合取规则 I_3：$A \wedge B \Rightarrow A \wedge B$。

(4) 假言推理 I_4：$(A \to B) \wedge A \Rightarrow B$。

(5) 拒取式 I_5：$(A\to B)\land\neg B\Rightarrow\neg A$。

(6) 析取三段论 I_6：$(A\lor B)\land\neg B\Rightarrow A$。

(7) 假言三段论 I_7：$(A\to B)\land(B\to C)\Rightarrow(A\to C)$。

(8) 等价三段论 I_8：$(A\leftrightarrow B)\land(B\leftrightarrow C)\Rightarrow(A\leftrightarrow C)$。

(9) 构造性二难 I_9：$(A\to B)\land(C\to D)\land(A\lor C)\Rightarrow(B\lor D)$。

构造性二难(特殊形式)：$(A\to B)\land(\neg A\to B)\land(A\lor\neg A)\Rightarrow B$。

(10) 破坏性二难 I_{10}：$(A\to B)\land(C\to D)\land(\neg B\lor\neg D)\Rightarrow(\neg A\lor\neg C)$。

除了以上规则和定律以外,应用等价式 $A\Leftrightarrow B$,可以得到 $A\Rightarrow B$ 和 $B\Rightarrow A$。如 $A\to B\Rightarrow\neg A\lor B$。

例 1.24 试对下面的推理进行构造和证明。

(1) 甲是中国人或乙是美国人。若乙是美国人,则丙是英国人。若甲是中国人,则丁是日本人。丁不是日本人。所以,丙是英国人。

(2) 若甲同学选择篮球课,则乙同学选择舞蹈课。若乙同学选择舞蹈课,则丙同学选择游泳课。甲同学选择篮球课。所以,丙同学选择游泳课。

解

(1) 命题符号化,设

p：甲是中国人；

q：乙是美国人；

r：丙是英国人；

s：丁是日本人。

前提：$p\lor q, q\to r, p\to s, \neg s$。

结论：r。

证明

① $\neg s$　　前提引入

② $p\to s$　　前提引入

③ $\neg p$　　①②拒取式

④ $p\lor q$　　前提引入

⑤ q　　③④析取三段论

⑥ $q\to r$　　前提引入

⑦ r　　⑤⑥假言推理

最后一步得到推理的结论,所以推理正确,r 是有效结论。

(2) 命题符号化,设

p：甲同学选择篮球课；

q：乙同学选择舞蹈课；

r：丙同学选择游泳课。

前提：$p\to q, q\to r, p$。

结论：r。

证明

① p 前提引入

② $p \to q$ 前提引入

③ q ①②假言推理

④ $q \to r$ 前提引入

⑤ r ③④假言推理

最后一步得到推理的结论，所以推理正确，r 是有效结论。

3. 间接推理演算法

除了以上方法以外，在推理的证明过程中，还经常使用附加前提法和归谬法等间接推理法。

1）附加前提法

若对$(A_1 \wedge A_2 \wedge \cdots \wedge A_k) \to (A \to B)$的推理形式结构进行证明，则可以等价证明$(A_1 \wedge A_2 \wedge \cdots \wedge A_k \wedge A) \to B$。

并称此证明法为附加前提法。

2）归谬法

若证明推理$(A_1 \wedge A_2 \wedge \cdots \wedge A_k) \to B$ 为正确推理，则可以等价证明$(A_1 \wedge A_2 \wedge \cdots \wedge A_k \wedge \neg B)$为矛盾式。

并称此证明法为归谬法。

附加前提法和归谬法的证明如下。

证明

(1)
$$\begin{aligned}(A_1 \wedge A_2 \wedge \cdots \wedge A_k) \to (A \to B) &\Leftrightarrow \neg(A_1 \wedge A_2 \wedge \cdots \wedge A_k) \vee (\neg A \vee B)\\ &\Leftrightarrow \neg(A_1 \wedge A_2 \wedge \cdots \wedge A_k) \vee \neg A \vee B\\ &\Leftrightarrow \neg(A_1 \wedge A_2 \wedge \cdots \wedge A_k \wedge A) \vee B\\ &\Leftrightarrow (A_1 \wedge A_2 \wedge \cdots \wedge A_k \wedge A) \to B\end{aligned}$$

所以对推理$(A_1 \wedge A_2 \wedge \cdots \wedge A_k) \to (A \to B)$的证明，则可以等价证明$(A_1 \wedge A_2 \wedge \cdots \wedge A_k \wedge A) \to B$。

(2)
$$\begin{aligned}(A_1 \wedge A_2 \wedge \cdots \wedge A_k) \to B &\Leftrightarrow \neg(A_1 \wedge A_2 \wedge \cdots \wedge A_k) \vee B\\ &\Leftrightarrow \neg(A_1 \wedge A_2 \wedge \cdots \wedge A_k \wedge \neg B)\end{aligned}$$

若$(A_1 \wedge A_2 \wedge \cdots \wedge A_k \wedge \neg B)$为矛盾式，则说明$(A_1 \wedge A_2 \wedge \cdots \wedge A_k) \to B$ 为重言式，即$(A_1 \wedge A_2 \wedge \cdots \wedge A_k) \Leftrightarrow B$。

例 1.25 试对下面的推理进行构造和证明。

(1) 春天没来或者冰雪融化了。若小燕子向北方飞来了，则春天来了。若冰雪融化了，则小草发芽了。所以，若小燕子向北方飞来了，则小草发芽了。

(2) 如果春天来了，则冰雪融化了。若冰雪融化了，则小燕子向北方飞来了。小燕子没有向北方飞来。所以，春天没来。

解

(1) 命题符号化，设

p：春天来了；

q：冰雪融化了；

r：小燕子向北方飞来了；

s：小草发芽了。

前提：$\neg p \vee q, q \to s, \neg r \vee p$。

结论：$r \to s$。

证明 应用附加前提法。

① r 附加前提引入

② $\neg r \vee p$ 前提引入

③ p ①②析取三段论

④ $\neg p \vee q$ 前提引入

⑤ q ③④析取三段论

⑥ $q \to s$ 前提引入

⑦ s ⑤⑥假言推理

最后一步得到推理的结论,所以推理正确,$r \to s$ 是有效结论。

(2) 命题符号化,设

p：春天来了；

q：冰雪融化了；

r：小燕子向北方飞来了。

前提：$p \to q, q \to r, \neg r$。

结论：$\neg p$

证明 应用归谬法。

① p 结论的否定引入

② $p \to q$ 前提引入

③ q ①②假言推理

④ $q \to r$ 前提引入

⑤ r ④⑤假言推理

⑥ $\neg r$ 前提引入

⑦ $r \wedge \neg r$ ⑤⑥合取

最后一步得到 $r \wedge \neg r$ 为矛盾式。由归纳法知,推理正确,$\neg p$ 是有效结论。

1.6.3 推理演算的实例应用

例 1.26 某个系统由 4 个子系统构成。若子系统 A 开启,则子系统 B 或子系统 C 开启。若子系统 D 关闭,则子系统 B 关闭。若子系统 A 开启且子系统 D 关闭,则子系统 C 开启。

问：该设计系统是否有效?

解 首先将简单命题符号化,设

p：子系统 A 开启；

q：子系统 B 开启；

r：子系统 C 开启；

s：子系统D开启。

前提：$p\to(q\vee r)$，$\neg s\to\neg q$，$p\wedge\neg s$。

结论：r。

证明

① $p\wedge\neg s$　　前提引入

② p　　①化简

③ $\neg s$　　①化简

④ $p\to(q\vee r)$　　前提引入

⑤ $q\vee r$　　②④假言推理

⑥ $\neg s\to\neg q$　　前提引入

⑦ $\neg q$　　③⑥假言推理

⑧ r　　⑤⑦析取三段论

最后一步得到推理的结论，所以推理正确，该设计系统是有效的。

习题1

1. 判断下列语句哪些为命题，并指出哪些是真命题。

(1) 今天天气冷么？

(2) 昨天的雨下得好大！

(3) 请坐下！

(4) 我说的是假话。

(5) 4是偶数。

(6) 地球绕着太阳转。

(7) $2x+3>0$。

(8) 4月1日是愚人节。

(9) 明年五一是晴天。

(10) 数理逻辑是大学本科计算机相关专业的必修专业基础课。

2. 将下列命题符号化。

(1) 2不是偶数。

(2) 3非有理数。

(3) $1+2$不等于4。

(4) 王刚与赵明是计算机专业的学生。

(5) 王刚与赵明是同学。

(6) 王刚既精通C语言，又精通Java语言。

(7) 王刚或者学Android，或者学习iOS。

(8) 王刚是黑龙江人，或者是海南人。

(9) 如果王刚学习了离散数学，王刚就可以很容易地学习数据结构了。

(10) 只有学会了Java语言，才能学习Android系统。

(11) 明天下雪当且仅当三角形内角和为180度。

(12) 中国2050年进入中等发达国家水平当且仅当1+1=2。

3. 应用真值表求下列公式的成真赋值和成假赋值。

(1) $p \wedge \neg q$

(2) $\neg p \rightarrow \neg q$

(3) $p \rightarrow (q \vee r)$

(4) $(p \rightarrow q) \leftrightarrow (\neg p \vee q)$

(5) $\neg(p \vee q) \leftrightarrow (\neg p \wedge \neg q)$

4. 下列公式的真值表是否正确？说明理由。

(1) $\neg p \leftrightarrow q$

真值表如表1.20所示。

表1.20 $\neg p \leftrightarrow q$ 的真值表

p	q	$\neg p$	$\neg p \leftrightarrow q$
0	0	1	0
0	1	1	1
1	1	0	0

(2) $\neg p \wedge q \leftrightarrow r$

真值表如表1.21所示。

表1.21 $\neg p \wedge q \leftrightarrow r$ 的真值表

p	q	r	$\neg p$	$q \leftrightarrow r$	$\neg p \wedge q \leftrightarrow r$
0	0	0	1	1	0
0	0	1	1	0	0
0	1	0	1	0	0
0	1	1	1	1	1
1	0	0	0	1	0
1	0	1	0	0	0
1	1	0	0	0	0
1	1	1	0	1	0

5. 应用真值表判断下列公式的类型。

(1) $p \wedge \neg(p \vee q)$

(2) $(p \rightarrow q) \vee p$

(3) $p \rightarrow (q \leftrightarrow r)$

(4) $(q \leftrightarrow p) \leftrightarrow ((p \rightarrow q) \wedge (q \rightarrow p))$

(5) $(p \rightarrow q) \leftrightarrow (\neg q \rightarrow \neg p)$

(6) $\neg(p \rightarrow q) \wedge \neg(\neg p \vee \neg q)$

6. 应用真值表判断下列公式是否等价。

(1) $(p \leftrightarrow q)$ 与 $(\neg p \leftrightarrow \neg q)$

(2) $\neg p \rightarrow \neg q$ 与 $p \rightarrow q$

(3) $p\rightarrow(q\vee r)$ 与 $(p\rightarrow q)\vee r$

(4) $(p\rightarrow q)\wedge(q\rightarrow r)$ 与 $p\rightarrow r$

(5) $(p\leftrightarrow q)\wedge(q\leftrightarrow r)$ 与 $p\leftrightarrow r$

(6) $\neg(\neg p\vee\neg q)$ 与 $p\wedge q$

7. 应用等价演算法判断下列公式的类型。

(1) $\neg(p\rightarrow q)\wedge\neg(\neg p\vee\neg q)$

(2) $(p\rightarrow q)\vee p$

(3) $(p\rightarrow q)\leftrightarrow(\neg p\vee q)$

(4) $((p\rightarrow q)\wedge(q\rightarrow r))\rightarrow(p\rightarrow r)$

(5) $(p\wedge r)\leftrightarrow(\neg p\wedge\neg q)$

(6) $\neg(q\rightarrow s)\wedge s$

8. 应用等价演算法验证下列公式是等价的。

(1) $p\rightarrow(q\vee r)$ 与 $(p\rightarrow q)\vee r$

(2) $\neg(\neg p\vee\neg q)$ 与 $\neg p\wedge q$

(3) $p\rightarrow(q\rightarrow r)$ 与 $\neg(p\wedge q)\vee r$

(4) $p\leftrightarrow(q\rightarrow r)$ 与 $(\neg p\wedge q\wedge\neg r)\vee p\wedge\neg(q\wedge\neg r)$

(5) $(p\rightarrow s)\rightarrow(q\rightarrow r)\vee t\vee(\neg p\vee s)$ 与 $(p\rightarrow s)\vee p$

9. 已知命题公式 A, B 和 C 含有相同的命题变项，若 A 为重言式，证明 $A\vee B\vee C$ 为重言式。

10. 已知命题公式 A, B 和 C 含有相同的命题变项，若 A 为重言式，证明 $\neg A\wedge B\wedge C$ 为矛盾式。

11. 已知命题公式 $A(p,q,r)$ 的成真赋值为 001, 011 和 101，求公式 A 的成假赋值、主析取范式和主合取范式。

12. 已知命题公式 $A(p,q,r)$ 的主析取范式为 $(p\wedge q\wedge r)\vee(p\wedge\neg q\wedge r)$，求公式 A 的成真赋值、成假赋值和主合取范式。

13. 已知命题公式 A 与 B 含有相同的命题变项，且 $A\Leftrightarrow B$，若 A 的主析取范式为 $(p\wedge q\wedge r)\vee(p\wedge\neg q\wedge r)$，求公式 B 的成真赋值、成假赋值和主合取范式。

14. 应用真值表求下列公式的主析取范式和主合取范式。

(1) $p\wedge\neg q$

(2) $\neg p\rightarrow\neg q\rightarrow r$

(3) $p\rightarrow(\neg q\vee r)$

(4) $(p\rightarrow q)\leftrightarrow(\neg p\vee q)$

(5) $\neg(p\vee q)\leftrightarrow r$

15. 应用等价演算法求下列公式的主析取范式和主合取范式。

(1) $p\rightarrow\neg q$

(2) $p\rightarrow\neg q\rightarrow r$

(3) $(p\wedge\neg q)\rightarrow(r\rightarrow p)$

(4) $(p\rightarrow r)\leftrightarrow(q\vee t)$

(5) $(p\rightarrow\neg r)\leftrightarrow(q\rightarrow\neg t)$

16. 应用主析取范式法判断下列公式是否等价。

(1) $p\rightarrow(q\rightarrow r)$ 与 $(p\rightarrow\neg q)\vee r$

(2) $\neg p\rightarrow\neg r$ 与 $p\rightarrow r$

(3) $(p\leftrightarrow\neg q)\wedge(\neg q\leftrightarrow\neg r)$ 与 $p\leftrightarrow\neg r$

(4) $(p\wedge q\wedge r)$ 与 $((\neg p\vee\neg q)\rightarrow r)$

(5) $r\rightarrow(p\wedge q)$ 与 $(r\rightarrow p)\wedge(r\rightarrow q)$

17. 应用主析取范式法解决下面的实际问题。

某届世界杯决赛圈的小组比赛前,第一小组有甲、乙、丙和丁共 4 支队伍,3 名足球评论员 A、B 和 C 对该小组名次进行了如下预测。

① A 说:甲第二,丁第四。

② B 说:丙第一,乙第二。

③ C 说:丙第二,丁第三。

小组 6 场比赛后,A、B 和 C 每个人都预测对一半。

问:该小组的甲、乙、丙和丁 4 支队伍的实际名次是什么?

18. 应用主析取范式法解决下面的实际问题。

(1) 某部门有甲、乙、丙 3 名员工,某次出差要派他们中的 1 或 2 名去,因工作需要,要求:

① 若甲去,则乙和丙不去;

② 若丙去,则甲和乙不去;

③ 若甲和乙去,则丙不去;

④ 若乙和丙去,则甲不去。

问:有几种合理的选派方法?

(2) 某届世界电子竞技比赛中,三名足球评论员 A、B 和 C 对名为 YOUNG 的队伍进行了如下预测。

① A 说:YOUNG 第一,YOUNG 不会第二。

② B 说:YOUNG 第二,YOUNG 不会第一。

③ C 说:YOUNG 既不会第二,YOUNG 也不会第三。

比赛结束后,比赛结果证实三名足球评论员 A、B 和 C 中有一人预测的全对,有一人预测的全错,有一人预测对一半。

问:YOUNG 在这届世界电子竞技比赛中的实际名次是什么?

19. 应用推理演算法证明下列推理。

(1) 前提:$\neg p\rightarrow\neg s, s, \neg p\vee q, q\rightarrow r$。

结论:r。

(2) 前提:$p\vee s, \neg s, p\rightarrow q\rightarrow r, \neg q\rightarrow s$。

结论:$r\vee s$。

(3) 前提:$q\vee s, \neg s, p\rightarrow(q\rightarrow s), r\rightarrow p$。

结论:$r\rightarrow s$。

(4) 前提:$p\wedge s\rightarrow r, \neg r\vee q, \neg q, p$。

结论:$\neg s$。

20. 应用推理演算法验证下面命题。

若 Tom 去游泳，则 Jack 也去游泳。若 Lucy 去游泳，则 Han Meimei 也去游泳。Tom 和 Lucy 去游泳。所以，Jack 或 Han Meimei 也去游泳。

21. 某次晚会演出前，对最后的演出节目进行了如下安排：

习题答案

若节目 A 演出，则节目 C 演出；节目 B 不演出或节目 D 演出。节目 A 演出和节目 B 演出。所以，节目 C 演出或节目 D 演出。

请应用推理演算法推理上面的实际问题。

第2章 谓词逻辑

在命题逻辑中,原子命题为最小单元,其作为一个整体是不能再拆分的。在一些推理研究中,就有可能阻碍了一些推理的验证,如著名的"苏格拉底三段论":

凡是人都是要死的;苏格拉底是人;所以,苏格拉底是要死的。

设 p:凡是人都是要死的;

q:苏格拉底是人;

r:苏格拉底是要死的。

于是,苏格拉底三段论可以符号化为

$$(p \land q) \rightarrow r$$

显然这是一个正确推理,但在命题逻辑中,无法进行证明。导致命题逻辑推理局限性的主要问题是命题逻辑无法区分"凡是""人"和"要死"等词语。为此,我们需要在命题逻辑基础上,介绍谓词逻辑,从而对推理进行更加深入的研究。

2.1 谓词逻辑基本概念

2.1.1 谓词逻辑三要素

在谓词逻辑中,需要将原子命题进一步细化。原子命题至少要有主语和谓语,一般还要有量词。谓词就是句子中相当于谓语部分的词,如"要死";而主语对应的部分称为个体词,如"人"或"苏格拉底";量词就是句子中表示个体词数量关系的词,如"凡是"。个体词、谓词和量词统称为谓词三要素。

1. 个体词

定义 2.1 可以独立存在的具体或抽象的客体称为**个体词**。

个体词主要分为个体常项和个体变项。

(1) 个体常项:具体的客体称为个体常项,一般用 $a,b,c\cdots$ 来表示。如苏格拉底,2,王刚等。

(2) 个体变项:抽象的客体称为个体变项,一般用 $x,y,z\cdots$ 来表示。如人等。

(3) 个体域:个体变项的取值范围。如{苏格拉底,2,王刚},人类,实数集 $\mathbf{R}$ 等。

(4) 全总个体域:将宇宙间的一切事物组成个体域,记作 S。

2. 谓词

定义 2.2 表示个体词性质的或个体词之间相互关系的词称为**谓词**。

谓词主要分为谓词常项和谓词变项。

1) 谓词常项

表示具体性质或关系的谓词称为谓词常项，用 $F,G,H\cdots$ 表示。

2) 谓词变项

表示抽象的、泛指的性质或关系的谓词称为谓词变项，也用 $F,G,H\cdots$ 表示。

例 2.1 在谓词逻辑中将下列命题符号化。

(1) 苏格拉底是人。

(2) 苏格拉底是柏拉图的老师。

(3) 苏格拉底与亚里士多德具有关系 H。

解 个体词符号化，a：苏格拉底；b：柏拉图；c：亚里士多德；

谓词符号化，$F(x)$：x 是人；$G(x,y)$：x 是 y 的老师；$H(x,y)$：x 与 y 具有关系 H。所以

(1) 可符号化为 $F(a)$，为真命题。

(2) 可符号化为 $G(a,b)$，为真命题。

(3) 可符号化为 $H(a,c)$，不是命题。

含个体变项的个数为 n 的谓词称为 n 元谓词。

当 $n=0$ 时，称为 0 元谓词，0 元谓词变项不是命题，0 元谓词常项是命题，如例 2.1 中的 $F(a)$，$G(a,b)$，$H(a,c)$ 均为 0 元谓词。

当 $n=1$ 时，称为一元谓词，一元谓词用于描述个体的性质，不是命题，如例 2.1 中的 $F(x)$ 为一元谓词。

当 $n>1$ 时，称为多元谓词，用于表示个体之间关系，不是命题，如例 2.1 中的 $G(x,y)$ 和 $H(x,y)$ 均为二元谓词。

一元谓词和多元谓词均不是命题，只有其个体变项被赋值为个体常项，且谓词变项用命题常项来代替时，才能构成命题。

3. 量词

定义 2.3 表示个体词数量关系的词称为**量词**。

量词主要分为全称量词和存在量词。

1) 全称量词 $\forall$

全称量词对应日常语言中的"一切""所有的""任意的"等词，以符号 $\forall$ 表示。如 $\forall x F(x)$ 表示个体域里的所有个体都有性质 F。

2) 存在量词 $\exists$

存在量词对应日常语言中的"存在着""有一个""至少有一个"等词，用符号 $\exists$ 表示。如 $\exists xF(x)$ 表示个体域里存在个体有性质 F。

若个体域 S 为有限集，$S=\{a_1,a_2,\cdots,a_n\}$，则有

(1) $\forall x F(x) \Leftrightarrow F(a_1) \wedge F(a_2) \wedge \cdots \wedge F(a_n)$；

(2) $\exists x F(x) \Leftrightarrow F(a_1) \vee F(a_2) \vee \cdots \vee F(a_n)$。

称为量词消去等价式。

在对含有量词的命题进行符号化时,由于不同的个体域,其符号化形式可能是不同的,命题的真值也有可能不同。所以,必须首先明确个体域。若没有明确,将默认为全总个体域。

例 2.2 在谓词逻辑中将下列命题符号化。

(1) 凡是人都是要死的。

(2) 有的人是互联网专家。

个体域:人类;全总个体域 S。

解

当个体域为人类时,可符号化为

(1) $\forall x F(x)$,其中 $F(x)$:x 是要死的。

(2) $\exists x G(x)$,其中 $G(x)$:x 是互联网专家。

当个体域为全总个体域 S 时,如图 2.1 所示,应先把人类从宇宙万事万物中分离出来,应符号化为

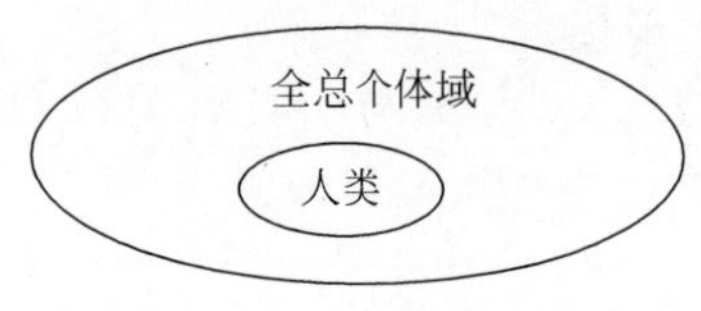

图 2.1 人类与全总个体域

(1) $\forall x(H(x) \rightarrow F(x))$,其中 $H(x)$:x 是人;$F(x)$:x 是要死的。

(2) $\exists x(H(x) \wedge G(x))$,其中 $H(x)$:x 是人;$G(x)$:x 是互联网专家。

例 2.2 中两个命题均为真命题,但反映了不同的个体域,符号化形式可能是不同的。

2.1.2 多元谓词命题符号化

例 2.3 在谓词逻辑中将下列命题符号化。

(1) 有的兔子比乌龟跑得快。

(2) 所有的兔子比乌龟跑得快。

解 因默认为全总个体域,设 $F(x)$:x 是兔子;$G(y)$:y 是乌龟;$H(x,y)$:x 比 y 跑得快。所以

(1) 可符号化为 $\exists x \forall y(F(x) \wedge (G(y) \rightarrow H(x,y)))$ 或 $\exists x(F(x) \wedge \forall y(G(y) \rightarrow H(x,y)))$;

(2) 可符号化为 $\forall x \forall y(F(x) \wedge G(y) \rightarrow H(x,y))$。

当多个量词同时出现时,不能随意颠倒它们的顺序,如例 2.3 中的(1)不可以符号化为 $\forall x \exists y(F(x) \rightarrow (G(y) \wedge H(x,y)))$ 或 $\forall x(F(x) \rightarrow \exists y(G(y) \wedge H(x,y)))$,其表示的命题为所有的兔子比有的乌龟跑得快。

例 2.4 判断下列命题符号化是否正确,并说明理由。

(1) 有的数是偶数。

设 $F(x)$:x 是偶数。

命题符号化为 $\exists x(F(x))$。

解 不正确。

因命题符号化时,必须首先明确个体域,若没有明确,将默认为全总个体域。在全总个体域中,命题的符号化为

$$\exists x(F(x) \land G(x))$$

其中,$F(x)$中 x 是数,$G(x)$中 x 是偶数。

(2) 凡是智能手机都是由苹果公司生产的。

设 $F(x)$: x 是智能手机,

$G(x)$: x 是由苹果公司生产的。

命题符号化为$\forall x(F(x) \land G(x))$。

解　不正确。

在一元谓词中,一般全称量词$\forall$后面为条件联结词$\to$,所以应符号化为

$$\forall x(F(x) \to G(x))$$

(3) 有的智能手机是由小米公司生产的。

设 $F(x)$: x 是智能手机,

$G(x)$: x 是由小米公司生产的。

命题符号化为$\exists x(F(x) \to G(x))$。

解　不正确。

在一元谓词中,一般存在量词$\exists$后面为合取联结词$\land$,所以应符号化为

$$\exists x(F(x) \land G(x))$$

(4) 设个体域 D 为有理数集 $\boldsymbol{Q}$,命题为对于任意的有理数 x,存在有理数 y,使得 x 与 y 的乘积为偶数。

设 $H(x,y)$: x 与 y 的乘积为偶数。

命题符号化为$\exists x \forall y H(x,y)$。

解　不正确。

当多个量词同时出现时,不能随意颠倒它们的顺序,$\exists x \forall y H(x,y)$表达的意思为"存在有理数 x,对于任意的有理数 y,使得 x 与 y 的乘积为偶数。"为假命题,违背了原命题要表达的意思。

应符号化为

$$\forall x \exists y H(x,y)$$

其为真命题。

(5) 设个体域 D 为实数集 $\mathbf{R}$,命题为对于任意的无理数 x,存在有理数 y,使得 x 比 y 大。

设 $F(x)$: x 是无理数,

$G(y)$: y 是有理数,

$H(x,y)$: x 比 y 大。

命题符号化为$\forall x(F(x) \to \exists y(G(y) \land H(x,y)))$。

解　正确。

最后,在谓词逻辑中,对苏格拉底三段论:

凡是人都是要死的;苏格拉底是人;所以,苏格拉底是要死的。

进行符号化。

解 设a：苏格拉底，

$H(x)$：x是人，

$F(x)$：x是要死的。

所以，“苏格拉底三段论”可以符号化为

$$\forall x(H(x) \to F(x)) \land H(a) \to F(a)$$

命题的真值将分别在2.2节和2.5节进行验证。

2.2 谓词公式及类型

2.2.1 谓词公式

在2.1节介绍谓词逻辑三要素及符号化问题的基础上，本节将介绍谓词公式基本概念、公式的解释和类型，为后面的谓词等价和推理提供理论基础。

1. 原子公式

定义 2.4 若谓词$F(x_1,x_2,\cdots,x_n)$不含命题联结词和量词，则称$F(x_1,x_2,\cdots,x_n)$为**原子公式**。如例2.1中的$F(x)$,$G(x,y)$,$H(x,y)$,$F(a)$,$G(a,b)$,$H(a,c)$等。

2. 谓词公式

定义 2.5 (1) 原子公式为谓词公式；

(2) 若F为谓词公式，则$\neg F$也是；

(3) 若F,G为谓词公式，则$F \land G$,$F \lor G$,$F \to G$,$F \leftrightarrow G$也是；

(4) 若F为谓词公式，x为任意变元，则$\forall x F$,$\exists x F$也是。

只有有限次使用规则(1)～(4)构成的符号串，才是**谓词公式**，也称为**合式公式**。

如例2.1中的$F(x)$,$G(x,y)$,$H(x,y)$,$F(a)$,$G(a,b)$和$H(a,c)$；例2.2中的$\forall x(H(x) \to F(x))$和$\exists x(H(x) \land G(x))$；例2.3中的$\exists x \forall y(F(x) \land (G(y) \to H(x,y)))$和$\forall x \forall y (F(x) \land G(y) \to H(x,y))$均是谓词公式。

3. 自由出现和约束出现及量词辖域

定义 2.6 对于谓词公式$\forall xF$或$\exists x F$，称谓词公式F中所有变项x的出现为**约束出现**，并称$\forall x$或$\exists x$中的x为相应量词($\forall$或$\exists$)的**指导变元**，F为相应量词($\forall$或$\exists$)的**辖域**。F中不是约束出现的其他变项被称为**自由出现**。

定义 2.7 若谓词公式F中无自由出现的个体变项，则称F为封闭的谓词公式，简称为闭式。

例 2.5 列出下列谓词公式中的指导变元、自由出现和约束出现及量词辖域，并判断其是否为闭式。

(1) $\exists x(F(x) \land \forall y(G(y) \to H(x,y)))$

(2) $\forall x(F(x,y,z) \land \exists y(G(y) \to H(x,y,z))) \lor L(x,y,z)$

解

(1) 第一个量词$\exists$的指导变元为x,它的辖域为$F(x)\land\forall y(G(y)\to H(x,y))$,$F(x)\land\forall y(G(y)\to H(x,y))$中的两个$x$均为约束出现。第二个量词$\forall$的指导变元为$y$,$\forall$的辖域为$G(y)\to H(x,y)$,$G(y)\to H(x,y)$中的两个$y$均为约束出现,$x$也为约束出现。因为整个公式无自由出现的个体变项,所以$\exists x(F(x)\land\forall y(G(y)\to H(x,y)))$是闭式。

(2) 第一个量词$\forall$的指导变元为x,它的辖域为$F(x,y,z)\land\exists y(G(y)\to H(x,y,z))$。第二个量词$\exists$的指导变元为$y$,它的辖域为$G(y)\to H(x,y,z)$。$F(x,y,z)$,$G(y)$和$H(x,y,z)$中的两个$x$和后两个$y$均为约束出现,第一个$y$和两个$z$均为自由出现,$L(x,y,z)$中的$x,y,z$均为自由出现。因整个公式中有自由出现的个体变项,所以$\forall x(F(x,y,z)\land\exists y(G(y)\to H(x,y,z)))\lor L(x,y,z)$不是闭式。

4. 换名规则与代入规则

定义 2.8

(1) 将某一个指导变元及其相应辖域中该个体变项的所有约束出现用该公式中没有出现的个体变项符号来替换,称为**换名规则**。

(2) 将某一个自由出现的个体变项用该公式中没有出现的个体变项符号来代入,称为**代入规则**。

换名规则与代入规则主要目的是限制同一个公式中个体变项既是约束出现又是自由出现的情况。显然,换名规则和代入规则分别应用于约束出现的个体变项和自由出现的个体变项。

例 2.6　试采用换名规则或代入规则使下列谓词公式中不存在既是约束出现又是自由出现的个体变项。

(1) $\exists x(F(x,y)\land\forall y(G(y)\to H(x,y)))$;

(2) $\forall x(F(x,y,z)\land\exists y(G(y)\to H(x,y,z)))\lor L(x,y,z)$。

解

(1) 个体变项y既是约束出现又是自由出现,应用代入规则可改为

$$\exists x(F(x,z)\land\forall y(G(y)\to H(x,y)))$$

(2) 个体变项x,y既是约束出现又是自由出现,应用换名规则可改为

$$\forall s(F(s,y,z)\land\exists t(G(t)\to H(s,t,z)))\lor L(x,y,z)$$

2.2.2　谓词公式的类型

与命题公式相比,要讨论谓词公式的真值,首先要指明个体域,然后不仅要对所有个体变项进行赋值,还要对所有的谓词公式及其子式等进行明确的说明。

1. 解释

定义 2.9　非空个体域D上一个谓词公式A的一个**解释**I由以下三部分组成:

(1) D中一些特定元素的集合$\{a_1,a_2,\cdots,a_i,\cdots\}$;

(2) D上的特定函数集合$\{f_i\mid i\geqslant1\}$,且所有函数的定义域和值域均为D;

(3) D 上的谓词集合$\{F_i \mid i \geqslant 1\}$。

例 2.7 设个体域 $D=\mathbf{N}$ 为自然数集，给定解释 I 如下：

(1) 特定元素为 $a=0$；

(2) D 上的特定函数 $f_1(x,y)=x+y$，$f_2(x,y)=2xy$；

(3) 谓词 $F_1(x)$：x 为偶数；$F_2(x,y)$：$x \geqslant y$。

讨论下列公式在 I 下的真值：

(1) $F_1(f_1(x,a))$；

(2) $\forall x F_1(f_1(x,y))$；

(3) $\exists x F_1(f_1(x,y))$；

(4) $\forall x F_1(f_2(x,y))$；

(5) $\forall x \forall y F_2(f_1(x,y),a)$；

(6) $\forall x \forall y F_2(f_1(x,y),f_2(x,y))$。

解 (1)“$(x+0)$ 为偶数。”不是一个命题。

(2)“$\forall x(x+y)$为偶数。”是一个假命题。

(3)“$\exists x(x+y)$ 为偶数。”是一个真命题。

(4)“$\forall x(2xy)$ 为偶数。”是一个真命题。

(5)“$\forall x \forall y(x+y \geqslant 0)$。”是一个真命题。

(6)“$\forall x \forall y(x+y \geqslant 2xy)$。”是一个假命题。

定理 2.1 闭式在任何解释下都为命题。

该定理的证明略。

例 2.2 中的式(1)和式(2)，例 2.3 中的式(1)和式(2)，例 2.5 中的式(1)和例 2.7 中的式(2)～式(6)都是闭式，也都是命题。例 2.6 中的式(1)和式(2)，例 2.7 中的式(1)都不是闭式。

2. 公式的类型

定义 2.10 设 F 是一个谓词公式：

(1) 若 F 在任何解释下的真值均为真，则称 F 为**永真式**；

(2) 若 F 在任何解释下的真值均为假，则称 F 为**永假式**；

(3) 若 F 在任何解释下的真值，至少存在一个为真，则称 F 为**可满足式**。

显然，永真式为可满足式。如谓词公式 $\forall x P(x) \rightarrow \neg \exists x \ \neg P(x)$ 和 $\forall x P(x) \rightarrow \exists x P(x)$ 均为永真式，谓词公式 $\forall x P(x) \wedge \exists x \ \neg P(x)$ 为永假式；谓词公式 $\forall x(H(x) \rightarrow F(x))$ 为一个非永真式的可满足式。

然而，与命题公式相比，由于谓词公式组成的复杂性，在 1936 年，丘吉(A. Church)和图灵(A. Turing)分别证明了“谓词逻辑的永假或永真问题是不可判定的”。如例 2.7 中的式(1)，在某些解释下，谓词公式可能不是命题，也就不能判定它的类型了。所以，与命题公式中的真值表法和主范式法相比，还没有一个万能的方法判断所有谓词公式的类型。但就某些特殊的谓词公式，也存在一些如代换实例的方法。

定义 2.11 设 $F_1,F_2,\cdots,F_n$ 为 n 个谓词公式，$A(p_1,p_2,\cdots,p_n)$为含 n 个命题变项的命题公式，用所有的 F_i 替换 p_i，所得的谓词公式 $A(F_1,F_2,\cdots,F_n)$为 $A(p_1,p_2,\cdots,p_n)$的

代换实例。

如 $H(x) \wedge F(x)$ 和 $\forall x\, H(x) \rightarrow \exists y F(y)$ 可以分别看成 $p \wedge q$ 和 $s \rightarrow t$ 的代换实例。

于是有如下结论。

定理 2.2 命题公式中的重言式的代换实例谓词公式都是永真式，命题公式中的矛盾式的代换实例谓词公式都是矛盾式。

例 2.8 判断下列谓词公式的类型。

(1) $\forall x P(x) \rightarrow \exists x P(x)$

(2) $\forall x P(x) \wedge \exists x F(x) \wedge \neg \forall x\, P(x)$

(3) $\exists x F(x) \rightarrow (\exists x F(x) \vee \forall y G(y) \vee \forall x \exists y\, H(x,y))$

(4) $\forall x (H(x) \rightarrow F(x))$

解

(1) 设 I 为任意的解释，若存在 $\exists x P(x)$ 为假，则 $\forall x P(x)$ 为假。所以，不能出现前件为真后件为假的情况，即 $\forall x P(x) \rightarrow \exists x P(x)$ 为永真式。

(2) 显然，$\forall x P(x) \wedge \exists x F(x) \wedge \neg \forall x\, P(x)$ 为矛盾式 $p \wedge q \wedge \neg p$ 的代换实例，所以 $\forall x P(x) \wedge \exists x F(x) \wedge \neg \forall x\, P(x)$ 为永假式。

(3) 显然，$\exists x F(x) \rightarrow (\exists x F(x) \vee \forall y G(y) \vee \forall x\ \exists y\, H(x,y))$ 为重言式 $p \rightarrow (p \vee q \vee r)$ 的代换实例，所以 $\exists x F(x) \rightarrow (\exists x F(x) \vee \forall y G(y) \vee \forall x\ \exists y\, H(x,y))$ 为永真式。

(4) 若取解释 I_1：个体域为全总个体域 S；$H(x)$：x 是人；$F(x)$：x 是要死的，则 $\forall x (H(x) \rightarrow F(x))$ 的真值为真。

若取解释 I_2：个体域为全总个体域 S；$H(x)$：x 是人；$F(x)$：x 是互联网专家，则 $\forall x (H(x) \rightarrow F(x))$ 的真值为假。

所以，$\forall x (H(x) \rightarrow F(x))$ 为可满足式。

最后，可以验证苏格拉底三段论的正确性。

“凡是人都要死的；苏格拉底是人；所以苏格拉底是要死的。”

证明 设 $F(x)$：x 是人；$G(x)$：x 是要死的；a：苏格拉底。

$$\forall x (F(x) \rightarrow G(x)) \wedge F(a) \rightarrow G(a)$$

不妨假设前件为真，即 $\forall x (F(x) \rightarrow G(x))$ 与 $F(a)$ 都为真。

由于 $\forall x (F(x) \rightarrow G(x))$ 为真，故 $F(a) \rightarrow G(a)$ 为真。

由 $F(a)$ 与 $F(a) \rightarrow G(a)$ 为真，根据假言推理得证 $G(a)$ 为真。

所以，不会出现前件 $\forall x (F(x) \rightarrow G(x)) \wedge F(a)$ 为真，而后件 $G(a)$ 为假的情况，故该解释的真值为真。

2.3 谓词公式的等价演算

在讨论过谓词公式的类型后，为了介绍和研究谓词逻辑推理，接下来讨论一下谓词公式的逻辑等价式。

类似于命题公式的等价式，可定义谓词公式的等价式。

1. 等价式

定义 2.12 设 F 和 G 是任意的两个谓词公式，若 $F \leftrightarrow G$ 为永真式，则称 F 与 G 是**等价的**，记作 $F \Leftrightarrow G$，称"$F \Leftrightarrow G$"为**谓词等价式**。

由定理 2.2，命题公式中的重言式的代换实例谓词公式都是永真式，因而命题逻辑中所提到的等价式及其代换实例都是谓词逻辑中的等价式。

例如：

(1) 因命题公式 $A \Leftrightarrow A \vee A$，所以 $\exists x F(x) \Leftrightarrow \exists x F(x) \vee \exists x F(x)$；

(2) 因命题公式 $A \rightarrow B \Leftrightarrow \neg A \vee B$，所以 $\forall x F(x) \rightarrow \exists x G(x)$ 与 $\neg \forall x F(x) \vee \exists x G(x)$。

2. 替换规则

定理 2.3 设谓词公式 F 是谓词公式 $\Psi(F)$ 的子公式，若 $F \Leftrightarrow G$，并将 $\Psi(F)$ 中的子公式 F 用公式 G 替换，得到公式 $\Psi(G)$，则 $\Psi(F) \Leftrightarrow \Psi(G)$。

类似于命题公式等价演算，由已知的谓词公式等价式可以推演出更多的谓词公式等价式，这个过程称为谓词公式的等价演算。

下面介绍几个与量词相关的谓词公式的等价式。

3. 量词否定等价式

定理 2.4 设 $F(x)$ 为谓词公式，则

(1) $\neg \forall x\, F(x) \Leftrightarrow \exists x\, \neg F(x)$；

(2) $\neg \exists x\, F(x) \Leftrightarrow \forall x\, \neg F(x)$。

下面在个体域 $D=\{a_1, a_2, \cdots, a_n\}$ 为有限集的情况下，应用 2.1 节的量词性质和 1.3 节中的德·摩根定律对(1)和(2)进行证明。

证明

(1) $\neg \forall x\, F(x) \Leftrightarrow \neg(F(a_1) \wedge F(a_2) \wedge \cdots \wedge F(a_n))$

$\Leftrightarrow \neg F(a_1) \vee \neg F(a_2) \vee \cdots \vee \neg F(a_n)$

$\Leftrightarrow \exists x\, \neg F(x)$；

(2) $\neg \exists x\, F(x) \Leftrightarrow \neg(F(a_1) \vee F(a_2) \vee \cdots \vee F(a_n))$

$\Leftrightarrow \neg F(a_1) \wedge \neg F(a_2) \wedge \cdots \wedge \neg F(a_n)$

$\Leftrightarrow \forall x\, \neg F(x)$。

4. 量词辖域扩张或收缩的等价式

定理 2.5 设谓词公式 $F(x)$ 中 x 都有出现，G 中无 x 的出现，则

(1) $\forall x(F(x) \vee G) \Leftrightarrow \forall x F(x) \vee G$；

(2) $\forall x(F(x) \wedge G) \Leftrightarrow \forall x F(x) \wedge G$；

(3) $\forall x(F(x) \rightarrow G) \Leftrightarrow \exists x\, F(x) \rightarrow G$；

(4) $\forall x(G \rightarrow F(x)) \Leftrightarrow G \rightarrow \forall x\, F(x)$；

(5) $\exists x(F(x) \vee G) \Leftrightarrow \exists x F(x) \vee G$；

(6) $\exists x(F(x) \wedge G) \Leftrightarrow \exists x F(x) \wedge G$；

(7) $\exists x(F(x) \rightarrow G) \Leftrightarrow \forall x\, F(x) \rightarrow G$；

(8) $\exists x(G \rightarrow F(x)) \Leftrightarrow G \rightarrow \exists x\, F(x)$。

在个体域 $D=\{a_1,a_2,\cdots,a_n\}$ 为有限集的情况下，等价式(1)，(2)，(5)和(6)可以仿照上面量词否定等价式的证明进行证明。

下面先证明等价式(4)，类似地，可以证明等价式(3)、(7)和(8)。

证明
$$\begin{aligned}\forall x(G\to F(x)) &\Leftrightarrow \forall x(\neg G \vee F(x))\\ &\Leftrightarrow \forall x(F(x)\vee \neg G)\\ &\Leftrightarrow \forall x\, F(x)\vee \neg G\\ &\Leftrightarrow \neg G\vee \forall x\, F(x)\\ &\Leftrightarrow G\to \forall x\, F(x)\end{aligned}$$

5. 量词分配的等价式

定理 2.6 设谓词公式 $F(x)$ 中和 $G(x)$ 中 x 都有出现，则

(1) $\exists x(F(x)\vee G(x))\Leftrightarrow \exists x\, F(x)\vee \exists x\, G(x)$；

(2) $\forall x(F(x)\wedge G(x))\Leftrightarrow \forall x\, F(x)\wedge \forall x\, G(x)$。

由定理 2.6 可以推得 $\exists x\ \forall y(F(x)\wedge(G(y)\to H(x,y)))\Leftrightarrow \exists x(F(x)\wedge \forall y(G(y)\to H(x,y)))$。

6. 条件式的等价式

定理 2.7 设谓词公式 $F(x)$ 中和 $G(x)$ 中 x 都有出现，则

(1) $\exists x(F(x)\to G(x))\Leftrightarrow \forall x\, F(x)\to \exists x\, G(x)$；

(2) $\exists x\, F(x)\to \forall x\, G(x)\Rightarrow \forall x(F(x)\to G(x))$。

证明

(1)
$$\begin{aligned}\exists x(F(x)\to G(x)) &\Leftrightarrow \exists x(\neg F(x)\vee G(x))\\ &\Leftrightarrow \exists x\,\neg F(x)\vee \exists x\, G(x)\\ &\Leftrightarrow \exists x\,\neg F(x)\vee \exists x\, G(x)\\ &\Leftrightarrow \neg \forall x\, F(x)\vee \exists x\, G(x)\\ &\Leftrightarrow \forall x\, F(x)\to \exists x\, G(x)\end{aligned}$$

类似地，可以证明等价式(2)。

2.4 谓词公式的前束范式

在命题逻辑中，有时需将命题公式化成与之等价的主范式。在谓词逻辑中，有时也需将谓词公式化成与之等价的规范形式。

定义 2.13 设 G 为任意不含量词的谓词公式，$\Delta_1,\Delta_2,\cdots,\Delta_s$ 为量词，则称形式为

$$\Delta_1 x_1 \Delta_2 x_2 \cdots \Delta_s x_s G$$

的谓词公式为**前束范式**。

例如 $\forall x(H(x)\to F(x))$，$\exists x(H(x)\wedge F(x))$，$\exists x\forall y(F(x)\wedge(G(y)\to H(x,y)))$ 都是前束范式，而 $\exists x(F(x)\wedge \forall y(G(y)\to H(x,y)))$ 不是前束范式。但 $\exists x\forall y(F(x)\wedge(G(y)\to H(x,y)))\Leftrightarrow \exists x(F(x)\wedge \forall y(G(y)\to H(x,y)))$。类似于命题公式中的范式存在定理，有：

定理 2.8 任意一个谓词公式都存在与之等价的前束范式。

求取谓词公式 F 前束范式的主要方法是结合换名规则和代入规则以及德·摩根定律,反复适当应用定理 2.4 至定理 2.7 将所有量词移到公式 F 的最前端。

例 2.9 求下列谓词公式的前束范式。

(1) $\neg\exists x(M(x)\leftrightarrow F(x))$

(2) $\forall xF(x)\rightarrow\neg\exists yG(x,y)$

(3) $\forall xF(x)\wedge\neg\forall y(G(x,y)\rightarrow H(x,y))$

解

(1) $\neg\exists x(M(x)\leftrightarrow F(x))\Leftrightarrow\forall x\neg(M(x)\leftrightarrow F(x))$

$\Leftrightarrow\forall x\neg((M(x)\rightarrow F(x))\wedge(F(x)\rightarrow M(x)))$

$\Leftrightarrow\forall x(\neg(M(x)\rightarrow F(x))\vee\neg(F(x)\rightarrow M(x)))$

$\Leftrightarrow\forall x((M(x)\wedge\neg F(x))\vee(F(x)\wedge\neg M(x)))$

最后两步结果都是前束范式,说明前束范式不唯一。

(2) $\forall xF(x)\rightarrow\neg\exists yG(x,y)\Leftrightarrow\forall xF(x)\rightarrow\neg\exists yG(s,y)$

$\Leftrightarrow\exists x(F(x)\rightarrow\neg\exists yG(s,y))$

$\Leftrightarrow\exists x(F(x)\rightarrow\forall y\neg G(s,y))$

$\Leftrightarrow\exists x\forall y(F(x)\rightarrow\neg G(s,y))$

(3) $\forall xF(x)\wedge\neg\forall y(G(x,y)\rightarrow H(x,y))\Leftrightarrow\forall sF(s)\wedge\neg\forall y(G(x,y)\rightarrow H(x,y))$

$\Leftrightarrow\forall sF(s)\wedge\exists y\neg(G(x,y)\rightarrow H(x,y))$

$\Leftrightarrow\forall s(F(s)\wedge\exists y\neg(G(x,y)\rightarrow H(x,y)))$

$\Leftrightarrow\forall s\exists y(F(s)\wedge\neg(G(x,y)\rightarrow H(x,y)))$

2.5 谓词公式的推理

与命题逻辑相似,谓词公式的推理也主要由前提、结论和推理规则 3 部分构成。前提也是由若干已知的谓词公式 $F_1,F_2,\cdots,F_s$ 构成,应用适当的推理规则,推得出结论 B 的逻辑过程就是谓词公式的推理。

1. 谓词推理基本定义

定义 2.14 设 $F_1,F_2,\cdots,F_s$ 和 B 是谓词公式,则称 $F_1\wedge F_2\wedge\cdots\wedge F_s\rightarrow B$ 为由前提 $F_1,F_2,\cdots,F_s$ 推出结论 B 的**谓词推理形式结构**。

定义 2.15 若谓词推理形式结构 $F_1\wedge F_2\wedge\cdots\wedge F_s\rightarrow B$ 为永真式,则称由前提 $F_1,F_2,\cdots,F_s$ 推出结论 B 的推理是正确的(或有效的),并称 B 是**正确的结论**,记作 $F_1\wedge F_2\wedge\cdots\wedge F_s\Rightarrow B$。

2. 谓词演算推理方法

推理方法主要包括直接推理证明法和以附加前提方法和归谬法为主的间接证明方法。

3. 几个重要的谓词推理规则

在推理规则上,由于谓词公式中引入个量词、个体词和谓词等,为了进行推理,除了命题逻辑中的重要推理规则仍然作为推理规则应用以外，还需要引入一些重要规则。

下面主要介绍全称量词∀和存在量词∃的指定和推广规则，也称消去和引入规则。

设 $F(x)$ 为一个谓词公式，个体变项 x 在 $F(x)$ 中自由出现，则有以下规则。

1) US 规则(全称指定规则)

$$\forall xF(x) \Rightarrow F(a) \text{ 或}$$
$$\forall xF(x) \Rightarrow F(s)$$

其中，a 为个体域中任意的个体常量，s 为 $F(x)$ 中任意自由出现的个体变项。

例如，设个体域 D 为有理数集，若 $F(x)$：x 可以表示成分数，则"$\forall xF(x)$：所有的有理数都可以表示成分数。"成立。所以若 $a=1.5$ 属于 D，则由全称指定规则有"$F(1.5)$：1.5 可以表示成分数。"成立。

2) UG 规则(全称推广规则)

若在个体域 D 中，对于任意的个体 a 属于 D 都有 $F(a)$ 成立，则有

$$F(a) \Rightarrow \forall xF(x)$$

例如，设个体域 D 为人类，$F(x)$：x 要呼吸，则对于任意的个体 a 属于 D，都有 $F(a)$ 成立，所以在此可以有 $\forall xF(x)$ 成立。

3) ES 规则(存在指定规则)

若在个体域 D 中，$F(x)$ 除了个体变项 x 以外，无自由出现的个体变项，a 没在 $F(x)$ 中出现，且存在个体 a 使 $F(a)$ 的真值为真，则

$$\exists xF(x) \Rightarrow F(a)$$

4) EG 规则(存在推广规则)

若在个体域 D 中，对于 $F(x)$，存在个体 a 使 $F(a)$ 的真值为真，且 x 没在 $F(a)$ 中出现，则

$$F(a) \Rightarrow \exists xF(x)$$

例如，设个体域 D 为自然数集，若 $F(x)$：x 为偶数，显然，"$F(2)$：2 为偶数。"成立。所以 $\exists xF(x)$ 成立。

例 2.10 试应用谓词推理验证"苏格拉底三段论"的正确性。

"凡是人都要死的；苏格拉底是人；所以苏格拉底是要死的。"

证明 首先符号化，设

$F(x)$：x 是人；

$G(x)$：x 是要死的；

a：苏格拉底。

前提：$\forall x(F(x)\rightarrow G(x))$，$F(a)$。

结论：$G(a)$。

推理形式结构：$\forall x(F(x)\rightarrow G(x)) \land F(a)\rightarrow G(a)$。

① $\forall x(F(x)\rightarrow G(x))$	前提引入
② $F(a)\rightarrow G(a)$	①的 US 规则
③ $F(a)$	前提引入
④ $G(a)$	②③的假言推理

所以，最后推得结论 $G(a)$，该推理是正确推理，结论为正确结论。

例 2.11 (1) 应用谓词推理验证$\exists x(F(x)\land G(x))\Rightarrow\exists xF(x)\land\exists x G(x)$。

(2) 证明$\exists xF(x)\land\exists x G(x)\nRightarrow\exists x(F(x)\land G(x))$。

证明

(1) 由已知题设,令

前提:$\exists x(F(x)\land G(x))$;

结论:$\exists xF(x)\land\exists x G(x)$;

推理形式结构:$\exists x(F(x)\land G(x))\rightarrow\exists xF(x)\land\exists x G(x)$。

① $\exists x(F(x)\land G(x))$　　前提引入

② $F(y)\land G(y)$　　①的 ES 规则

③ $F(y)$　　②的化简规则

④ $G(y)$　　②的化简规则

⑤ $\exists xF(x)$　　③EG 规则

⑥ $\exists x G(x)$　　④EG 规则

⑦ $\exists xF(x)\land\exists x G(x)$　　⑤⑥的合取规则

所以,最后推得结论$\exists xF(x)\land\exists x G(x)$,该推理是正确推理,结论为正确结论。

(2) 取一个解释 I:设个体域 $D=N$;$F(x)$:x 为偶数;$G(x)$:x 为奇数,则$\exists xF(x)\land\exists x G(x)$为真,而$\exists x(F(x)\land G(x))$为假,于是,$\exists xF(x)\land\exists x G(x)\rightarrow\exists x(F(x)\land G(x))$的真值为假。

所以,$\exists xF(x)\land\exists x G(x)\nRightarrow\exists x(F(x)\land G(x))$。

由例 2.11 可知$\exists x(F(x)\land G(x))\nLeftrightarrow\exists xF(x)\land\exists xG(x)$。类似可以证明$\forall x(F(x)\lor G(x))\nLeftrightarrow\forall xF(x)\lor\forall xG(x)$。

例 2.12 应用谓词推理验证定理 2.6(2):

$$\forall x(F(x)\land G(x))\Leftrightarrow\forall xF(x)\land\forall xG(x)$$

证明 先验证$\forall x(F(x)\land G(x))\Rightarrow\forall xF(x)\land\forall xG(x)$。

前提:$\forall x(F(x)\land G(x))$。

结论:$\forall xF(x)\land\forall xG(x)$。

推理形式结构:$\forall x(F(x)\land G(x))\rightarrow\forall xF(x)\land\forall xG(x)$。

① $\forall x(F(x)\land G(x))$　　前提引入

② $F(y)\land G(y)$　　①的 US 规则

③ $F(y)$　　②的化简规则

④ $G(y)$　　②的化简规则

⑤ $\forall xF(x)$　　③UG 规则

⑥ $\forall xG(x)$　　④UG 规则

⑦ $\forall xF(x)\land\forall xG(x)$　　⑤⑥的合取规则

所以,最后推得结论$\forall xF(x)\land\forall xG(x)$,该推理是正确推理,即$\forall x(F(x)\land G(x))\Rightarrow\forall xF(x)\land\forall xG(x)$。

再验证$\forall xF(x)\land\forall xG(x)\Rightarrow\forall x(F(x)\land G(x))$。

前提:$\forall xF(x)$,$\forall xG(x)$。

结论:$\forall x(F(x)\land G(x))$。

推理形式结构：$\forall xF(x)\wedge\forall xG(x)\rightarrow\forall x(F(x)\wedge G(x))$。

① $\forall xF(x)$ 前提引入

② $F(y)$ ①的 US 规则

③ $\forall xG(x)$ 前提引入

④ $G(y)$ ③的 US 规则

⑤ $F(y)\wedge G(y)$ ②④的合取

⑥ $\forall x(F(x)\wedge G(x))$ ④UG 规则

所以，最后推得结论 $\forall x(F(x)\wedge G(x))$，该推理是正确推理，即 $\forall xF(x)\wedge\forall xG(x)\Rightarrow\forall x(F(x)\wedge G(x))$。

综上 $\forall x(F(x)\wedge G(x))\Leftrightarrow\forall xF(x)\wedge\forall xG(x)$。

类似可以证明定理 2.6 的(1) $\exists x(F(x)\vee G(x))\Leftrightarrow\exists xF(x)\vee\exists xG(x)$。

例 2.13 应用谓词推理验证下列命题。

凡是大学本科生都要参加本科毕业论文答辩。凡是专科生都不需要参加本科毕业论文答辩。所以凡是专科生都不是大学本科生。

解 谓词符号化，设

$F(x)$：x 是大学本科生；

$G(x)$：x 要参加本科毕业论文答辩；

$R(x)$：x 是专科生。

前提：$\forall x(F(x)\rightarrow G(x))$，$\forall x(R(x)\rightarrow\neg G(x))$。

结论：$\forall x(R(x)\rightarrow\neg F(x))$。

推理形式结构：$\forall x(F(x)\rightarrow G(x))\wedge\forall x(R(x)\rightarrow\neg G(x))\rightarrow\forall x(R(x)\rightarrow\neg F(x))$。

证明

① $\forall x(F(x)\rightarrow G(x))$ 前提引入

② $F(y)\rightarrow G(y)$ ①的 US 规则

③ $\forall x(R(x)\rightarrow\neg G(x))$ 前提引入

④ $R(y)\rightarrow\neg G(y)$ ③的 US 规则

⑤ $\neg G(y)\rightarrow\neg F(y)$ ②假言易位

⑥ $R(y)\rightarrow\neg F(y)$ ④⑤假言三段论

⑦ $\forall x(R(x)\rightarrow\neg F(x))$ ⑥UG 规则

所以，最后推得结论 $\forall x(R(x)\rightarrow\neg F(x))$，该推理是正确推理，结论为正确结论。

习题 2

1. 在谓词逻辑中将下列命题符号化。

(1) 华罗庚是数学家。

(2) 华罗庚与陈景润是师生关系。

(3) 华罗庚与陈省身有关系 H。

2. 在(a)和(b)两种情况下,将下列命题在谓词逻辑中进行符号化。

(a) 个体域为人类;

(b) 个体域为全总个体域。

(1) 凡是人都要热爱自己的祖国。

(2) 有的人会吸烟。

(3) 有的人不喜欢吸烟。

(4) 凡是人都不喜欢不友善的人。

(5) 凡是人都有朋友。

(6) 有的人没有朋友。

3. 将下列命题在谓词逻辑中进行符号化,并判断哪些是真命题,哪些是假命题。

(1) 所有的偶数都能被2整除。

(2) 有的偶数能被3整除。

(3) 不是所有的偶数都能被5整除。

(4) 有的奇数能被5整除。

(5) 有的奇数能被3整除。

(6) 所有的偶数都不是奇数。

(7) 所有在区间$[a,b]$上连续的一元函数$f(x)$在区间$[a,b]$上都可积。

(8) 所有在区间$[a,b]$上的可导的函数$f(x)$在区间$[a,b]$上都连续。

(9) 不是所有在区间$[a,b]$上的连续的函数$f(x)$在区间$[a,b]$上都可导。

4. 在(a)和(b)两种情况下,将下列命题在谓词逻辑中进行符号化,并判断哪些是真命题,哪些是假命题。

(a) 个体域$D=\mathbf{R}$;

(b) 个体域$D=\mathbf{N}$。

(1) 存在数x,使得$x+2020=2010$。

(2) 对于任意的数x,都有$0x=0$。

5. 在谓词逻辑中将下列命题符号化,并判断哪些是真命题,哪些是假命题。

(1) 所有的有理数都能表示成分数。

(2) 有的有理数比有的无理数大。

(3) 所有的有理数都比无理数大。

(4) 不是所有的有理数都比无理数大。

6. 请举例说明。

(1) 个体域不同,命题的真值有可能不同;

(2) 个体域不同,命题符号化有可能相同;

(3) 个体域不同,命题符号化有可能不同;

(4) 全称量词与存在量词不具有可交换性,即$\forall x \exists y F(x,y)$不等价于$\exists x \forall y F(x,y)$。

7. 判断下列命题符号化是否正确,并说明理由。

(1) 凡是花都是红色的。

设$F(x)$:x是红色的。

命题符号化为$\forall x(F(x))$。

(2) 凡是人都要呼吸。

设 $F(x)$：x 是人；

$G(x)$：x 要呼吸。

命题符号化为 $\forall x(F(x)\land G(x))$。

(3) 有的人用左手使筷子。

设 $F(x)$：x 是人；

$G(x)$：x 用左手使筷子。

命题符号化为 $\exists x(F(x)\rightarrow G(x))$。

(4) 设个体域 $D=\mathbf{R}$，命题为：对于任意的数 x，存在数 y，使得 x 与 y 的和为偶数。

设 $H(x,y)$：x 与 y 的和为偶数。

命题符号化为 $\exists y\forall xH(x,y)$。

(5) 设个体域 $D=\mathbf{Z}$，命题为：对于任意的奇数 x，存在偶数 y，使得 x 比 y 大。

设 $F(x)$：x 是奇数；

$G(y)$：y 是偶数。

$H(x,y)$：x 比 y 大。

命题符号化为 $\forall x(F(x)\land\exists y(G(y)\rightarrow H(x,y)))$。

8. 列出下列谓词公式中的指导变元、自由出现和约束出现及量词辖域，并判断其是否为闭式。

(1) $\exists x\exists y(F(x)\land G(y)\rightarrow H(x,y))$；

(2) $\forall x\exists y(F(x)\land G(y)\rightarrow\neg H(x,y))$；

(3) $\exists x(F(x,z)\land\forall y(G(y)\rightarrow H(x,y,z))$；

(4) $\exists x(F(x,y,z)\land\exists y(G(y)\rightarrow H(x,y,z))\lor\neg L(x,y,z,s)$；

(5) $\forall x\exists y(F(x)\land G(y,z)\land\exists z(H(z)\land L(x,y,z))$。

9. 试采用换名规则或代入规则使下列谓词公式中不存在既是约束出现又是自由出现的个体变项。

(1) $\forall x\exists y(F(x)\land G(y,z))\land\exists z(H(z)\land L(x,y,z))$；

(2) $\exists x(F(x,y,z))\land\exists y(G(y)\rightarrow H(x,y,z))\lor\neg L(x,y,z,s)$。

10. 设个体域 $D=\mathbf{R}$，给定解释 I 如下：

(1) 特定元素为 $a=0$；

(2) D 上的特定函数 $f_1(x,y)=x^2+y^2$；$f_2(x,y)=4xy$；

(3) 谓词 $F_1(x)$：x 为非负数；$F_2(x,y)$：$x\geqslant y$。

讨论下列公式在 I 下的真值：

(1) $F_1(f_1(x,a))$；

(2) $\forall xF_1(f_1(x,y))$；

(3) $\exists xF_1(f_1(x,y))$；

(4) $\forall xF_1(f_2(x,y))$；

(5) $\forall x\forall y F_2(f_1(x,y),a)$；

(6) $\forall x\forall y F_2(f_1(x,y),f_2(x,y))$；

(7) $\exists x\forall y F_2(f_1(x,y),f_2(x,y))$；

(8) $\exists x \exists y F_2(f_1(x,y),f_2(x,y))$。

11. 判断下列谓词公式的类型。

习题答案

(1) $\neg \exists xP(x) \vee \exists xP(x)$

(2) $\forall x \neg P(x) \wedge \exists xP(x)$

(3) $\neg(\forall y H(y) \rightarrow \exists xP(x)) \wedge \exists xP(x)$

(4) $\forall x \exists y(H(x) \wedge F(y) \rightarrow H(x,y))$

12. 设谓词公式 $F(x)$ 中 x 都是自由出现,G 中无 x 的出现,证明:

(1) $\exists x(F(x) \rightarrow G) \Leftrightarrow \forall xF(x) \rightarrow G$;

(2) $\exists x(G \rightarrow F(x)) \Leftrightarrow G \rightarrow \exists xF(x)$。

13. 求下列谓词公式的前束范式。

(1) $\forall xM(x) \wedge \forall y F(y)$

(2) $\exists xF(x) \rightarrow \neg \forall yG(x,y)$

(3) $\forall xF(x) \rightarrow \neg \forall y(G(x,y) \rightarrow H(x,y))$

14. 设个体域 S 为有限集,$S=\{a_1,a_2,a_3\}$,消去下列谓词公式中的量词。

(1) $\forall x(F(x) \rightarrow G(x))$

(2) $\exists x(F(x) \wedge G(x))$

(3) $\forall x \exists y F(x,y)$

(4) $\forall x(F(x) \wedge G(x)) \rightarrow \exists y(F(y) \vee G(y))$

15. 应用谓词推理验证下面命题的正确性。

所有大于 2 的素数都不能够被 2 整除。7 是大于 2 的素数,所以 7 不能够被 2 整除。

16. (1) 应用谓词推理验证 $\forall xF(x) \vee \forall xG(x) \Rightarrow \forall x(F(x) \vee G(x))$。

(2) 证明 $\forall x(F(x) \vee G(x)) \not\Rightarrow \forall xF(x) \vee \forall xG(x)$。

第二部分

集合论

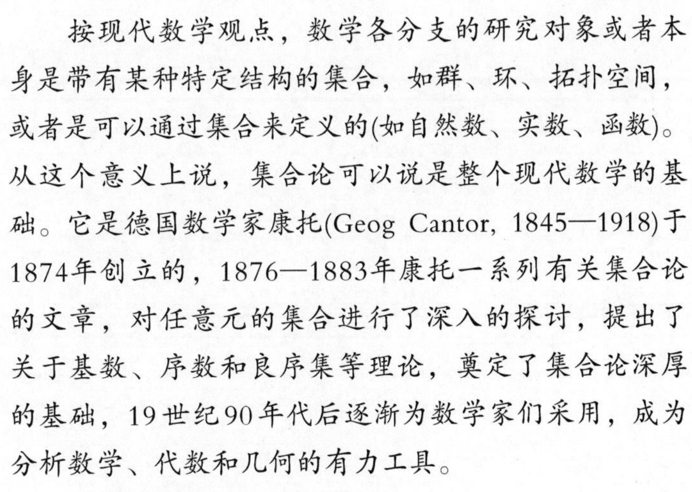

按现代数学观点，数学各分支的研究对象或者本身是带有某种特定结构的集合，如群、环、拓扑空间，或者是可以通过集合来定义的(如自然数、实数、函数)。从这个意义上说，集合论可以说是整个现代数学的基础。它是德国数学家康托(Geog Cantor, 1845—1918)于1874年创立的，1876—1883年康托一系列有关集合论的文章，对任意元的集合进行了深入的探讨，提出了关于基数、序数和良序集等理论，奠定了集合论深厚的基础，19世纪90年代后逐渐为数学家们采用，成为分析数学、代数和几何的有力工具。

本部分介绍集合论的基础知识。

第3章 集合

集合不仅可用来表示数及其运算,更可用于非数值信息的表示和处理。因此,在程序语言、数据结构、数据库、算法设计和人工智能等领域都得到了广泛的应用。本章介绍集合的基本知识和应用。

3.1 集合的基本概念

3.1.1 集合与元素的基本概念

什么是集合和集合的元素?

德国数学家康托极其直观地将其定义为:把若干确定的有区别的(不论是具体的或抽象的)事物合并起来,看作一个整体,就称为一个**集合**,其中各事物称为该集合的**元素**。但就是这个直观的描述所产生的理论,在当时几乎导致了整个数学体系的崩溃,当时康托提出用一一对应准则来比较无穷集元素的个数,这种崩溃源于对无穷量的认识,许多数学家对康托的集合论观点产生激烈的质疑,直到20世纪初,许多数学成果都建立在集合论的基础之上,集合论才被数学界认可。

1908年,策梅洛提出公理化集合论,后经改进形成无矛盾的集合论公理系统,简称ZF公理系统。原本直观的集合概念被建立在严格的公理基础之上,从而避免了一个集合是否属于自己的悖论的出现,这被称为公理化集合论。与此对应,1908年以前由康托创立的集合论称为朴素集合论。公理化集合论是对朴素集合论的严格处理,它保留了朴素集合论的有价值的成果并消除了其可能存在的悖论。从康托提出集合论至今,集合论的每一步发展都是与康托的开拓性工作分不开的。

集合是一个不能精确定义的基本概念。

定义3.1 一般把一些确定的、彼此不同的或具有共同性质的事物汇集成的一个整体,称为一个**集合**,组成集合的那些事物就称为集合的**元素**。

例如,清华大学的学生是一个集合,每名学生就是这个集合的一个元素;全体实数也是一个集合,每个实数就是这个集合的一个元素;26个英文字母也是一个集合,每个英文字母就是这个集合的一个元素;等等。

一般用大写英文字母表示集合,用小写英文字母表示元素。

例如,以符号A表示一个集合,a表示一个元素。如果a是A的元素,则称a属于A,

记为 $a\in A$，也称 a 是 A 的元素或 A 包含 a，如果 a 不是 A 的元素，则称 a 不属于 A，记为 $a\notin A$。

集合分为有穷集和无穷集。

定义 3.2 空集和只含有有限多个元素的集合称为**有穷集**，否则称为**无穷集**。

集合的表示方法常用下面两种。

(1) 枚举法又称列举法，将集合中的元素一一列出来，或列出足够多的元素以反映集合中元素的特征，元素之间用逗号“,”隔开，并用花括号“{ }”在两边括起来，表示这些元素构成整体。

枚举法：列出集合的所有元素或部分元素，可用于有穷集和有一定规律的无穷集。如 $A=\{a,b,\cdots,z\}$，$B=\{1,4,9,16,25,36,\cdots\}$，$C=\{a,\{c\},\{c,d\}\}$ 集合中的元素还可以是集合。

(2) 谓词法又叫构造法，如果 $P(x)$ 是表示元素 x 具有某种性质 P 的谓词，则所有具有性质 P 的元素构成一个集合。

谓词法：用谓词来描述集合中元素的性质。

如集合 $B=\{x\mid x\in\mathbf{R}\wedge(x+5=0)\}$，这是描述法表示，则谓词描述法为

$$B=\{x\mid F(x)\wedge G(x)\}$$

其中，设 $F(x)$：$x\in\mathbf{R}$，$G(x)$：$x+5=0$。

集合的性质：

(1) 集合的元素是彼此不同的，相同的元素应该认为是同一个元素。如 $\{1,3,5\}=\{5,3,3,1\}$。

(2) 集合的元素是无序的。如 $\{1,3,5\}=\{5,3,1\}$。

注：元素与集合的关系是属于 $\in$ 和不属于 $\notin$。

本书规定：对任何集合 A，都有 $A\notin A$。

例 3.1 令 $A=\{a,\{b,c\},d,\{\{d\}\}\}$，则

$$\{b,c\}\in A \quad b\notin A \quad \{\{d\}\}\in A \quad \{d\}\notin A \quad d\in A$$

3.1.2 集合与集合间的关系

定义 3.3 设 A,B 是任意的两个集合，若 A 的每一个元素都是 B 的元素，则称 A 为 B 的**子集**，也称 B 包含 A，或称 A 包含于 B，或称 A 被 B 包含。记为 $A\subseteq B$。

例如 $A=\{1,2\}$，$B=\{1,2,3\}$，$C=\{2,3\}$，则有 $A\subseteq B$，$C\subseteq B$。

如果 A 不被 B 包含，则记为 $A\nsubseteq B$。

注：(1) 子集符号化为 $A\subseteq B\Leftrightarrow\forall x(x\in A\rightarrow x\in B)$；

(2) 对任何集合 A，都有 $A\subseteq A$。

定义 3.4 设 A,B 是任意的两个集合，若 $A\subseteq B$ 且 $B\subseteq A$，则称集合 A 与 B **相等**，记为 $A=B$。

定理 3.1 $A=B\Leftrightarrow A\subseteq B\wedge B\subseteq A$。

证明 充分性，即证：$A=B\Rightarrow A\subseteq B\wedge B\subseteq A$。

$$A=B\Rightarrow(\forall x(x\in A\rightarrow x\in B))\wedge(\forall x(x\in B\rightarrow x\in A))\Rightarrow A\subseteq B\wedge B\subseteq A$$

必要性，即证：$A\subseteq B\wedge B\subseteq A\Rightarrow A=B$。

反证法：假设 $A\neq B\Rightarrow(\exists x(x\in A\wedge x\notin B))\Rightarrow A\nsubseteq B$ 或

$A\neq B\Rightarrow(\exists x(x\in B\wedge x\notin A))\Rightarrow B\nsubseteq A$

与已知条件矛盾，所以 $A\subseteq B\wedge B\subseteq A\Rightarrow A=B$。

因此，定理成立。

今后证明两个集合相等，主要利用这个互为子集的判定条件，证明必要性时所使用的反证法也是常使用的方法。

定义 3.5　设 A，B 是任意的两个集合，若 $A\subseteq B$ 且 $A\neq B$，则称 A 是 B 的**真子集**，记为 $A\subset B$。

如果 A 不是 B 的真子集，则记为 $A\not\subset B$。

例如 $A=\{1,2\}$，$B=\{1,2,3\}$，$C=\{2,3\}$，则有 $A\subset B$，$C\subset B$，$B\subseteq B$。

注：真子集符号化为 $A\subset B\Leftrightarrow(A\subseteq B)\wedge(A\neq B)$。

例 3.2　判断下列集合 A，B 是否相等。

(1) $A=\{1,2,3\}$，$B=\{2,3,1\}$　(2) $A=\{1,2,3\}$，$B=\{2,3,3,1\}$　(3) $A=\{\{1,2\},3\}$，$B=\{2,3,1\}$

解

(1) 相等　(2) 相等　(3) 不相等

定义 3.6　不含任何元素的集合称为**空集**，记为 $\varnothing$。

例如集合 $\{x\mid x^2+1=0\cap x\in\mathbf{R}\}$ 就是空集。

注：空集符号化为 $\varnothing=\{x\mid x\neq x\}$。

定理 3.2　空集是任意集合的子集。

证明

$$\varnothing\subseteq A\Leftrightarrow\forall x(x\in\varnothing\rightarrow x\in A)\Leftrightarrow T$$

因右边的条件式中前件为假，所以整个条件式是真。

推论　空集是唯一的。

证明

假设存在空集 $\varnothing_1$ 和 $\varnothing_2$，则 $\varnothing_1\subseteq\varnothing_2$ 且 $\varnothing_2\subseteq\varnothing_1$，因此 $\varnothing_1=\varnothing_2$。

根据子集和空集的定义，可知，对于每一个非空集合 A，至少有两个不同的子集，分别是 $\varnothing$ 和 A。

例 3.3　判断下列命题是否为真。

(1) $\varnothing\subseteq\varnothing$　(2) $\varnothing\in\varnothing$　(3) $\varnothing\subseteq\{\varnothing\}$　(4) $\varnothing\in\{\varnothing\}$

解

(1) 真　(2) 假　(3) 真　(4) 真

定义 3.7　在一定范围内，如果所有集合均为某一集合的子集，则称该集合为**全集**，记为 E。

设全集 $E=\{a,b,c\}$，则它的所有子集为 $\varnothing$，$\{a\}$，$\{b\}$，$\{c\}$，$\{a,b\}$，$\{a,c\}$，$\{b,c\}$，$\{a,b,c\}$。

定义 3.8　给定集合 A，由 A 的所有子集为元素组成的集合称为集合 A 的**幂集**。记为 $P(A)$。

注：幂集符号化为 $P(A)=\{B\mid B\subseteq A\}$。

例 3.4 设 $A=\{a,b,c\}$，求 $P(A)$。

解

$P(A)=\{\varnothing,\{a\},\{b\},\{c\},\{a,b\},\{a,c\},\{b,c\},\{a,b,c\}\}$。

定理 3.3 设 A 为有穷集，A 含有 n 个元素，则 A 的幂集 $P(A)$ 所含元素的个数为 2^n。

证明 集合 A 的 $m(m=0,1,2,\cdots,n)$ 个元素组成的子集个数为从 n 个元素中取 m 个元素的组合数，即 C_n^m，故 $P(A)$ 的元素个数为 $|P(A)|=C_n^0+C_n^1+\cdots+C_n^n$。

根据二项式定理 $(x+y)^n=\sum_{m=0}^{n}C_n^m x^x y^{n-m}$，令 $x=y=1$，得 $2^n=\sum_{m=0}^{n}C_n^m$，故 $|P(A)|=2^n$。

例 3.5 求下列集合的幂集：

(1) $P(\varnothing)$ (2) $P(\{\varnothing\})$ (3) $P(\{\varnothing,\{\varnothing\}\})$ (4) $P(\{1,\{2,3\}\})$

(5) $P(\{\{1,2\},\{2,1,1\},\{2,1,1,2\}\})$

解

(1) $P(\varnothing)=\{\varnothing\}$

(2) $P(\{\varnothing\})=\{\varnothing,\{\varnothing\}\}$

(3) $P(\{\varnothing,\{\varnothing\}\})=\{\varnothing,\{\varnothing\},\{\{\varnothing\}\},\{\varnothing,\{\varnothing\}\}\}$

(4) $P(\{1,\{2,3\}\})=\{\varnothing,\{1\},\{\{2,3\}\},\{1,\{2,3\}\}\}$

(5) $P(\{\{1,2\},\{2,1,1\},\{2,1,1,2\}\})=P(\{\{1,2\}\})=\{\varnothing,\{\{1,2\}\}\}$

例 3.6 判断下列命题的真假。

(1) $\{x\}\subseteq\{x\}$ (2) $\{x\}\in\{x\}$ (3) $\{x\}\in\{x,\{x\}\}$ (4) $\{x\}\subseteq\{x,\{x\}\}$

(5) $\{x\}\subseteq\{x\}\cup x$ (6) 若 $x\in A$，$A\in P(B)$，则 $x\in P(B)$

(7) 若 $x\subseteq A$，$A\subseteq P(B)$，则 $x\subseteq P(B)$

解

(1) 真 (2) 假 (3) 真 (4) 真 (5) 真 (6) 假 (7) 真

3.2 集合的运算

集合之间的关系和初级运算可以用文氏图进行形象的描述。文氏图的表示方法是首先画一个矩形表示全集 E，在矩形内画一些圆或其他的几何图形来表示集合，不同的圆代表不同的集合。

如集合 $A=\{a,b,c\}$，用文氏图表示如图 3.1 所示。

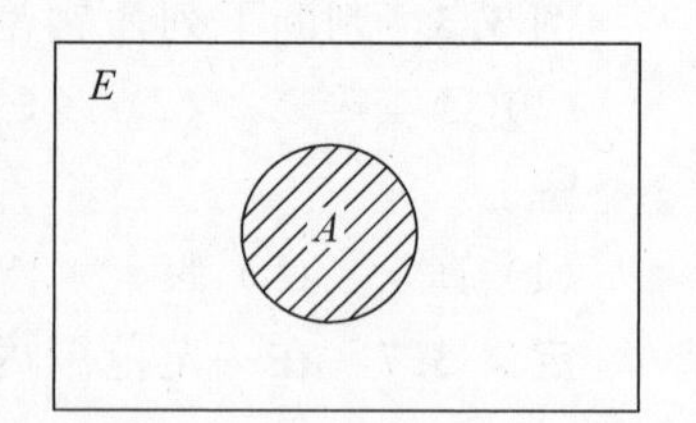

图 3.1 集合 A 的文氏图

集合的运算，就是以给定集合为对象，按照确定的规则得到另外一些新集合的过程。集合的基本运算有并($\cup$)、交($\cap$)、相对补($-$)、绝对补($\sim$)和对称差($\oplus$)等运算。

定义 3.9 设 A，B 为任意两集合，由集合 A 的所有元素或集合 B 的所有元素组成的集合，称为集合 A 与 B 的**并集**，记作 $A\cup B$。

A 与 B 的并集符号化为 $A\cup B=\{x\mid x\in A\vee x\in B\}$。

例 3.7 设 $A=\{a,b,c,d\}$，$B=\{c,d,e,f\}$，则 $A\cup B=\{a,b,c,d,e,f\}$。

注：集合是由互不相同的元素组成的，在 $A\cup B$ 中 c，d 只能写一次，不能重写。

定义 3.10 设 A,B 为任意两集合，由集合 A 和集合 B 公共元素组成的集合，称为集合 A 与 B 的**交集**，记作 $A \cap B$。

A 与 B 的交集符号化为 $A \cap B = \{x \mid x \in A \wedge x \in B\}$。

例 3.8 设 $A=\{a,b,c,d\}$，$B=\{c,d,e,f\}$，则 $A \cap B=\{c,d\}$。

并集和交集的文氏图如图 3.2 和图 3.3 所示。

并集和交集的推广：设 $A_1,A_2,\cdots,A_n$ 是有限多个集合，则

$$\bigcup_{i=1}^{n} A_i = A_1 \cup A_2 \cup \cdots \cup A_n = \{x \mid x \in A_1 \vee x \in A_2 \vee \cdots \vee x \in A_n\}$$

$$\bigcap_{i=1}^{n} A_i = A_1 \cap A_2 \cap \cdots \cap A_n = \{x \mid x \in A_1 \wedge x \in A_2 \wedge \cdots \wedge x \in A_n\}$$

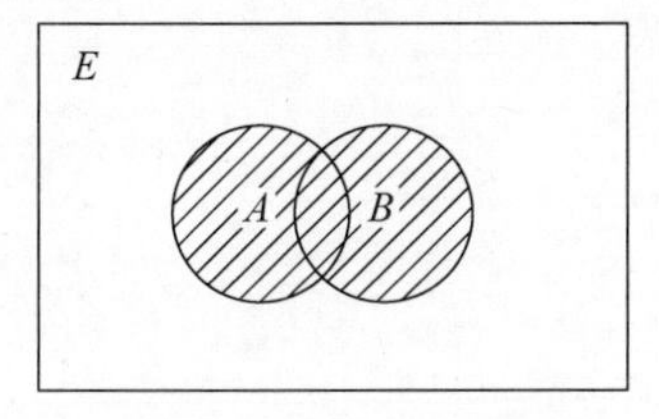

图 3.2 $A \cup B$ 的文氏图

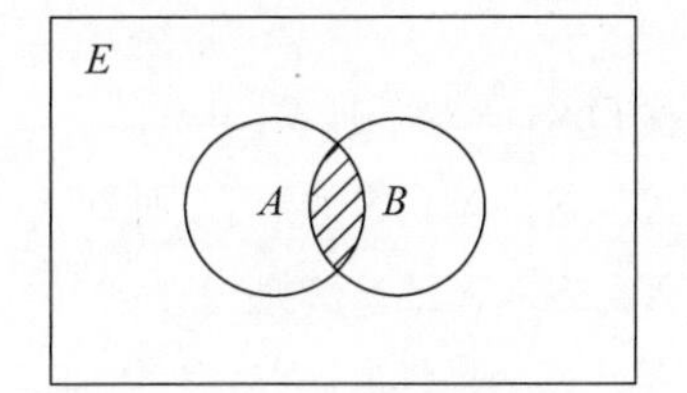

图 3.3 $A \cap B$ 的文氏图

定义 3.11 设 A,B 为任意两集合，由属于集合 A 但不属于集合 B 的元素构成的集合，称为集合 A 与 B 的**差集**(又称 B 对于 A 的补集或相对补集)，记作 $A-B$。

A 与 B 的差集符号化为 $A-B=\{x \mid x \in A \wedge x \notin B\}$。

例 3.9 设 $A=\{a,b,c,d\}$，$B=\{c,d,e,f\}$，则 $A-B=\{a,b\}$。

定义 3.12 设 E 为全集，A 为任意一集合，则全集 E 与 A 的差集，称为集合 A 的补集(又称绝对补集)，记作 $\sim A$。

A 的补集符号化为 $\sim A = E - A = \{x \mid x \in E \wedge x \notin A\}$。

特别地，$\sim E = \varnothing$，$\sim \varnothing = E$。

例 3.10 设 $E=\{a,b,c,d,e,f\}$，$A=\{c,d,e\}$，则 $\sim A=\{a,b,f\}$。

差集和补集的文氏图如图 3.4 和图 3.5 所示。

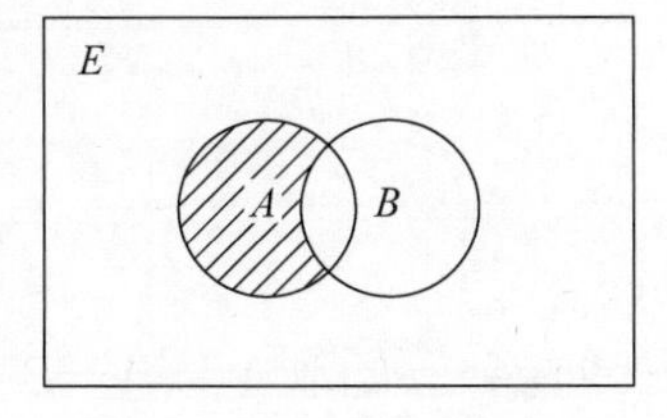

图 3.4 $A-B$ 的文氏图

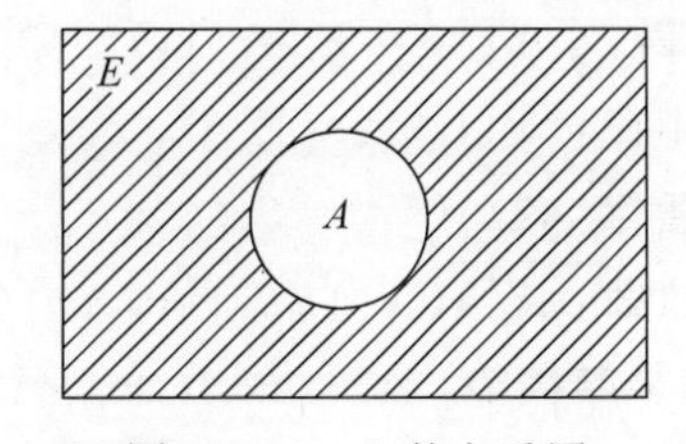

图 3.5 $\sim A$ 的文氏图

定义 3.13 设 A,B 为任意两集合，由属于集合 A 而不属于集合 B 或者属于集合 B 而不属于集合 A 的元素构成的集合，称为集合 A 与 B 的**对称差**，记作 $A \oplus B$。

A 与 B 的对称差符号化为

$$A \oplus B = (A-B) \cup (B-A) = \{x \mid (x \in A \wedge x \notin B) \vee (x \in B \wedge x \notin A)\}$$

等价定义：$A\oplus B=(A-B)\cup(B-A)=(A\cup B)-(A\cap B)$。

例 3.11 设 $A=\{a,b,c,d\}$，$B=\{c,d,e,f\}$，则 $A\oplus B=\{a,b,e,f\}$。

对称差的文氏图如图 3.6 所示。

例 3.12 设任意集合 A，给定全集 E，求 $A\oplus A$、$E\oplus A$、$\varnothing\oplus A$、$A\oplus\sim A$。

解

$A\oplus A=\varnothing$；$E\oplus A=\sim A$；$\varnothing\oplus A=A$；$A\oplus\sim A=E$。

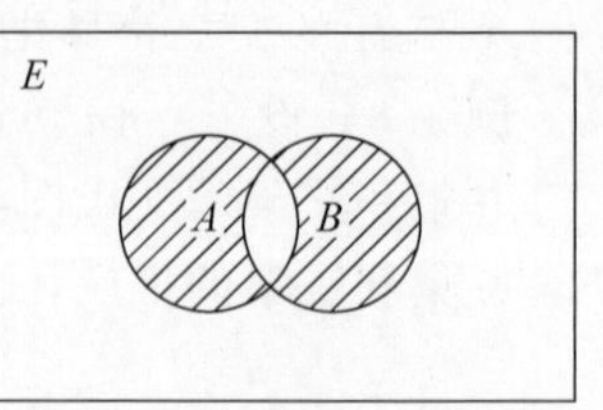

图 3.6 $A\oplus B$ 的文氏图

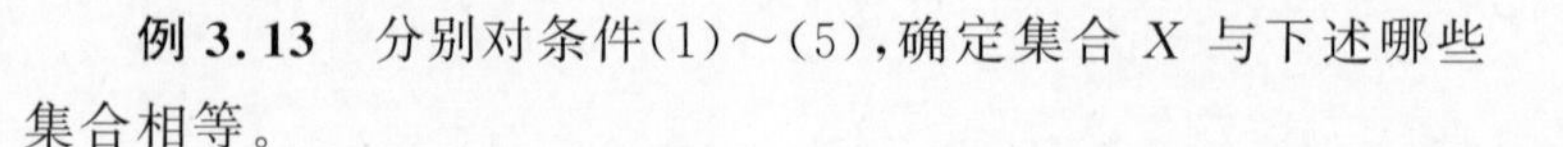

例 3.13 分别对条件(1)～(5)，确定集合 X 与下述哪些集合相等。

$S_1=\{1,2,\cdots,8,9\}$，$S_2=\{2,4,6,8\}$，$S_3=\{1,3,5,7,9\}$，$S_4=\{3,4,5\}$，$S_5=\{3,5\}$

(1) 若 $X\cap S_3=\varnothing$，则 $X=?$

(2) 若 $X\subseteq S_4$，$X\cap S_2=\varnothing$，则 $X=?$

(3) 若 $X\subseteq S_1$，$X\not\subseteq S_3$，则 $X=?$

(4) 若 $X-S_3=\varnothing$，则 $X=?$

(5) 若 $X\subseteq S_3$，$X\not\subseteq S_1$，则 $X=?$

解

(1) $X=S_2$；(2) $X=S_5$；(3) $X=S_1,S_2,S_4$；(4) $X=S_3,S_5$；

(5) X 与 $S_1,S_2,\cdots,S_5$ 都不等。

以上定义了集合之间的基本运算及其文氏图表示。

根据以上对集合基本运算的定义，可以得到集合论中的关于集合运算的基本定律。

设 A,B,C 是集合，则下列**运算定律**成立。

(1) **幂等律**：$A\cup A=A$，$A\cap A=A$。

(2) **结合律**：$(A\cup B)\cup C=A\cup(B\cup C)$，$(A\cap B)\cap C=A\cap(B\cap C)$。

(3) **交换律**：$A\cup B=B\cup A$，$A\cap B=B\cap A$。

(4) **分配律**：$(A\cup B)\cap C=(A\cap C)\cup(B\cap C)$，$(A\cap B)\cup C=(A\cup C)\cap(B\cup C)$。

(5) **同一律**：$A\cup\varnothing=A$，$A\cap E=A$。

(6) **零律**：　$A\cup E=E$，$A\cap\varnothing=\varnothing$。

(7) **排中律**：$A\cup\sim A=E$。

(8) **矛盾律**：$A\cap\sim A=\varnothing$。

(9) **吸收律**：$A\cup(A\cap B)=A$，$A\cap(A\cup B)=A$。

(10) **德·摩根律**：$A-(B\cup C)=(A-B)\cap(A-C)$，$A-(B\cap C)=(A-B)\cup(A-C)$，

$\sim(B\cup C)=\sim B\cap\sim C$，$\sim(B\cap C)=\sim B\cup\sim C$，

$\sim\varnothing=E$，$\sim E=\varnothing$。

(11) **双重否定律**：$\sim(\sim A)=A$。

我们选证其中的一部分，在这些证明中大量用到命题逻辑的等价式。在集合之间关系的证明中，主要涉及两种类型的证明，一种是证明一个集合为另一个集合的子集，另一种是证明两个集合相等。

证明一个集合为另一个集合的子集的基本思想是：设 A、B 为两个集合公式，欲证公式 $A\subseteq B$，即证对于任意的 x 有 $(x\in A)\Rightarrow(x\in B)$ 成立。

证明两个集合相等的基本思想是：设 A、B 为两个集合公式，欲证公式 $A=B$，按照集合相等的定义即证 $A\subseteq B\wedge B\subseteq A$ 为真，也就是证明对于任意的 x 有 $(x\in A)\Rightarrow(x\in B)$ 和 $(x\in B)\Rightarrow(x\in A)$ 成立。对于某些恒等式可将这两个方向的推理合到一起，就是 $(x\in A)\Leftrightarrow(x\in B)$。

例 3.14 证明 $A-(B\cup C)=(A-B)\cap(A-C)$。

证明 对任意的 x，

$$\begin{aligned}x\in A-(B\cup C)&\Leftrightarrow x\in A\wedge x\notin(B\cup C)\\&\Leftrightarrow x\in A\wedge\neg(x\in(B\cup C))\\&\Leftrightarrow x\in A\wedge\neg(x\in B\vee x\in C)\\&\Leftrightarrow x\in A\wedge(\neg x\in B\wedge\neg x\in C)\\&\Leftrightarrow x\in A\wedge(x\notin B\wedge x\notin C)\\&\Leftrightarrow(x\in A\wedge x\notin B)\wedge(x\in A\wedge x\notin C)\\&\Leftrightarrow x\in(A-B)\wedge x\in(A-C)\\&\Leftrightarrow x\in(A-B)\cap(A-C)\end{aligned}$$

所以等式 $A-(B\cup C)=(A-B)\cap(A-C)$ 成立。

例 3.15 证明 $A\cup(A\cap B)=A$。

证明

$$\begin{aligned}A\cup(A\cap B)&=(A\cap E)\cup(A\cap B)\\&=A\cap(E\cup B)\\&=A\cap E\\&=A\end{aligned}$$

例 3.16 证明 $A\cap E=A$。

证明 对任意 x，

$$x\in A\cap E\Leftrightarrow x\in A\wedge x\in E\Leftrightarrow x\in A$$

所以等式 $A\cap E=A$ 成立。

由此可以看出，集合运算的规律和命题演算的某些规律是一致的，所以命题演算的方法是证明集合等式的基本方法。此外，证明集合等式还可以应用已知等式代入的方法。

除了以上集合的基本运算定律以外，还有一些关于集合运算性质的重要结论。

设 A，B，C 是集合，则下列关于集合的**重要运算性质**成立。

(1) $A\cap B\subseteq A$，$A\cap B\subseteq B$

(2) $A\subseteq A\cup B$，$B\subseteq A\cup B$

(3) $A-B\subseteq A$

(4) $A-B=A\cap\sim B$

(5) $A\cup B=B\Leftrightarrow A\subseteq B\Leftrightarrow A\cap B=A\Leftrightarrow A-B=\varnothing$

(6) $A\oplus B=B\oplus A$

(7) $(A\oplus B)\oplus C=A\oplus(B\oplus C)$

(8) $A\oplus\varnothing=\varnothing\oplus A=A$

(9) $A\oplus A=\varnothing$

(10) $A\oplus B=A\oplus C\Leftrightarrow B=C$

例 3.17 证明 $A\oplus B=A\oplus C\Leftrightarrow B=C$。

证明 先证 $A\oplus B=A\oplus C\Rightarrow B=C$。

已知 $A\oplus B=A\oplus C$,则

$$\begin{aligned}&A\oplus(A\oplus B)=A\oplus(A\oplus C)\\ \Rightarrow&(A\oplus A)\oplus B=(A\oplus A)\oplus C\\ \Rightarrow&\varnothing\oplus B=\varnothing\oplus C\\ \Rightarrow&B=C\end{aligned}$$

$B=C\Rightarrow A\oplus B=A\oplus C$ 显然成立。

所以等式 $A\oplus B=A\oplus C\Leftrightarrow B=C$ 成立。

例 3.18 证明 $A-B=A\cap\sim B$。

证明 对任意 x,

$$\begin{aligned}x\in(A-B)&\Leftrightarrow x\in A\wedge x\notin B\\ &\Leftrightarrow x\in A\wedge x\in\sim B\\ &\Leftrightarrow x\in(A\cap\sim B)\end{aligned}$$

所以等式 $A-B=A\cap\sim B$ 成立。

例 3.19 证明 $A\cup B=B\Leftrightarrow A\subseteq B\Leftrightarrow A\cap B=A\Leftrightarrow A-B=\varnothing$。

证明

(1) 先证 $A\cup B=B\Rightarrow A\subseteq B$。

已知 $A\cup B=B$,对 $\forall x$,

$$x\in A\Rightarrow x\in A\vee x\in B\Rightarrow x\in(A\cup B)\Rightarrow x\in B\Rightarrow A\subseteq B$$

所以 $A\cup B=B\Rightarrow A\subseteq B$。

反之证 $A\subseteq B\Rightarrow A\cup B=B$。

$B\subseteq A\cup B$ 显然成立,现在证 $A\cup B\subseteq B$。

已知 $A\subseteq B$,对 $\forall x$,

$$x\in A\cup B\Leftrightarrow x\in A\vee x\in B\Rightarrow x\in B\vee x\in B\Rightarrow x\in B\Rightarrow A\cup B\subseteq B$$

所以 $A\subseteq B\Rightarrow A\cup B=B$。

因此等式 $A\cup B=B\Leftrightarrow A\subseteq B$ 成立。

(2) 再证 $A\subseteq B\Rightarrow A\cap B=A$。

显然 $A\cap B\subseteq A$ 成立,现在证 $A\subseteq A\cap B$。

已知 $A\subseteq B$,对 $\forall x$,

$$x\in A\Rightarrow x\in A\wedge x\in A\Rightarrow x\in A\wedge x\in B\Rightarrow x\in(A\cap B)\Rightarrow A\subseteq A\cap B$$

所以 $A\subseteq B\Rightarrow A\cap B=A$。

反之证 $A\cap B=A\Rightarrow A\subseteq B$。

反证法 假设 A 不是 B 的子集,则

$$\begin{aligned}&\exists x(x\in A\wedge x\notin B)\Rightarrow\exists x(x\in A\cap B\wedge x\notin B)\\ &\qquad\Rightarrow\exists x(x\in A\wedge x\in B\wedge x\notin B)=0\end{aligned}$$

假设 A 不是 B 的子集不成立,即 $A\subseteq B$。

所以 $A\cap B=A\Rightarrow A\subseteq B$。

因此等式 $A\subseteq B\Leftrightarrow A\cap B=A$ 成立。

(3) 最后证明 $A\cap B=A\Rightarrow A-B=\varnothing$。

$$A-B=A\cap\sim B=(A\cap B)\cap\sim B=A\cap(B\cap\sim B)=A\cap\varnothing=\varnothing$$

反之证 $A-B=\varnothing\Rightarrow A\cap B=A$。

因为 $A-B=A\cap\sim B=\varnothing$

$\Rightarrow(A\cap\sim B)\cup B=\varnothing\cup B$

$\Rightarrow A\cup B=B$

$\Rightarrow A\cap B=A$

因此等式 $A\cap B=A\Leftrightarrow A-B=\varnothing$ 成立。

例 3.20 证明 $(A-B)\cup B=A\cup B$。

证明 $(A-B)\cup B=(A\cap\sim B)\cup B$

$=(A\cup B)\cap(\sim B\cup B)$

$=(A\cup B)\cap E$

$=A\cup B$

除了上述的基本定律和重要运算性质之外，关于集合之间的关系的证明，还有利用已知某些集合之间的关系，进而推导出这些集合之间的另外一些关系。

例 3.21 证明 $A-B=\varnothing\Rightarrow A\cup B=B$。

证明 $A\cup B=(A-B)\cup B$ （根据例 3.20 等式）

$=\varnothing\cup B$

$=B$

因此 $A-B=\varnothing\Rightarrow A\cup B=B$。

3.3 集合中元素的计数

定义 3.14 集合 A 中的元素个数称为集合 A 的**基数**，记为 card A 或 $|A|$。

设 A 为集合，若 card $A=|A|=n$，n 为自然数，称 A 为有穷集合，否则称为无穷集合。

如 $A=\{a,b,c\}$，card $A=|A|=3$；$B=\{x\mid x^2+1=0,x\in\mathbf{R}\}$，card $B=|B|=0$ 都是有穷集合。自然数集合 **N**，整数集合 **Z**，有理数集合 **Q**，实数集合 **R**，复数集合 **C** 等都是无穷集合。

无穷集合的基数问题比较复杂，因此这里重点讨论有穷集合的计数问题。

使用文氏图可以很方便地解决有穷集中元素的计数问题。首先根据已知条件把对应的文氏图画出来。一般情况，每一条性质决定一个集合，有多少条性质，就有多少个集合。如果没有特殊的说明，任何两个集合都画成相交的，然后将已知的元素个数填入该集合的区域内。常常从 n 个集合的交集填起，根据计算的结果将数字逐步填入所有的空白区域。若交集的数字是未知的，可以设为 x，之后再根据题目中的已知条件，列出一次方程或方程组，就可以求得所需要的结果。

例 3.22 有 120 名软件开发人员，其中 52 名熟悉 Java 语言，40 名熟悉 C# 语言，25 名熟悉这两种语言。试问：有多少名软件开发人员对这两种语言都不熟悉？

解 设用集合 A，B 分别表示熟悉 Java 和 C# 语言的软件开发人员。根据题意画出文氏图,并把已知的集合基数填入该集合的相应区域,如图 3.7 所示。

$|A|=52$, $|B|=40$, $|A\cap B|=25$, $|A-B|=27$, $|B-A|=15$,

$|A\cup B|=|A-B|+|A\cap B|+|B-A|=27+25+15=67$

所以 $|\sim(A\cup B)|=120-67=53$。

因此,有 53 名软件开发人员对这两种语言都不熟悉。

例 3.23 对 24 名会外语的科技人员进行掌握外语情况的调查,其统计结果如下:会英、日、德和法语的人分别为 13、5、10 和 9 人;其中同时会英语和日语的有 2 人;会英、德和法语中任两种语言的都是 4 人。已知会日语的人既不会法语也不会德语,分别求只会一种语言的人数和会三种语言的人数。

解 设用集合 A,B,C,D 分别表示会英、法、德、日语的人,根据题意得文氏图,如图 3.8 所示。

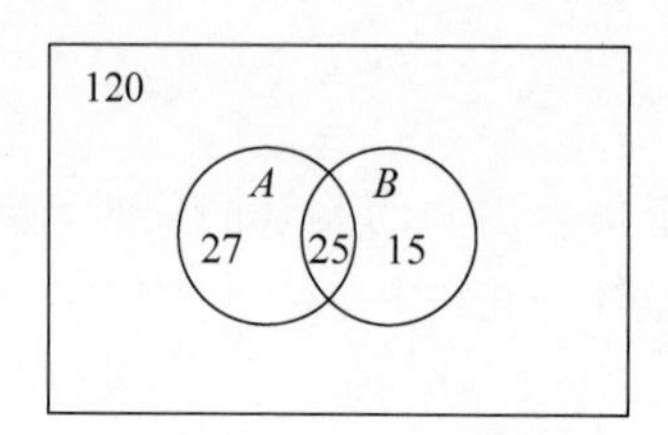

图 3.7 例 3.22 的文氏图

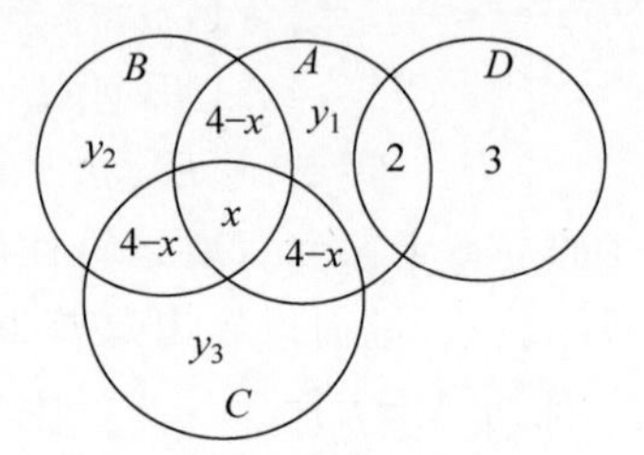

图 3.8 例 3.23 的文氏图

设同时会三种语言的有 x 人,只会英、法或德语一种语言的分别是 y_1,y_2,y_3 人。则有

$$\begin{cases} y_1+2(4-x)+x+2=13 \\ y_2+2(4-x)+x=9 \\ y_3+2(4-x)+x=10 \\ y_1+y_2+y_3+3(4-x)+x=19 \end{cases}$$

解方程组得 $x=1,y_1=4,y_2=2,y_3=3$。

因此,只会英、法、德、日语一种语言的分别是 4、2、3、3 人;会三种语言的为 1 人。

例 3.24 求 1~1000 之间(包含 1 和 1000 在内),既不能被 5 和 6 整除,也不能被 8 整除的数有多少个。

解 设集合 $S=\{x\mid x\in\mathbf{Z}\land 1\leqslant x\leqslant 1000\}$,$A=\{x\mid x\in S\land x$ 能被 5 整除$\}$,$B=\{x\mid x\in S\land x$ 能被 6 整除$\}$,$C=\{x\mid x\in S\land x$ 能被 8 整除$\}$,根据题意得文氏图,如图 3.9 所示。

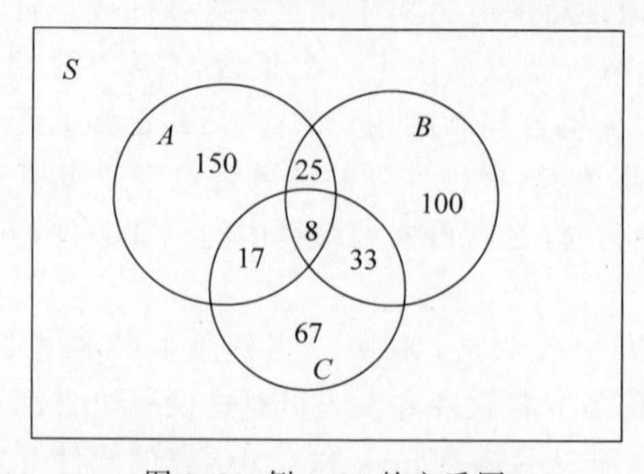

图 3.9 例 3.24 的文氏图

$\mathrm{lcm}(x_1,x_2,\cdots,x_n)$表示$x_1,x_2,\cdots,x_n$的最小公倍数，则

$$|A|=\mathrm{int}(1000/5)=200$$
$$|B|=\mathrm{int}(1000/6)=166$$
$$|C|=\mathrm{int}(1000/8)=125$$
$$|A\cap B|=\mathrm{int}(1000/\mathrm{lcm}(5,6))=33$$
$$|A\cap C|=\mathrm{int}(1000/\mathrm{lcm}(5,8))=25$$
$$|B\cap C|=\mathrm{int}(1000/\mathrm{lcm}(6,8))=41$$
$$|A\cap B\cap C|=\mathrm{int}(1000/\mathrm{lcm}(5,6,8))=8$$

因此，不能被5、6和8整除的数有$1000-(200+100+33+67)=600$个。

定理3.4(包含排斥原理)　设S为有穷集，$P_1,P_2,\cdots,P_m$是m个性质。S中的任何元素x或者具有性质P_i，或者不具有性质$P_i(i=1,\cdots,m)$，两种情况必具其一。

若A_i表示S中具有性质P_i的元素构成的子集，则S中不具有性质$P_1,P_2,\cdots,P_m$的元素数为

$$|\overline{A}_1\cap\overline{A}_2\cap\cdots\cap\overline{A}_m|=|S|-\sum_{i=1}^{m}|A_i|+\sum_{1\leqslant i<j\leqslant m}|A_i\cap A_j|-\sum_{1\leqslant i<j<k\leqslant m}|A_i\cap A_j\cap A_k|+\cdots+(-1)^m|A_1\cap A_2\cap\cdots\cap A_m|$$

推论　S中至少具有一条性质的元素数为

$$|A_1\cup A_2\cup\cdots\cup A_m|=\sum_{i=1}^{m}|A_i|-\sum_{1\leqslant i<j\leqslant m}|A_i\cap A_j|+\sum_{1\leqslant i<j<k\leqslant m}|A_i\cap A_j\cap A_k|-\cdots+(-1)^{m-1}|A_1\cap A_2\cap\cdots\cap A_m|$$

证明　设A_1,A_2为有穷集合，其元素个数分别为$|A_1|,|A_2|$。

若A_1,A_2不相交，即$A_1\cap A_2=\varnothing$，则$|A_1\cup A_2|=|A_1|+|A_2|$。

若A_1,A_2相交，即$A_1\cap A_2\neq\varnothing$，则$|A_1|=|A_1\cap\overline{A}_2|+|A_1\cap A_2|$。

同理

$$|A_2|=|A_2\cap\overline{A}_1|+|A_1\cap A_2|$$

则

$$|A_1|+|A_2|=|A_1\cap\overline{A}_2|+|A_2\cap\overline{A}_1|+2|A_1\cap A_2|$$

但

$$|A_1\cup A_2|=|A_1\cap\overline{A}_2|+|A_2\cap\overline{A}_1|+|A_1\cap A_2|$$

故

$$|A_1\cup A_2|=|A_1|+|A_2|-|A_1\cap A_2|$$

又由于

$$|\overline{A}_1\cap\overline{A}_2|=|E|-|A_1\cup A_2|$$

所以

$$|\overline{A}_1 \cap \overline{A}_2| = |E| - (|A_1| + |A_2|) + |A_1 \cap A_2|$$

同理可得到三个集合的情况：

$$|A_1 \cup A_2 \cup A_3| = |A_1| + |A_2| + |A_3| - |A_1 \cap A_2| - |A_1 \cap A_3| - |A_2 \cap A_3| + |A_1 \cap A_2 \cap A_3|$$

$$|\overline{A}_1 \cap \overline{A}_2 \cap \overline{A}_3| = |E| - (|A_1| + |A_2| + |A_3|) + (|A_1 \cap A_2| + |A_1 \cap A_3| + |A_2 \cap A_3|) - |A_1 \cap A_2 \cap A_3|$$

依此可推广到 m 个集合的情况：

$$|A_1 \cup A_2 \cup \cdots \cup A_m| = \sum_{i=1}^{m} |A_i| - \sum_{1 \leqslant i < j \leqslant m} |A_i \cap A_j| + \sum_{1 \leqslant i < j < k \leqslant m} |A_i \cap A_j \cap A_k| - \cdots + (-1)^{m-1} |A_1 \cap A_2 \cap \cdots \cap A_m|$$

$$|\overline{A_1} \cap \overline{A_2} \cap \cdots \cap \overline{A_m}| = |S| - \sum_{i=1}^{m} |A_i| + \sum_{1 \leqslant i < j \leqslant m} |A_i \cap A_j| - \sum_{1 \leqslant i < j < k \leqslant m} |A_i \cap A_j \cap A_k| + \cdots + (-1)^{m} |A_1 \cap A_2 \cap \cdots \cap A_m|$$

根据包含排斥原理，例 3.24 中既不能被 5 和 6 整除，也不能被 8 整除的数有

$$\begin{aligned}|\overline{A} \cap \overline{B} \cap \overline{C}| &= |S| - (|A| + |B| + |C|) + (|A \cap B| + |A \cap C| + |B \cap C|) - (|A \cap B \cap C|) \\ &= 1000 - (200 + 166 + 125) + (33 + 25 + 41) - 8 \\ &= 600\end{aligned}$$

例 3.25 用包含排斥原理及推论计算例 3.22。

解

设用集合 A, B 分别表示熟悉 Java 和 C# 语言的软件开发人员。

$$|A| = 52, \quad |B| = 40, \quad |A \cap B| = 25,$$

$$\begin{aligned}|\overline{A} \cap \overline{B}| &= 120 - (|A| + |B|) + |A \cap B| \\ &= 120 - (52 + 40) + 25 \\ &= 53\end{aligned}$$

因此，有 53 名软件开发人员对这两种语言都不熟悉。

例 3.26 某班有 25 个学生，其中 14 人会打台球，12 人会打乒乓球，6 人会打台球和乒乓球，5 人会打台球和网球，还有 2 人会打这三种球，已知 6 个会打网球的人都会打台球或乒乓球。求不会打球的人数。

解 设用集合 A, B, C 分别表示会打台球、会打乒乓球、会打网球的人。

$|A| = 14$， $|B| = 12$， $|A \cap B| = 6$， $|A \cap C| = 5$， $|A \cap B \cap C| = 2$， $|C| = 6$

又

$$\begin{aligned}6 &= |C \cap (A \cup B)| \\ &= |(C \cap A) \cup (C \cap B)| \\ &= |C \cap A| + |C \cap B| - |A \cap B \cap C| \\ &= 5 + |C \cap B| - 2\end{aligned}$$

故

$$|C \cap B| = 3$$

先求出会打球的人，25－会打球的人＝不会打球的人。

由包含排斥原理可知，会打球的人数为

$$\begin{aligned}|A\cup B\cup C| &= (|A|+|B|+|C|)-(|A\cap B|+|A\cap C|+ \\ &\quad |B\cap C|)+|A\cap B\cap C| \\ &= (14+12+6)-(6+5+3)+2 \\ &= 20\end{aligned}$$

故 25－20＝5 人。

也可以直接求出不会打球的人数，计算如下：

$$\begin{aligned}|\bar{A}\cap\bar{B}\cap\bar{C}| &= 25-(|A|+|B|+|C|)+(|A\cap B|+ \\ &\quad |A\cap C|+|B\cap C|)-|A\cap B\cap C| \\ &= 25-(14+12+6)+(6+5+3)-2 \\ &= 5\end{aligned}$$

因此，不会打球的有 5 人。

习题 3

1. 列出下述集合的全部元素：

(1) $A=\{x \mid x\in\mathbf{N}\wedge x$ 是偶数 $\wedge x<15\}$；

(2) $B=\{x \mid x\in\mathbf{N}\wedge 4+x=3\}$；

(3) $C=\{x \mid x$ 是十进制的数字$\}$。

2. 用谓词法表示下列集合：

(1) {奇整数集合}；

(2) {小于 7 的非负整数集合}；

(3) $\{3,5,7,11,13,17,19,23,29\}$。

3. 用列元素法表示下列集合。

(1) $S_1=\{x \mid x$ 是十进制的数字$\}$；

(2) $S_2=\{x \mid x=2\cup x=5\}$；

(3) $S_3=\{x \mid x\in\mathbf{N}\cap 3<x<12\}$；

(4) $S_4=\{x \mid x^2-1=0\cap x>3\}$；

(5) $S_5=\{(x,y) \mid x,y\in\mathbf{Z}\cap 0\leqslant x\leqslant 2\cap 1\leqslant y\leqslant 0\}$。

4. 对任意集合 A,B,C，确定下列命题的真假性。

(1) 如果 $A\in B\wedge B\in C$，则 $A\in C$。

(2) 如果 $A\in B\wedge B\in C$，则 $A\in C$。

(3) 如果 $A\subset B\wedge B\in C$，则 $A\in C$。

5. 求下列集合的幂集。

(1) $\{a,b,c\}$

(2) $\{a,\{b,c\}\}$

(3) $\{\varnothing\}$

(4) $\{\varnothing,\{\varnothing\}\}$

(5) $\{\{a,b\},\{a,a,b\},\{a,b,a,b\}\}$

6. 给定自然数集合 **N** 的下列子集。

$A=\{1,2,7,8\}$

$B=\{x \mid x^2<50\}$

$C=\{x \mid x$ 可以被 3 整除且 $0\leqslant x\leqslant 30\}$

$D=\{x \mid x=2^K, K\in I \wedge 0\leqslant K\leqslant 6\}$

列出下面集合的元素。

(1) $A\cup B\cup C\cup D$

(2) $A\cap B\cap C\cap D$

(3) $B-(A\cup C)$

(4) $(\bar{A}\cap B)\cup D$

7. 对下列集合,画出其文氏图。

(1) $\bar{A}\cap\bar{B}$

(2) $A-(B-\bar{C})$

(3) $A\cap(\bar{B}\cup C)$

8. 设 F 表示一年级大学生的集合,S 表示二年级大学生的集合,M 表示数学专业学生的集合,R 表示计算机专业学生的集合,T 表示学离散数学课学生的集合,G 表示星期一晚上参加音乐会的学生的集合,H 表示星期一晚上很迟才睡觉的学生的集合。问:下列各句子所对应的集合表达式分别是什么?

(1) 所有计算机专业二年级的学生在学离散数学课。

(2) 这些且只有这些学离散数学课的学生或者星期一晚上去听音乐会的学生在星期一晚上很迟才睡觉。

(3) 学离散数学课的学生都没参加星期一晚上的音乐会。

(4) 这个音乐会只有大学一、二年级的学生参加。

(5) 除去数学专业和计算机专业以外的二年级学生都去参加了音乐会。

9. 对 60 个人的调查表明,有 25 人阅读《每周新闻》杂志,26 人阅读《时代》杂志,26 人阅读《幸运》杂志,9 人阅读《每周新闻》和《幸运》杂志,11 人阅读《每周新闻》和《时代》杂志,8 人阅读《时代》和《幸运》杂志,还有 8 人什么杂志都不阅读。那么阅读全部 3 种杂志的有多少人?只阅读《每周新闻》的有多少人?只阅读《时代》的有多少人?只阅读《幸运》的有多少人?只阅读一种杂志的有多少人?

10. 75 个学生去书店买语文、数学、英语课外书,每种书每个学生至多买 1 本。已知有 20 个学生每人买 3 本书,55 个学生每人至少买 2 本书。设每本书的价格都是 1 元,所有的学生总共花费 140 元。那么恰好买 2 本书的有多少个学生?至少买 2 本书的学生花费多少元?买一本书的有多少个学生?至少买一本书的有多少个学生?没买书的有多少个学生?

11. 设 $|A|=3$,$|P(B)|=64$,$|P(A\cup B)|=256$,求 $|B|$、$|A\cap B|$、$|A-B|$、$|A\oplus B|$。

12. 求不超过 120 的素数个数。

13. 求 1~250 这 250 个整数中,至少能被 2、3、5、7 之一整除的数的个数。

14. 化简下列各式。

(1) $(A\cap B)\cup(A-B)$　　(2) $A\cup(B-A)-B$

(3) $(A\cup B\cup C)\cap(A\cup B)-((A\cup(B-C)\cap A)$

15. 设 A,B,C 为任意三个集合，

(1) 证明：$(A-B)-C\subseteq A-(B-C)$。

(2) 在什么条件下，(1)中的等号成立？

习题答案

16. 75 名儿童到游乐场玩，他们可以骑旋转木马，坐滑行铁道，乘宇宙飞船。已知其中 20 人这三种游戏都玩过，其中 55 人至少乘过其中的两种。若每样乘坐一次的费用是 5 元，游乐场总共收入 700 元，试确定有多少儿童没有乘坐其中任何一种。

第4章 二元关系与函数

在现实世界中，事物不是孤立的，事物之间都有联系，单值依赖联系是事物之间联系中比较简单的，例如日常生活中事物的成对出现，而这种成对出现的事物具有一定的顺序，例如，上、下；大、小；左、右；父、子；高、矮等。通过这种联系，研究事物的运动规律或状态变化。世界是复杂的，运动也是复杂的，事物之间的联系形式是各种各样的，不仅有单值依赖关系，更有多值依赖关系。"关系"这个概念就提供了一种描述事物多值依赖的数学工具。这样，集合、映射关系等概念是描述自然现象及其相互联系的有力工具，为建立系统的、技术过程的数学模型提供了描述工具和研究方法。映射是关系的一种特例。

系统地研究"关系"这个概念及其数学性质，是本章的任务。本章将通过笛卡儿积给出关系的数学定义，特别给出关系的几种等价定义和常用性质、二元关系的运算，同时研究了计算机科学中具有重要应用的关系闭包运算、等价关系和偏序关系。等价关系和偏序关系不仅在计算机科学中，而且在数学中都是极为重要的。

4.1 集合的笛卡儿积

定义 4.1 由两个元素 x 和 y（允许 $x=y$）按一定顺序排列成的二元组叫作一个**有序对**，记为 $<x,y>$。

注：有序对的性质为

(1) 当 $x\neq y$ 时，$<x,y>\neq<y,x>$；

(2) $<x,y>=<u,v>$ 的充分必要条件是 $x=u$ 且 $y=v$。

例 4.1 $<5,x-2>=<3y-4,y>$，求 x,y。

解

$$3y-4=5,\quad x-2=y\Rightarrow y=3,\quad x=5$$

在实际问题中，有时会用到有序3元组，有序4元组……有序 n 元组。

定义 4.2 一个有序 n 元组（$n\geqslant3$）是一个序偶，其中第一个元素是一个有序 $n-1$ 元组，第二个元素是一个客体。一个**有序 n 元组**记作 $<x_1,x_2,\cdots,x_n>$。

定义 4.3 设 A,B 是集合，由 A 中元作为第一元素，B 中元作为第二元素组成的所有有序对的集合，称为集合 A 与 B 的**笛卡儿积**，记为 $A\times B$。即 $A\times B=\{<x,y>\mid x\in A\wedge y\in B\}$。

例 4.2 设

$$A=\{1,2,3\},\quad B=\{a,b\},\quad C=\{0\},\quad D=\varnothing$$

则

$A\times B=\{<1,a>,<1,b>,<2,a>,<2,b>,<3,a>,<3,b>\}$,

$B\times A=\{<a,1>,<a,2>,<a,3>,<b,1>,<b,2>,<b,3>\}$,

$A\times C=\{<1,0>,<2,0>,<3,0>\}$,

$C\times A=\{<0,1>,<0,2>,<0,3>\}$,

$A\times D=\varnothing$， $B\times D=\varnothing$

注：笛卡儿积的性质为

(1) $A\times\varnothing=\varnothing,\varnothing\times A=\varnothing$；

(2) $A\times B\neq B\times A$，除非 $A=\varnothing$ 或 $B=\varnothing$ 或 $A=B$；

(3) $(A\times B)\times C\neq A\times(B\times C)$，除非 $A=\varnothing$ 或 $B=\varnothing$ 或 $C=\varnothing$；

(4) $A\times(B\cup C)=(A\times B)\cup(A\times C)$；

$(B\cup C)\times A=(B\times A)\cup(C\times A)$；

$A\times(B\cap C)=(A\times B)\cap(A\times C)$；

$(B\cap C)\times A=(B\times A)\cap(C\times A)$；

(5) $(A\subseteq C)\wedge(B\subseteq D)\Rightarrow(A\times B)\subseteq(C\times D)$。

例 4.3　证明 $A\times(B\cup C)=(A\times B)\cup(A\times C)$。

证明　任取 $<x,y>$，

$$\begin{aligned}<x,y>\in A\times(B\cup C)&\Leftrightarrow x\in A\wedge y\in(B\cup C)\\&\Leftrightarrow x\in A\wedge(y\in B\vee y\in C)\\&\Leftrightarrow(x\in A\wedge y\in B)\vee(x\in A\wedge y\in C)\\&\Leftrightarrow(<x,y>\in A\times B)\vee(<x,y>\in A\times C)\\&\Leftrightarrow<x,y>\in(A\times B)\cup(A\times C)\end{aligned}$$

所以 $A\times(B\cup C)=(A\times B)\cup(A\times C)$。

例 4.4　设 A,B,C,D 为任意集合，判断下列命题是否为真。

(1) $A\times B=A\times C\Rightarrow B=C$

(2) $A-(B\times C)=(A-B)\times(A-C)$

(3) $(A=B)\wedge(C=D)\Rightarrow A\times C=B\times D$

(4) 存在集合 A，使 $A\subseteq A\times A$

解

(1) 不一定为真，当 $A=\varnothing,B=\{1\},C=\{2,3\}$ 时，便不真。

(2) 不一定为真，当 $A=B=\{1\},C=\{2\}$ 时，$A-(B\times C)=\{1\}-\{<1,2>\}=\{1\}$，而 $(A-B)\times(A-C)=\varnothing\times\{1\}=\varnothing$。

(3) 为真。等量代入。

(4) 为真。当 $A=\varnothing$ 时，使 $A\subseteq A\times A$。

定理 4.1　设 A,B,C,D 为 4 个非空集合，则 $A\times B\subseteq C\times D$ 当且仅当 $A\subseteq C,B\subseteq D$。

证明　必要性，

$$x\in A,\forall y\in B,<x,y>A\times B\Rightarrow<x,y>C\times D\Rightarrow x\in C,y\in D$$

所以 $A\subseteq C,B\subseteq D$。

充分性，

$$\forall<x,y>\in A\times B\Rightarrow x\in A\cap y\in B\Rightarrow x\in C\cap y\in D\Rightarrow<x,y>\in C\times D$$

所以 $A\times B\subseteq C\times D$。

4.2 二元关系

二元关系,是指在集合中两个元素之间的某种相关性。例如 A,B,C 三个人进行一种比赛,如果任何两个人之间都要比赛一场,那么总共要比赛三场。假设这三场比赛的结果是:B 胜 A,A 胜 C,B 胜 C,把这个结果记为 $\{<B,A>,<A,C>,<B,C>\}$,其中 $<x,y>$ 表示 x 胜 y。它表示了集合 $\{A,B,C\}$ 中元素之间的一种胜负关系。

定义 4.4 任一序偶的集合确定了一个**二元关系** R,R 中任一序偶 $<x,y>$ 可记作 $<x,y>\in R$ 或 xRy。不在 R 中的任一序偶 $<x,y>$ 可记作 $<x,y>\notin R$。

如 $R=\{<2,6>,<c,d>\}$,$S=\{<4,5>,f,g\}$。

R 是二元关系,当 f,g 不是有序对时,S 不是二元关系。根据上面的记法,可以写作 $2R6$,cRd,$f\not R g$。

定义 4.5 设 A,B 为集合,$A\times B$ 的任何子集所定义的二元关系称为**从 A 到 B 的二元关系**。特别地,当 $A=B$ 时,称为 **A 上的二元关系**。

如 $A=\{0,1\}$,$B=\{1,2,3\}$,$R_1=\{<0,2>\}$,$R_2=A\times B$,$R_3=\varnothing$,$R_4=\{<0,1>\}$,那么 R_1,R_2,R_3,R_4 是从 A 到 B 的二元关系,R_3 和 R_4 同时也是 A 上的二元关系。

说明:计数原理。$|A|=n$,$|A\times A|=n^2$,$A\times A$ 的子集有 2^{n^2} 个,所以 A 上有 2^{n^2} 个不同的二元关系。

如 $|A|=3$,则 A 上有 512 个不同的二元关系。

定义 4.6 称 A_1 为二元关系 R 的**前域**,记为 $A_1=\text{dom } R=\{x\mid \exists y,<x,y>\in R|\}$;

称 B_1 为二元关系 R 的**值域**,记为 $B_1=\text{range } R=\{y\mid \exists x,<x,y>\in R|\}$;

R 的前域和值域一起称作 R 的**域**,记作 $\text{FLD}=\text{dom } R\cup \text{range } R$。

从关系的定义可以看出:$\text{dom } R\subseteq A$,$\text{range } R\subseteq B$。

例 4.5 设

$$A=\{1,2\},\quad B=\{2,3,4\},\quad R=\{<1,2>,<1,4>,<2,2>\}$$

则

$$\text{dom } R=\{1,2\},\quad \text{range } R=\{2,4\}$$

即 $1R2$,$1R4$,$2R2$,但 $1\not R 3$,$2\not R 3$,$2\not R 4$。

定义 4.7 对任何集合 A,

(1) 称空集为 A 上的空关系;

(2) A 上的全域关系 $E_A=\{<x,y>\mid x\in A\wedge y\in A\}$;

(3) A 上的恒等关系 $I_A=\{<x,x>\mid x\in A\wedge x\in A\}$。

例 4.6 设 $A=\{2,4\}$,则 $E_A=\{<2,2>,<2,4>,<4,2>,<4,4>\}$,$I_A=\{<2,2>,<4,4>\}$。

定义 4.8 关系的矩阵表示。

设 $A=\{x_1,x_2,\cdots,x_n\}$,R 是 A 上的关系。令

$$r_{ij}=\begin{cases}1, & x_iRx_j\\ 0, & x_i\not R x_j\end{cases}\qquad (i,j=1,2,\cdots,n)$$

则矩阵

$$M_R=(r_{ij})=\begin{bmatrix} r_{11} & \cdots & r_{1n} \\ \vdots & \ddots & \vdots \\ r_{n1} & \cdots & r_{nn} \end{bmatrix}$$

称为 R 的**关系矩阵**。

例 4.7　设

$$A=\{1,2,3,4\},\quad R=\{<1,1>,<1,2>,<2,3>,<2,4>,<4,2>\}$$

则 R 的关系矩阵为

$$M_R=\begin{bmatrix} 1 & 1 & 0 & 0 \\ 0 & 0 & 1 & 1 \\ 0 & 0 & 0 & 0 \\ 0 & 1 & 0 & 0 \end{bmatrix}$$

定义 4.9　关系的图形表示。

设 $A=\{a_1,a_2,\cdots,a_m\}$，$B=\{b_1,b_2,\cdots,b_m\}$，$R\subseteq A\times B$。在平面上用"·"分别标出 A，B 中元素的点(称为结点)。如果 $<a_i,b_j>\in R$，则从结点 a_i 至结点 b_j 作一条有向弧，箭头指向 b_j，如果 $<a_i,b_j>\notin R$，则结点 a_i 与 b_j 之间没有弧线连接，采用这种方法连接起来的图称为 R 的**关系图**。

例 4.8　设 $A=\{1,2,3,4\}$，$R=\{<1,1>,<1,2>,<2,3>,<2,4>,<4,2>\}$，则 R 的关系图如图 4.1 所示。

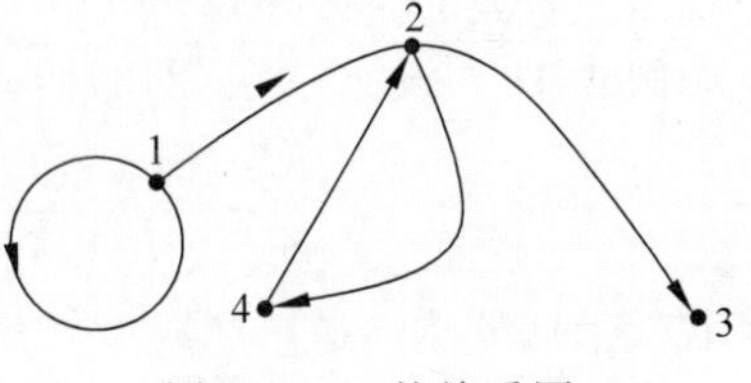

图 4.1　R 的关系图

1. 关系的并、交、补、差、对称差和包含运算

因为两个集合的笛卡儿积的子集是二元关系，故二元关系就有并、交、补、差、对称差和包含等运算。

如 R，S 是集合 A 上的两个二元关系，

$<x,y>\in R\cup S$ 表示 $<x,y>\in R$ 或 $<x,y>\in S$；

$<x,y>\in R\cap S$ 表示 $<x,y>\in R$ 且 $<x,y>\in S$；

$x\bar{R}y$ 表示 $x\not R y$，$<x,y>\in R-S$ 表示 $<x,y>\in R$，且 $<x,y>\notin S$。

例 4.9　设 $A=\{1,2,3,4\}$，若

$$H=\left\{<x,y>\ \middle|\ \frac{x-y}{2}\text{是整数}\right\},\quad S=\left\{<x,y>\ \middle|\ \frac{x-y}{3}\text{是整数}\right\}$$

求 $H\cup S$，$H\cap S$，$\bar{H}$，$S-H$，$H-S$。

解

$$H=\{<1,1>,<1,3>,<2,2>,<2,4>,<3,3>,<3,1>,<4,4>,<4,2>\};$$

$$S=\{<1,1>,<2,2>,<3,3>,<4,4>,<4,1>,<1,4>\};$$

$$H\cup S=\{<1,1>,<1,3>,<2,2>,<2,4>,<3,3>,<3,1>,<4,4>,<4,2>,<4,1>,<1,4>\};$$

$H \cap S = \{<1,1>, <2,2>, <3,3>, <4,4>\}$;

$S - H = \{<4,1>, <1,4>\}$;

$H - S = \{<1,3>, <2,4>, <3,1>, <4,2>\}$;

$\overline{H} = A \times A - H$。

2. 关系的复合运算

在日常生活中,如果关系 R 表示 a 是 b 的兄弟,关系 S 表示 b 是 c 的父亲,这时会得出关系 T:a 是 c 的叔叔或伯伯,称关系 T 是由关系 R 和 S 复合而得到的新关系;又如关系 R_1 表示 a 是 b 的父亲,关系 S_1 表示 b 是 c 的父亲,则得出关系 T_1:a 是 c 的祖父,关系 T_1 是由关系 R_1 和 S_1 复合而得到的新关系。

定义 4.10 设 $R \subseteq A \times B$,$S \subseteq B \times C$ 是两个二元关系,称 A 到 C 的关系 $R \circ S$ 为 R 与 S 的**复合关系**,表示如下:

$$R \circ S = \{<a,c> \mid (a \in A) \land (c \in C) \land \exists b(b \in B) \land <a,b> \in R \land <b,c> \in S\}$$

从 R 和 S 求 $R \circ S$ 称为关系的合成运算。

当 $A = B$ 时,规定 $R^0 = I$,$R^1 = R$,$R^{n+1} = R^n \circ R$(R 为自然数)。

例 4.10 设 $A = \{1,2,3,4\}$,A 上的关系

$$R = \{<1,1>, <1,2>, <2,4>\},$$
$$S = \{<1,4>, <2,3>, <2,4>, <3,2>\}$$

求 $R \circ S$,$S \circ R$,R^2,R^3。

解

$R \circ S = \{<1,4>, <1,3>\}$, $S \circ R = \{<3,4>\}$,

$R^2 = \{<1,1>, <1,2>, <1,4>\}$, $R^3 = \{<1,1>, <1,2>, <1,4>\}$

例 4.11 设 R,S 是自然数集合 $\mathbf{N}$ 上的两个二元关系,其定义为

$$R = \{<x,y> \mid (x \in \mathbf{N}) \land (y \in \mathbf{N}) \land (y = x^2)\}$$
$$S = \{<x,y> \mid (x \in \mathbf{N}) \land (y \in \mathbf{N}) \land (y = x + 1)\}$$

则

$$R \circ S = \{<x,y> \mid (x \in \mathbf{N}) \land (y \in \mathbf{N}) \land (y = x^2 + 1)\}$$
$$S \circ R = \{<x,y> \mid (x \in \mathbf{N}) \land (y \in \mathbf{N}) \land (y = (x+1)^2)\}$$

由此可知,$R \circ S \neq S \circ R$,即复合关系是不可交换的,但是复合关系满足结合律。

定理 4.2 设 F,G,H 是关系,则

(1) $(F \circ G) \circ H = F \circ (G \circ H)$;

(2) $(F \circ G)^{-1} = G^{-1} \circ F^{-1}$。

证明

(1) 因为

$$\begin{aligned}
<x,y> \in ((F \circ G) \circ H) &\Leftrightarrow \exists t(<x,t> \in (F \circ G) \land <t,y> \in H) \\
&\Leftrightarrow \exists t(\exists s(<x,s> \in F \land <s,t> \in G) \land <t,y> \in H) \\
&\Leftrightarrow \exists t \exists s((<x,s> \in F \land <s,t> \in G) \land <t,y> \in H) \\
&\Leftrightarrow \exists s(<x,s> \in F \land \exists t(<s,t> \in G \land <t,y> \in H)) \\
&\Leftrightarrow \exists s(<x,s> \in F \land <s,y> \in (G \circ H))
\end{aligned}$$

$$\Leftrightarrow \langle x,y\rangle \in F\circ(G\circ H)$$

所以$(F\circ G)\circ H=F\circ(G\circ H)$。

(2) 因为

$$\begin{aligned}\langle x,y\rangle \in (F\circ G)^{-1} &\Leftrightarrow \langle y,x\rangle \in F\circ G\\ &\Leftrightarrow \exists t(\langle y,t\rangle \in F \land \langle t,x\rangle \in G)\\ &\Leftrightarrow \exists t(\langle x,t\rangle \in G^{-1} \land \langle t,y\rangle \in F^{-1})\\ &\Leftrightarrow \langle x,y\rangle \in (G^{-1}\circ F^{-1})\end{aligned}$$

所以$(F\circ G)^{-1}=G^{-1}\circ F^{-1}$。

定理 4.3　设 R 是 A 上的关系，则 $R\circ I_A=I_A\circ R=R$。

证明　因为

$$\begin{aligned}&\langle x,y\rangle \in (R\circ I_A)\\ \Rightarrow\ &\exists t(\langle x,t\rangle \in R \land \langle t,y\rangle \in I_A)\\ \Rightarrow\ &\exists t(\langle x,t\rangle \in R \land t=y)\\ \Rightarrow\ &\langle x,y\rangle \in R\\ \Rightarrow\ &\langle x,y\rangle \in R \land y\in A\\ \Rightarrow\ &\langle x,y\rangle \in R \land \langle y,y\rangle \in I_A\\ \Rightarrow\ &\langle x,y\rangle \in (R\circ I_A)\end{aligned}$$

所以 $R\circ I_A=R$。

同理可证 $I_A\circ R=R$。

定理 4.4　设 F,G,H 是关系，则

(1) $F\circ(G\cup H)=F\circ G\cup F\circ H$；

(2) $(G\cup H)\circ F=G\circ F\cup H\circ F$；

(3) $F\circ(G\cap H)\subseteq F\circ G\cap F\circ H$；

(4) $(G\cap H)\circ F\subseteq G\circ F\cap H\circ F$。

证明　以(3)为例。

因为

$$\begin{aligned}&\langle x,y\rangle \in F\circ(G\cap H)\\ \Leftrightarrow\ &\exists t(\langle x,t\rangle \in F \land \langle t,y\rangle \in (G\cap H))\\ \Leftrightarrow\ &\exists t(\langle x,t\rangle \in F \land \langle t,y\rangle \in G \land \langle t,y\rangle \in H)\\ \Leftrightarrow\ &\exists t((\langle x,t\rangle \in F \land \langle t,y\rangle \in G) \land (\langle x,t\rangle \in F \land \langle t,y\rangle \in H))\\ \Rightarrow\ &\exists t(\langle x,t\rangle \in F \land \langle t,y\rangle \in G) \land \exists t(\langle x,t\rangle \in F \land \langle t,y\rangle \in H)\\ \Rightarrow\ &\langle x,y\rangle \in F\circ G \land \langle x,y\rangle \in F\circ H\\ \Rightarrow\ &\langle x,y\rangle \in F\circ G\cap F\circ H\end{aligned}$$

所以 $F\circ(G\cap H)\subseteq F\circ G\cap F\circ H$。

R^n 的求法：除了根据定义按关系的复合来求之外，还可以用矩阵法和关系图法。

例 4.12　设 $A=\{a,b,c,d\}$，$R=\{\langle a,b\rangle,\langle b,a\rangle,\langle b,c\rangle,\langle c,d\rangle\}$，求 R 的各次幂，分别用矩阵和关系图表示。

解　R 的关系矩阵为

$$M=\begin{bmatrix}0&1&0&0\\1&0&1&0\\0&0&0&1\\0&0&0&0\end{bmatrix}$$

R^2,R^3,R^4 的关系矩阵分别为

$$M^2=\begin{bmatrix}0&1&0&0\\1&0&1&0\\0&0&0&1\\0&0&0&0\end{bmatrix}\begin{bmatrix}0&1&0&0\\1&0&1&0\\0&0&0&1\\0&0&0&0\end{bmatrix}=\begin{bmatrix}1&0&1&0\\0&1&0&1\\0&0&0&0\\0&0&0&0\end{bmatrix}$$

$$M^3=M^2M=\begin{bmatrix}1&0&1&0\\0&1&0&1\\0&0&0&0\\0&0&0&0\end{bmatrix}\begin{bmatrix}0&1&0&0\\1&0&1&0\\0&0&0&1\\0&0&0&0\end{bmatrix}=\begin{bmatrix}0&1&0&1\\1&0&1&0\\0&0&0&0\\0&0&0&0\end{bmatrix}$$

$$M^4=M^3M=\begin{bmatrix}0&1&0&1\\1&0&1&0\\0&0&0&0\\0&0&0&0\end{bmatrix}\begin{bmatrix}0&1&0&0\\1&0&1&0\\0&0&0&1\\0&0&0&0\end{bmatrix}=\begin{bmatrix}1&0&1&0\\0&1&0&1\\0&0&0&0\\0&0&0&0\end{bmatrix}$$

可见 $M^4=M^2$。故 $R^2=R^4=R^6=\cdots$;$R^3=R^5=R^7=\cdots$。

此外,$R^0=I_A$ 的关系矩阵为

$$M^0=\begin{bmatrix}1&0&0&0\\0&1&0&0\\0&0&1&0\\0&0&0&1\end{bmatrix}$$

用关系图法得到 $R^0,R^1,R^2,\cdots$ 的关系图如图 4.2 所示。

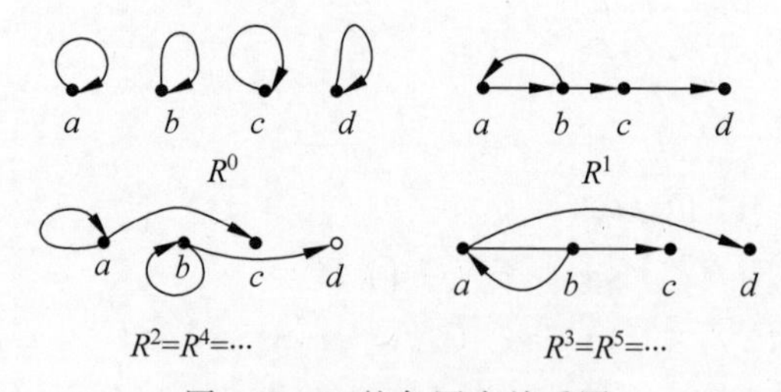

图 4.2 R 的各幂次关系图

定义 4.11 设 R 为二元关系,称 $R^{-1}=\{<x,y>|<y,x>\in R\}$ 为 R 的**逆关系**。如

$$F=\{<3,3>,<6,2>\},G=\{<2,3>\}$$

则

$$F^{-1}=\{<3,3>,<2,6>\}$$

定义 4.12 设 R 是二元关系,A 是集合(通常 $A\subseteq \mathrm{dom}\,R$)。

(1) R 在 A 上的**限制**:$R\upharpoonright A=\{<x,y>|xRy\wedge x\in A\}$。

(2) A 在 R 下的**像**：$R[A]=\text{ran}(R\upharpoonright A)$。

例 4.13　设

$$R=\{<1,2>,<1,3>,<2,2>,<2,4>,<3,2>\}$$

则

$$R\upharpoonright\{1\}=\{<1,2>,<1,3>\},\quad R\upharpoonright\varnothing=\varnothing,$$

$$R\upharpoonright\{2,3\}=\{<2,2>,<2,4>,<3,2>\},\quad R[\{1\}]=\{2,3\},$$

$$R[\varnothing]=\varnothing,\quad R[\{2,3\}]=\{2,4\}$$

定理 4.5　设 F 为关系,A,B 为集合,则

(1) $F\upharpoonright(A\cup B)=F\upharpoonright A\cup F\upharpoonright B$;

(2) $F[A\cup B]=F[A]\cup F[B]$;

(3) $F\upharpoonright(A\cap B)=F\upharpoonright A\cap F\upharpoonright B$;

(4) $F[A\cap B]\subseteq F[A]\cap F[B]$。

证明　以(1)和(4)为例。

(1)

$$\begin{aligned}
&<x,y>\in F\upharpoonright(A\cup B)\\
\Leftrightarrow&<x,y>\in F\wedge x\in(A\cup B)\\
\Leftrightarrow&<x,y>\in F\wedge(x\in A\vee x\in B)\\
\Leftrightarrow&(<x,y>\in F\wedge x\in A)\vee(<x,y>\in F\wedge x\in B)\\
\Leftrightarrow&<x,y>\in F\upharpoonright A\vee<x,y>\in F\upharpoonright B\\
\Leftrightarrow&<x,y>\in(F\upharpoonright A\cup F\upharpoonright B)
\end{aligned}$$

所以 $F\upharpoonright(A\cup B)=F\upharpoonright A\cup F\upharpoonright B$。

(4)

$$\begin{aligned}
&y\in F[A\cap B]\\
\Leftrightarrow&\exists x(<x,y>\in F\wedge(x\in A\cap B))\\
\Leftrightarrow&\exists x(<x,y>\in F\wedge x\in A\wedge x\in B)\\
\Leftrightarrow&\exists x((<x,y>\in F\wedge x\in A)\wedge(<x,y>\in F\wedge x\in B))\\
\Rightarrow&\exists x(<x,y>\in F\wedge x\in A)\wedge\exists x(<x,y>\in F\wedge x\in B)\\
\Leftrightarrow&y\in F[A]\wedge y\in F[B]\\
\Leftrightarrow&y\in(F[A]\cap F[B])
\end{aligned}$$

所以 $F[A\cap B]=F[A]\cap F[B]$。

4.3　关系的性质

通过上述讨论,我们已经看到在集合 X 上可以定义很多不同的关系,但真正有实际意义的只是其中的一小部分,它们一般都是有着某些性质的关系,下面讨论集合 X 上的二元关系 R 的一些特殊性质。

设 R 是 X 上的二元关系,R 的主要性质有以下 5 种：自反性、对称性、传递性、反自反

性和反对称性。

定义 4.13 设 R 是 A 上的关系,若 $\forall x(x\in A\rightarrow<x,x>\in R)$,则称 R 在 A 上是**自反的**;若 $\forall x(x\in A\rightarrow<x,x>\notin R)$,则称 R 在 A 上是**反自反的**。

例 4.14 (1) A 上的全域关系 E_A、恒等关系 I_A 都是 A 上的自反关系。

(2) 小于或等于关系 $L_A=\{<x,y>|x,y\in A\wedge x\leqslant y\}$,$A\subseteq R$。

整除关系 $D_A=\{<x,y>|x,y\in A\wedge x$ 整除 $y\}$,$A\subseteq Z^*$。

包含关系 $R_{\subseteq}=\{<x,y>|x,y\in A\wedge x\subseteq y\}$,$A$ 是集合族。都是自反关系。

(3) 小于关系 $S_A=\{<x,y>|x,y\in A\wedge x<y\}$,$A\subseteq R$。

真包含关系 $R_{\subset}=\{<x,y>|x,y\in A\wedge x\subset y\}$,$A$ 是集合族。都是反自反关系。

(4) 设 $A=\{1,2,3\}$,$R_1=\{<1,1>,<2,2>,<3,3>,<1,2>\}$是 A 上的自反关系;$R_2=\{<1,3>\}$是 A 上的反自反关系;$R_3=\{<1,1>,<2,2>\}$既不是自反的,也不是反自反的。

定义 4.14 设 R 是 A 上的关系,若 $\forall x\forall y(x,y\in A\wedge<x,y>\in R\rightarrow<y,x>\in R)$,则称 R 是 A 上的**对称关系**;若 $\forall x\forall y(x,y\in A\wedge<x,y>\in R\wedge<y,x>\in R\rightarrow x=y)$,则称 R 是 A 上的**反对称关系**。

例 4.15 (1) A 上的全域关系 E_A,恒等关系 I_A 及空关系$\varnothing$都是 A 上的对称关系;I_A 和$\varnothing$同时也是 A 上的反对称关系。

(2) 设 $A=\{1,2,3\}$,则 $R_1=\{<1,1>,<2,2>\}$既是 A 上的对称关系,也是 A 上的反对称关系;$R_2=\{<1,1>,<1,2>,<2,1>\}$是对称的,但不是反对称的;$R_3=\{<1,2>,<1,3>\}$是反对称的,但不是对称的;$R_4=\{<1,2>,<2,1>,<1,3>\}$既不是对称的也不是反对称的。

定义 4.15 设 R 是 A 上的关系,若

$$\forall x\forall y\forall z(x,y,z\in A\wedge<x,y>\in R\wedge<y,z>\in R\rightarrow<x,z>\in R)$$

则称 R 是 A 上的**传递关系**。

例 4.16 (1) A 上的全域关系 E_A,恒等关系 I_A 和空关系都是传递关系。

(2) 小于或等于关系、整除关系和包含关系是传递关系,小于关系和真包含关系也是传递关系。

(3) 设 $A=\{1,2,3\}$,则 $R_1=\{<1,1>,<2,2>\}$和 $R_2=\{<1,3>\}$都是 A 上的传递关系,但 $R_3=\{<1,2>,<2,3>\}$不是 A 上的传递关系。

定理 4.6 设 R 为 A 上的关系,则

(1) R 在 A 上自反当且仅当 $I_A\subseteq R$;

(2) R 在 A 上反自反当且仅当 $R\cap I_A=\varnothing$;

(3) R 在 A 上对称当且仅当 $R=R^{-1}$;

(4) R 在 A 上反对称当且仅当 $R\cap R^{-1}\subseteq I_A$;

(5) R 在 A 上传递当且仅当 $R\circ R\subseteq R$。

证明

(1) 必要性 因 R 在 A 上自反,故$<x,y>\in I_A\Rightarrow x,y\in A\wedge x=y\Rightarrow<x,y>\in R$,从

而 $I_A \subseteq R$。

充分性　因 $\forall x \in A \Rightarrow <x,x> \in I_A \Rightarrow <x,x> \in R$，故 R 在 A 上自反。

(2) 必要性(用反证法)　假设 $R \cap I_A \neq \varnothing$，则必存在 $<x,y> \in R \cap I_A$，即 $<x,y> \in R$ 且 $<x,y> \in I_A$。

由 $<x,y> \in I_A$ 知 $x=y$，从而 $<x,x> \in R$。这与 R 在 A 上是反自反矛盾。

充分性　$\forall x \in A \Rightarrow <x,x> \in I_A \Rightarrow <x,x> \notin R$(因 $R \cap I_A = \varnothing$)，这说明 R 在 A 上是反自反的。

(3) 必要性　因 R 是 A 上的对称关系，即

$$\forall <x,y> \in R \Leftrightarrow <y,x> \in R \Leftrightarrow <x,y> \in R^{-1}$$

故 $R=R^{-1}$。

充分性　由于

$$R=R^{-1}, \forall <x,y> \in R \Leftrightarrow <y,x> \in R^{-1} \Rightarrow <y,x> \in R$$

故 R 在 A 上是对称的。

(4) 必要性　因 R 在 A 上是反对称的，故

$$\begin{aligned}
&\forall <x,y> \in R \cap R^{-1} \\
&\Rightarrow <x,y> \in R \wedge <x,y> \in R^{-1} \\
&\Rightarrow <x,y> \in R \wedge <y,x> \in R \\
&\Rightarrow x=y \Rightarrow <x,y> \in I_A
\end{aligned}$$

所以 $R \cap R^{-1} \subseteq I_A$。

充分性　因 $R \cap R^{-1} \subseteq I_A$，故

$$\begin{aligned}
&\forall <x,y> \in R \wedge <y,x> \in R \\
&\Rightarrow <x,y> \in R \wedge <x,y> \in R^{-1} \\
&\Rightarrow <x,y> \in R \cap R^{-1} \\
&\Rightarrow <x,y> \in I_A \Rightarrow x=y
\end{aligned}$$

从而 R 在 A 上是反对称的。

(5) 必要性　因 R 在 A 上是传递的，故

$$\begin{aligned}
&<x,y> \in R \circ R \\
&\Rightarrow \exists t(<x,t> \in R \wedge <t,y> \in R) \\
&\Rightarrow <x,y> \in R
\end{aligned}$$

因此 $R \circ R \subseteq R$。

充分性　因 $R \circ R \subseteq R$，故

$$<x,y> \in R \wedge <y,z> \in R \Rightarrow <x,z> \in R \circ R \Rightarrow <x,z> \in R$$

所以 R 在 A 上是传递的。

例 4.17　设 A 是集合，R_1 和 R_2 是 A 上的关系，证明

(1) 若 R_1 和 R_2 都是自反的和对称的，则 $R_1 \cup R_2$ 也是自反的和对称的；

(2) 若 R_1 和 R_2 是传递的，则 $R_1 \cap R_2$ 也是传递的。

证明

(1) 因 R_1 和 R_2 是 A 上的自反关系，故 $I_A \subseteq R_1$，$I_A \subseteq R_2$，从而 $I_A \subseteq R_1 \cup R_2$。所以，$R_1 \cup R_2$ 在 A 上是自反的。

由 R_1 和 R_2 的对称性,有

$$R_1 = R_1^{-1} \quad 和 \quad R_2 = R_2^{-1}$$

因此

$$(R_1 \cup R_2)^{-1} = R_1^{-1} \cup R_2^{-1} = R_1 \cup R_2$$

所以,$R_1 \cup R_2$ 在 A 上是对称的。

(2) 由 R_1 和 R_2 的传递性,有

$$R_1 \circ R_1 \subseteq R_1 \quad 和 \quad R_2 \circ R_2 \subseteq R_2$$

所以

$$\begin{aligned}(R_1 \cap R_2) \circ (R_1 \cap R_2) &\subseteq (R_1 \circ R_1) \cap (R_1 \circ R_2) \cap (R_2 \circ R_1) \cap (R_2 \circ R_2) \\ &\subseteq (R_1 \cap R_2) \cap (R_1 \circ R_2) \cap (R_2 \circ R_1) \subseteq R_1 \cap R_2\end{aligned}$$

所以,$R_1 \cap R_2$ 在 A 上是传递的。

说明:设 R 是 A 上的关系,R 的性质的定义及其在关系矩阵、关系图中的特征如表 4.1 所示。

表 4.1 R 的性质特征

表示	性质				
	自反性	反自反性	对称性	反对称性	传递性
集合表达式	$I_A \subseteq R$	$R \cap I_A = \varnothing$	$R = R^{-1}$	$R \cap R^{-1} \subseteq I_A$	$R \circ R \subseteq R$
关系矩阵	主对角线元素全是1	主对角线元素全是0	矩阵是对称矩阵	若 $r_{ij}=1$,且 $i \neq j$,则 $r_{ji}=0$	对 $\boldsymbol{M}^2$ 中1所在的位置,$\boldsymbol{M}$ 中相应的位置都是1
关系图	每个顶点都有环	每个顶点都没有环	如果两个顶点之间有边,则必是一对方向相反的边	每对顶点之间至多有一条边(不会有双向边)	如果顶点 x_i 到 x_j 有边,x_j 到 x_k 有边,则从 x_i 到 x_k 也有边

例 4.18 判断如图 4.3 所示关系的性质。

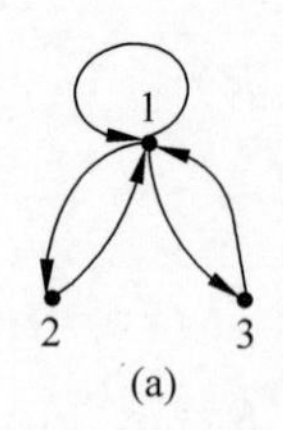

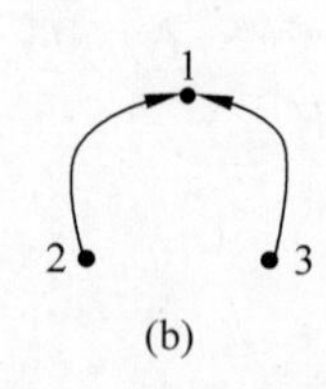

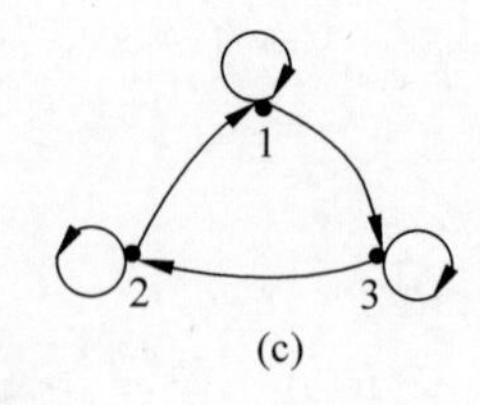

图 4.3 例 4.18 题图

解

(a) 该关系是对称的。其他性质均不具备。

(b) 该关系是反自反的,反对称的,同时也是传递的。

(c) 该关系是自反的,反对称的,但不是传递的。

各种性质与各种运算之间关系如表 4.2 所示。

表 4.2　性质与运算之间的关系

运　算	性　质				
	自反性	反自反性	对称性	反对称性	传递性
R^{-1}	√	√	√	√	√
$R_1 \cap R_2$	√	√	√	√	√
$R_1 \cup R_2$	√	√	√	×	×
$R_1 - R_2$	×	√	√	√	×
$R_1 \circ R_2$	√	×	×	×	×

4.4　关系的闭包

集合上的二元关系可能具有一种或多种性质，如整数集上的整除关系，实数集上的“≤”关系都同时具有自反性、反对称性和传递性，但实数集上的“<”关系就不具有自反性。能否通过一定的方法使这个关系具有自反性呢？一般来说，是否有方法使给定的关系具有所希望的性质呢？本节就来研究这个问题。

1. 闭包的定义

定义 4.16　设 R 是非空集合 A 上的关系，R 的**自反闭包**（**对称闭包**、**传递闭包**）是 A 上的关系 R'，它满足：

(1) R'是自反的(对称的、传递的)；

(2) $R \subseteq R'$；

(3) 对 A 上任何包含 R 的自反关系(对称关系、传递关系)R''，都有 $R' \subseteq R''$。

注：R 的自反闭包记为 $r(R)$，对称闭包记为 $s(R)$，传递闭包记为 $t(R)$。

2. 闭包的构造方法

定理 4.7　设 R 是 A 上的关系，则

(1) $r(R)=R \cup R^0$；(2) $s(R)=R \cup R^{-1}$；(3) $t(R)=R \cup R^2 \cup R^3 \cup \cdots$。

证明

(1) 由 $I_A=R^0 \subseteq R \cup R^0$ 知，$R \cup R^0$ 是自反的，且 $R \subseteq R \cup R^0$。

设 R''是 A 上包含 R 的自反关系，则 $R \subseteq R''$，$I_A \subseteq R''$，因而

$$<x,y> \in R \cup R^0 \Rightarrow <x,y> \in R \cup I_A \Rightarrow <x,y> \in R'' \cup R'' = R''$$

即 $R \cup R^0 \subseteq R''$。可见 $R \cup R^0$ 满足自反闭包的定义，从而 $r(R)=R \cup R^0$。

(2) 略。

(3) 先证 $R \cup R^2 \cup \cdots \subseteq t(R)$，为此只需证明对任意正整数 n 都有 $R^n \subseteq t(R)$ 即可。

用归纳法。

当 $n=1$ 时，

$$R^1 = R \subseteq t(R)$$

假设 $R^n \subseteq t(R)$，下面证明 $R^{n+1} \subseteq t(R)$。

事实上,由于

$$
\begin{aligned}
&<x,y>\in R^{n+1}=R^n\circ R\\
&\Rightarrow \exists t(<x,t>\in R^n \wedge <t,y>\in R)\\
&\Rightarrow \exists t(<x,t>\in t(R) \wedge <t,y>\in t(R))\Rightarrow <x,y>\in t(R)
\end{aligned}
$$

从而 $R^{n+1}\subseteq t(R)$。由归纳法完成证明。

下面证明 $R\cup R^2\cup\cdots$是传递的。事实上,对任意 $<x,y>,<y,z>$,

$$
\begin{aligned}
&(<x,y>\in R\cup R^2\cup\cdots)\wedge(<y,z>\in R\cup R^2\cup\cdots)\\
&\Leftrightarrow \exists t(<x,y>\in R^t)\wedge \exists s(<y,z>\in R^s)\\
&\Leftrightarrow \exists t\exists s(<x,z>\in R^t\circ R^s)\\
&\Leftrightarrow \exists t\exists s(<x,z>\in R^t+s)\\
&\Leftrightarrow <x,z>\in R\cup R^2\cup\cdots
\end{aligned}
$$

从而 $R\cup R^2\cup\cdots$ 是传递的。因 $t(R)$是传递闭包,

故

$$t(R)\subseteq R\cup R^2\cup\cdots$$

由以上两方面知

$$t(R)=R\cup R^2\cup\cdots$$

推论 设 R 是有限集合 A 上的关系,则存在正整数 r 使得 $t(R)=R\cup R^2\cup\cdots\cup R^r$。

例 4.19 设 $A=\{a,b,c\}$及其上的关系

$$R=\{<a,a>,<a,b>,<b,c>,<c,c>\}$$

求自反闭包 $r(R)$、对称闭包 $s(R)$和传递闭包 $t(R)$。

解

自反闭包 $r(R)=\{<a,a>,<a,b>,<b,b>,<b,c>,<c,c>\}$;

对称闭包 $s(R)=\{<a,a>,<a,b>,<b,a>,<b,c>,<c,b>,<c,c>\}$;

传递闭包 $t(R)=\{<a,a>,<a,b>,<b,c>,<c,c>,<a,c>\}$。

例 4.20 设集合 $A=\{1,2,3\}$,A 上的二元关系 $R=\{<1,2>,<2,3>,<3,1>\}$,则

$$
\begin{aligned}
r(R)&=R\cup I_A\\
&=\{<1,1>,<1,2>,<2,2>,<2,3>,<3,1>,<3,3>\}\\
s(R)&=R\cup R^{-1}\\
&=\{<1,2>,<2,1>,<2,3>,<3,2>,<3,1>,<1,3>\}
\end{aligned}
$$

由于

$$
\begin{aligned}
&R^2=\{<1,3>,<2,1>,<3,2>\},\\
&R^3=\{<1,1>,<2,2>,<3,3>\},\\
&R^4=R,\quad R^5=R^2,\cdots
\end{aligned}
$$

一般有

$$R^{3n+1}=R,\quad R^{3n+2}=R^2,\quad R^{3n}=R^3$$

故

$$t(R)=\bigcup_{i=1}^{\infty}R^i=R\cup R^2\cup R^3$$

3. 通过关系矩阵求闭包

设关系 R, $r(R)$, $s(R)$, $t(R)$ 的关系矩阵分别为 $\boldsymbol{M}$, $\boldsymbol{M}_r$, $\boldsymbol{M}_s$, $\boldsymbol{M}_t$，则

$$\boldsymbol{M}_r=\boldsymbol{M}+\boldsymbol{E},\quad \boldsymbol{M}_s=\boldsymbol{M}+\boldsymbol{M}',\quad \boldsymbol{M}_t=\boldsymbol{M}+\boldsymbol{M}^2+\boldsymbol{M}^3+\cdots$$

其中 $\boldsymbol{E}$ 是与 $\boldsymbol{M}$ 同阶的单位矩阵。$\boldsymbol{M}'$ 是 $\boldsymbol{M}$ 的转置矩阵，矩阵元素相加时使用**逻辑加**。

传递闭包的 Warshall 算法如下。

前面已经看到按复合关系定义求 $t(R)$ 是麻烦的，对有限集合采用定义方法仍是比较麻烦的，特别是当有限集合元素比较多时计算量是很大的。1962 年 Warshall 提出了一个求 $+R$ 的有效计算方法，步骤如下：

设 R 是 n 个元素集合上的二元关系，$\boldsymbol{M}_R$ 是 R 的关系矩阵。

(1) 置新矩阵 $\boldsymbol{M}$，$\boldsymbol{M}\leftarrow\boldsymbol{M}_R$；

(2) 置 i，$1\leftarrow i$；

(3) 对 $j(1\leqslant j\leqslant n)$，若 $\boldsymbol{M}$ 的第 j 行第 i 列处为 1，则对 $k=1,2,\cdots,n$，作如下计算：将 $\boldsymbol{M}$ 的第 j 行第 k 列元素与第 i 行第 k 列元素进行逻辑加，然后将结果送到第 j 行 k 列处，即 $\boldsymbol{M}[j,k]=\boldsymbol{M}[j,k]\vee\boldsymbol{M}[i,k]$；

(4) $i\leftarrow i+1$；

(5) 若 $i\leqslant n$，转到步骤(3)，否则停止。

例 4.21 设 $A=\{1,2,3,4,5\}$，$R=\{<1,1>,<1,2>,<2,4>,<3,5>,<4,2>\}$，求 $t(R)$。

解

$$\boldsymbol{M}_R=\begin{bmatrix}1&1&0&0&0\\0&0&0&1&0\\0&0&0&0&1\\0&1&0&0&0\\0&0&0&0&0\end{bmatrix},\quad \boldsymbol{M}\leftarrow\boldsymbol{M}_R$$

$1\leftarrow i$；$\boldsymbol{M}$ 的第一列中只有 $\boldsymbol{M}[1,1]=1$，将 $\boldsymbol{M}$ 的第一行上的元素与其本身作逻辑和然后把结果送到第一行，得

$$\boldsymbol{M}=\begin{bmatrix}1&1&0&0&0\\0&0&0&1&0\\0&0&0&0&1\\0&1&0&0&0\\0&0&0&0&0\end{bmatrix}$$

$i\leftarrow i+1$ 时 $i=2$，$\boldsymbol{M}$ 的第二列中有两个 1，即 $\boldsymbol{M}[1,2]=\boldsymbol{M}[4,2]=1$，分别将 $\boldsymbol{M}$ 的第一行和第四行与第二行对应元素作逻辑和，将结果分别送到第一行和第四行，得

$$\boldsymbol{M}=\begin{bmatrix}1&1&0&1&0\\0&0&0&1&0\\0&0&0&0&1\\0&1&0&1&0\\0&0&0&0&0\end{bmatrix}$$

$i \leftarrow i+1$ 时 $i=3$,$\boldsymbol{M}$ 的第三列全为 0,$\boldsymbol{M}$ 不变。

$i \leftarrow i+1$ 时 $i=4$,$\boldsymbol{M}$ 的第四列中有三个 1,即 $\boldsymbol{M}[1,4]=\boldsymbol{M}[2,4]=\boldsymbol{M}[4,4]=1$,分别将 $\boldsymbol{M}$ 的第一行、第二行、第四行与第四行对应元素作逻辑和,将结果分别送到 $\boldsymbol{M}$ 的第一、二、四行,得

$$\boldsymbol{M}=\begin{bmatrix}1&1&0&1&0\\0&1&0&1&0\\0&0&0&0&1\\0&1&0&1&0\\0&0&0&0&0\end{bmatrix}$$

$i \leftarrow i+1$ 时 $i=5$,$\boldsymbol{M}[3,5]=1$,将 $\boldsymbol{M}$ 的第三行与第五行对应元素作逻辑和送到 $\boldsymbol{M}$ 的第三行,由于这里第五行全为 0,故 $\boldsymbol{M}$ 不变。

$i \leftarrow i+1$ 时 $i=6>5$,停止,故

$$\boldsymbol{M}=\begin{bmatrix}1&1&0&1&0\\0&1&0&1&0\\0&0&0&0&1\\0&1&0&1&0\\0&0&0&0&0\end{bmatrix}$$

故 $R^{+}=\{<1,1>,<1,2>,<1,4>,<2,2>,<2,4>,<3,5>,<4,2>,<4,4>\}$。

4. 通过关系图求闭包

设关系 R,$r(R)$,$s(R)$,$t(R)$的关系图分别记为 G,G_r,G_s,G_t,则 G_r,G_s,G_t 的顶点集与 G 的顶点集相同。除了 G 的边外,依下述方法添加新边:

(1) 对 G 的每个顶点,如果无环,则添加一条环,由此得到 G_r;

(2) 对 G 的每条边,如果它是单向边,则添加一条反方向的边,由此得到 G_s;

(3) 对 G 的每个顶点 x_i,找出从 x_i 出发的所有 2 步,3 步,…,n 步长的有向路(n 为 G 的顶点数)。设路的终点分别为 x_{j_1},x_{j_2},…,x_{j_k},如果从 x_i 到 x_{j_k}($l=1,2,\cdots,k$)无边,则添上这条边。处理完所有顶点后得到 G_t。

例 4.22 设 $A=\{1,2,3,4\}$,$R=\{<1,2>,<1,4>,<3,4>\}$,求:$r(R)$,$s(R)$,$t(R)$。

解 分别给出 R,$r(R)$,$s(R)$,$t(R)$的关系图,如图 4.4 所示。

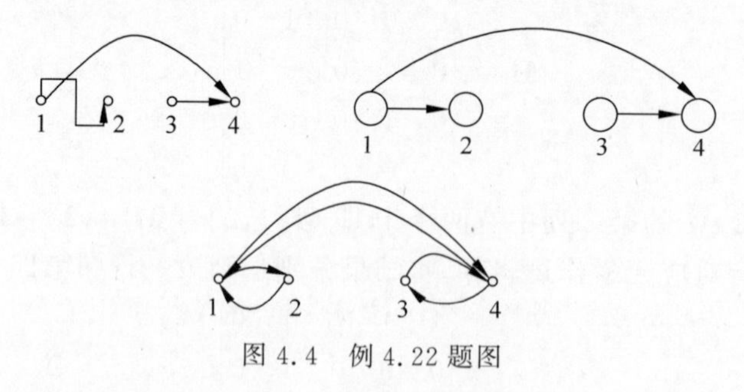

图 4.4 例 4.22 题图

$$r(R)=I_A \cup R, \quad s(R)=R \cup \{<2,1>,<4,3>,<4,1>\}, \quad t(R)=R$$

例 4.23 根据下列关系的关系矩阵分别求出它们的自反闭包 $r(R)$、对称闭包 $s(R)$和

传递闭包 $t(R)$ 的关系矩阵。

$$\boldsymbol{M}_R=\begin{bmatrix}1&1&0\\0&0&0\\1&1&0\end{bmatrix}\quad \boldsymbol{M}_S=\begin{bmatrix}0&1&1\\1&1&1\\1&0&0\end{bmatrix}$$

解 两个关系的闭包的关系矩阵分别如下：

$$\boldsymbol{M}_{r(R)}=\begin{bmatrix}1&1&0\\0&1&0\\1&1&1\end{bmatrix},\quad \boldsymbol{M}_{s(R)}=\begin{bmatrix}1&1&1\\1&0&1\\1&1&0\end{bmatrix},\quad \boldsymbol{M}_{t(R)}=\begin{bmatrix}1&1&0\\0&0&0\\1&1&0\end{bmatrix}$$

$$\boldsymbol{M}_{r(S)}=\begin{bmatrix}1&1&1\\1&1&1\\1&0&1\end{bmatrix},\quad \boldsymbol{M}_{s(S)}=\begin{bmatrix}0&1&1\\1&1&1\\1&1&0\end{bmatrix},\quad \boldsymbol{M}_{t(S)}=\begin{bmatrix}1&1&1\\1&1&1\\1&1&1\end{bmatrix}$$

5. 闭包的性质

定理 4.8 设 R 是非空集合 A 上的关系，则

(1) R 是自反的当且仅当 $r(R)=R$；

(2) R 是对称的当且仅当 $s(R)=R$；

(3) R 是传递的当且仅当 $t(R)=R$。

证明 (1) 充分性显然。下面证明必要性。

因 R 是包含了 R 的自反关系，故 $r(R)\subseteq R$。

另一方面，显然 $R\subseteq r(R)$。从而，$r(R)=R$。

(2)，(3)略。

定理 4.9 设 R_1 和 R_2 是非空集合 A 上的关系，且 $R_1\subseteq R_2$，则

(1) $r(R_1)\subseteq r(R_2)$； (2) $s(R_1)\subseteq s(R_2)$； (3) $t(R_1)\subseteq t(R_2)$。

证明略。

定理 4.10 设 R 是非空集合 A 上的关系：

(1) 若 R 是自反的，则 $s(R)$ 和 $t(R)$ 也是自反的；

(2) 若 R 是对称的，则 $r(R)$ 和 $t(R)$ 也是对称的；

(3) 若 R 是传递的，则 $r(R)$ 也是传递的。

证明 只证(2)。

先考虑 $r(R)$。因 R 是 A 上的对称关系。故 $R=R^{-1}$，同时 $I_A=I_A^{-1}$，于是

$$(R\cup I_A)^{-1}=R^{-1}\cup I_A^{-1}$$

从而 $r(R)^{-1}=(R\cup R_0)^{-1}=(R\cup I_A)^{-1}=R^{-1}\cup I_A^{-1}=R\cup I_A=r(R)$。

这便说明 $r(R)$ 是对称的。

下面证明 $t(R)$ 的对称性。为此，先用数学归纳法证明：

若 R 是对称的，则对任何正整数 n，R^n 也是对称的。

事实上，当 $n=1$ 时，$R'=R$ 显然是对称的。

假设 R^n 是对称的，下面证明 R^{n+1} 的对称性。由于

$$\begin{aligned}<x,y>\in R^{n+1}&\Rightarrow<x,y>\in R^n\circ R\\&\Rightarrow\exists t((<x,t>\in R^n)\wedge<t,y>\in R)\end{aligned}$$

$$\Rightarrow \exists t((<t,x>\in R^n)\wedge <y,t>\in R)$$
$$\Rightarrow <y,x>\in R\circ R^n \Rightarrow <y,x>\in R^{n+1}$$

故 R^{n+1} 是对称的。归纳法证明完成。

现在来证 $t(R)$ 的对称性。由于

$$<x,y>\in t(R)\Rightarrow \exists n(<x,y>\in R^n)\Rightarrow \exists n(<y,x>\in R^n)\Rightarrow <y,x>\in t(R)$$

因此 $t(R)$ 是对称的。

定理 4.11 设 X 是集合,R 是 X 上的二元关系,则

(1) $sr(R)=rs(R)$;

(2) $rt(R)=tr(R)$;

(3) $st(R)\subseteq ts(R)$。

证明 令 I_X 表示 X 上的恒等关系:

(1) $sr(R)=s(I_X\cup R)=(I_X\cup R)\cup(I_X\cup R)^{-1}=I_X\cup R\cup R^{-1}$
$=I_X\cup s(R)=rs(R)$

(2) $tr(R)=t(I_X\cup R)=\bigcup_{i=1}^{\infty}(I_X\cup R)^i=\bigcup_{i=1}^{\infty}\left(I_X\cup\bigcup_{j=1}^{i}R^j\right)=I_X\cup\bigcup_{i=1}^{\infty}\bigcup_{j=1}^{i}R^j$
$=I_X\cup\bigcup_{i=1}^{\infty}R^i=I_X\cup t(R)=rt(R)$

(3) 因为 $R\subseteq s(R)$,且 $t(R)\subseteq ts(R)$,所以 $st(R)\subseteq sts(R)$,又因为 $ts(R)$ 具有对称性,所以 $sts(R)=ts(R)$,所以 $st(R)\subseteq ts(R)$。

4.5 等价关系与划分

1. 等价关系

定义 4.17 设 R 为非空集合 A 上的关系,如果 R 是自反的、对称的和传递的,则称 R 为 A 上的**等价关系**。对等价关系 R,若 $<x,y>\in R$,则称 x 等价于 y,记为 $x\sim y$ 或 xRy。

例 4.24 设 $A=\{1,2,\cdots,8\}$,定义 A 上的关系 R 如下:

$$R=\{<x,y>\mid x,y\in A\wedge x\equiv y(\bmod 3)\}$$

其中 $x\equiv y(\bmod 3)$ 叫作 x 与 y 模 3 相等,即 x 除以 3 的余数与 y 除以 3 的余数相等。不难验证 R 为 A 上的等价关系,因为

$x\in A$,有 $x\equiv x(\bmod 3)$

$x,y\in A$,若 $x\equiv y(\bmod 3)$,则有 $y\equiv x(\bmod 3)$

$x,y,z\in A$,若 $x\equiv y(\bmod 3)$,$y\equiv z(\bmod 3)$,则有 $x\equiv z(\bmod 3)$

故 R 是传递的。所以 R 是 A 上的一个等价关系。

2. 等价类

定义 4.18 设 R 为非空集合 A 上的等价关系,$\forall x\in A$,令 $[x]_R=\{y\mid y\in A\wedge xRy\}$,称 $[x]_R$ 为 x 在 R 下的等价类,简称为 x 的等价类,有时简记为 $[x]$。x 称为该等价类的代表元。

注:一个等价类是 A 中在等价关系 R 下彼此等价的所有元素的集合,等价类中各元素

的地位是平等的，每个元素都可以作为其所在等价类的代表元。

例 4.25 在例 4.24 中的等价关系 R 下，A 中元素形成了三个等价类，如图 4.5 所示。

$$[1]=[4]=[7]=\{1,4,7\}$$

$$[2]=[5]=[8]=\{2,5,8\}$$

$$[3]=[6]=\{3,6\}$$

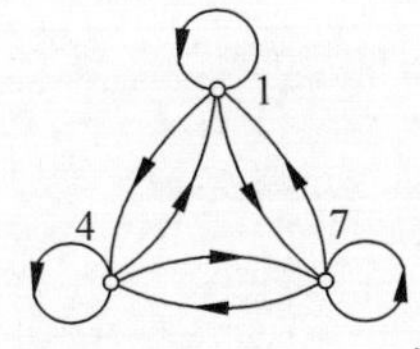

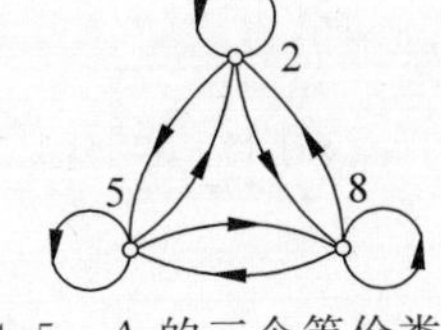

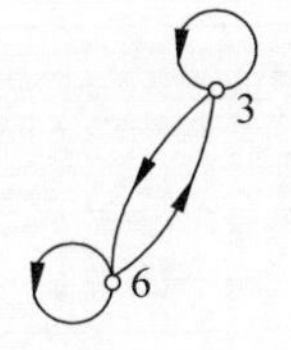

图 4.5 A 的三个等价类

3. 等价类的性质

定理 4.12 设 R 为非空集合 A 上的等价关系，则

(1) $\forall x\in A$，$[x]$是 A 的非空子集；

(2) $\forall x,y\in A$，如果 xRy，则 $[x]=[y]$；

(3) $\forall x,y\in A$，如果 x 与 y 不具有关系 R，则$[x]$与$[y]$不相交；

(4) $\bigcup\{[x]\mid x\in A\}=A$。

证明

(1) 显然。

(2) 因为

$$\begin{aligned} z\in[x] &\Rightarrow <x,z>\in R \\ &\Rightarrow <z,x>\in R(R\text{ 是对称的}) \end{aligned}$$

所以

$$\begin{aligned} &<z,x>\in R\wedge <x,y>\in R \\ \Rightarrow &<z,y>\in R \\ \Rightarrow &<y,z>\in R \end{aligned}$$

所以 $z\in[y]$，从而$[x]\subseteq[y]$。

同理可得，$[y]\subseteq[x]$，故$[x]=[y]$。

(3) 反证法。

假设 $[x]\cap[y]\neq\varnothing$，则存在 $z\in[x]\cap[y]$。

因而 $z\in[x]$ 且 $z\in[y]$，即$<x,z>\in R\wedge<y,z>\in R$。

根据 R 的对称性和传递性，必有$<x,y>\in R$。这与前提条件矛盾。

故原命题成立。

(4) 先证$\bigcup\{[x]\mid x\in A\}\subseteq A$。

因为

$$y\in\bigcup\{[x]\mid x\in A\}\Rightarrow\exists x(x\in A\wedge y\in[x])\Rightarrow y\in A\quad(\text{因为}[x]\subseteq A)$$

所以

$$\bigcup\{[x]\mid x\in A\}\subseteq A$$

再证

$$\bigcup \{[x] \mid x \in A\} \supseteq A$$

因为

$$y \in A \Rightarrow y \in [y] \land y \in A \Rightarrow y \in \bigcup \{[x] \mid x \in A\}$$

所以

$$A \subseteq \bigcup \{[x] \mid x \in A\}$$

因此

$$\bigcup \{[x] \mid x \in A\} \supseteq A$$

4. 商集

定义 4.19 设 R 为非空集合 A 上的等价关系，以 R 的所有等价类作为元素，形成的集合称为 A 关于 R 的商集，记为 A/R，即 $A/R=\{[x]_R \mid x\in A\}$。

例 4.26 例 4.25 中等价关系形成的商集为 $A/R=\{\{1,4,7\},\{2,5,8\},\{3,6\}\}$。

A 关于恒等关系和全域关系的商集为

$$A/I_A=\{\{1\},\{2\},\cdots,\{8\}\}$$
$$A/E_A=\{\{1,2,\cdots,8\}\}$$

5. 集合的划分

定义 4.20 设 A 为非空集合，若 A 的子集族 $\pi(\pi\subseteq P(A))$，是由 A 的一些子集形成的集合满足下列条件：

(1) $\varnothing\notin\pi$；

(2) $\forall x\forall y(x,y\in\pi\land x\neq y\rightarrow x\cap y=\varnothing)$；

(3) $\bigcup\limits_{x\in\pi} x=A$。

则称 π 是 A 的一个**划分**，而称 π 中的元素为 A 的划分块或类。

例 4.27 设 $A=\{a,b,c,d\}$， 给定 $\pi_1,\pi_2,\pi_3,\pi_4,\pi_5,\pi_6$ 如下：

$\pi_1=\{\{a,b,c\},\{d\}\}$， $\pi_2=\{\{a,b\},\{c\},\{d\}\}$， $\pi_3=\{\{a\},\{a,b,c,d\}\}$，

$\pi_4=\{\{a,b\},\{c\}\}$， $\pi_5=\{\varnothing,\{a,b\},\{c,d\}\}$， $\pi_6=\{\{a,\{a\}\},\{b,c,d\}\}$

则 π_1 和 π_2 是 A 的划分，其他都不是 A 的划分。

例 4.28 求 $A=\{1,2,3\}$上所有的等价关系。

解 先求出 A 的所有划分：

$\pi_1=\{\{1,2,3\}\}$； $\pi_2=\{\{1\},\{2,3\}\}$； $\pi_3=\{\{2\},\{1,3\}\}$； $\pi_4=\{\{3\},\{1,2\}\}$；

$\pi_5=\{\{1\},\{2\},\{3\}\}$。

与这些划分一一对应的等价关系是：

π_1：→ 全域关系 E_A

π_2：→ $R_2=\{<2,3>,<3,2>\}\cup I_A$

π_3：→ $R_3=\{<1,3>,<3,1>\}\cup I_A$

π_4：→ $R_4=\{<1,2>,<2,1>\}\cup I_A$

π_5：→ 恒等关系 I_A

例 4.29　设 $A=\{1,2,3,4\}$，在 $A\times A$ 上定义二元关系 R：$<<x,y>,<u,v>>\in R \Leftrightarrow x+y=u+v$，求 R 导出的划分。

解

$$A\times A=\{<1,1>,<1,2>,<1,3>,<1,4>,<2,1>,<2,2>,<2,3>,<2,4>,<3,1>,<3,2>,<3,3>,<3,4>,<4,1>,<4,2>,<4,3>,<4,4>\}$$

根据 $<x,y>$ 的 $x+y=2,3,4,5,6,7,8$ 将 $A\times A$ 划分成 7 个等价类：

$$(A\times A)/R=\{\{<1,1>\},\{<1,2>,<2,1>\},\{<1,3>,<2,2>,<3,1>\},\{<1,4>,<2,3>,<3,2>,<4,1>\},\{<2,4>,<3,3>,<4,2>\},\{<3,4>,<4,3>\},\{<4,4>\}\}$$

4.6　偏序关系

1. 偏序关系与偏序集

定义 4.21　设 R 为非空集合 A 上的关系。如果 R 是自反的、反对称的和传递的，则称 R 为 A 上的**偏序关系**，记为 $\preccurlyeq$。对一个偏序关系 $\preccurlyeq$，如果 $<x,y>\in\preccurlyeq$，则记为 $x\preccurlyeq y$。

注：

(1) 集合 A 上的恒等关系 I_A 和空关系都是 A 上的偏序关系，但全域关系 E_A 一般不是 A 上的偏序关系；

(2) 实数域上的小于或等于关系(大于或等于关系)、自然数域上的整除关系和集合的包含关系等都是偏序关系。

定义 4.22　设 R 为非空集合 A 上的偏序关系，定义

(1) $\forall x,y\in A$，$x\prec y$ 当且仅当 $x\preccurlyeq y$ 且 $x\neq y$；

(2) $\forall x,y\in A$，x 与 y 可比当且仅当 $x\preccurlyeq y$ 或 $y\preccurlyeq x$。

注：在具有偏序关系的集合 A 中任意两个元素 x 和 y 之间必有下列 4 种情形之一：$x\preccurlyeq y$，$y\preccurlyeq x$，$x=y$，x 与 y 不可比。

例 4.30　设 $A=\{1,2,3\}$：

(1) $\preccurlyeq$ 是 A 上的整除关系，则 $1\prec 2$，$1\prec 3$，$1=1$，$2=2$，$3=3$，2 和 3 不可比；

(2) $\preccurlyeq$ 是 A 上的大于或等于关系，则 $2\prec 1$，$3\prec 1$，$3\prec 2$，$1=1$，$2=2$，$3=3$。

定义 4.23　设 R 为非空集合 A 上的偏序关系，如果 $\forall x,y\in A$，x 与 y 都是可比的，则称 R 为 A 上的**全序关系**。

例 4.31　大于或等于关系(小于或等于关系)是全序集，但整除关系一般不是全序集。

定义 4.24　带有某种指定的偏序关系 $\preccurlyeq$ 的集合 A 称为**偏序集**，记为 $<A,\preccurlyeq>$。

例 4.32　整数集 $\mathbf{Z}$ 和数的小于或等于关系 $\leqslant$ 构成偏序集 $<\mathbf{Z},\leqslant>$；集合 A 的幂集 $P(A)$ 和集合的包含关系 $\subseteq$ 构成偏序集 $<P(A),\subseteq>$。

定义 4.25　设 $<A,\preccurlyeq>$ 为偏序集，$\forall x,y\in A$，如果 $x\preccurlyeq y$ 且不存在 $z\in A$，使得 $x\preccurlyeq z\preccurlyeq y$，则称 ***y* 覆盖 *x***。

如 $A=\{1,2,4,6\}$ 上的整除关系，有 2 覆盖 1，4 和 6 都覆盖 2，但 4 不覆盖 1，6 不覆盖 4。

2. 哈斯图

利用偏序关系的自反性、反对称性和传递性可简化偏序关系的关系图，得到偏序集的哈斯图。

设有偏序集$<A,\preccurlyeq>$，其哈斯图的画法如下：

(1) 以 A 的元素为顶点，适当排列各顶点的顺序，使得对 $\forall x,y\in A$，若 $x\prec y$，则将 x 画在 y 的下方；

(2) 对 A 中两个不同元素 x 和 y，如果 y 覆盖 x，则用一条线段连接 x 和 y。

例 4.33 画出偏序集$<\{1,2,3,\cdots,9\},R_{整除}>$和$<P(\{a,b,c\}),R_{\subseteq}>$的哈斯图。

解 它们的哈斯图表示如图 4.6 所示。

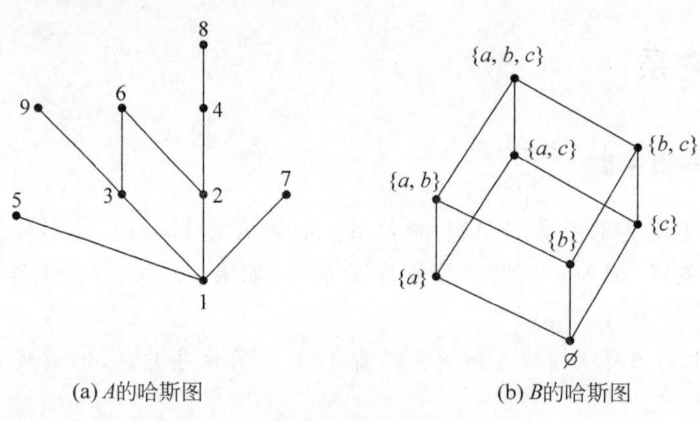

(a) A的哈斯图　　(b) B的哈斯图

图 4.6 哈斯图

例 4.34 已知偏序集$<A,R>$的哈斯图如图 4.7 所示，求集合 A 和关系 R 的表达式。

解

$A=\{a,b,c,d,e,f,g,h\}$，

$R=\{<b,d>,<b,e>,<b,f>,<c,d>,<c,e>,<c,f>,<d,f>,<e,f>,<g,h>\}\cup I_A$

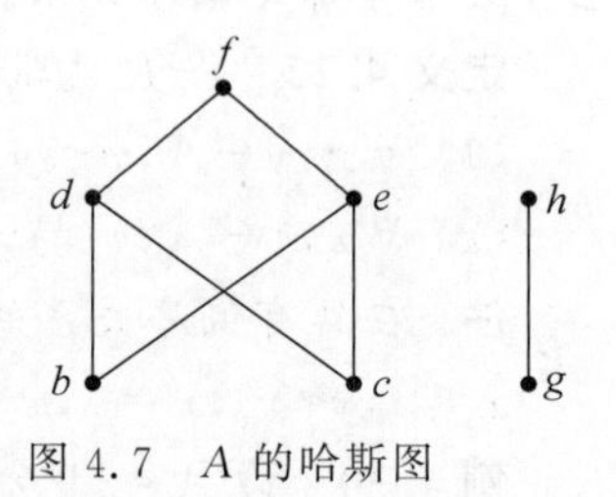

图 4.7 A 的哈斯图

3. 偏序集中的特殊元素

定义 4.26 设$<A,\preccurlyeq>$为偏序集，$B\subseteq A$，$y\in B$。

(1) 若 $\forall x(x\in B\rightarrow y\preccurlyeq x)$成立，则称 y 是 B 的**最小元**；

(2) 若 $\forall x(x\in B\rightarrow x\preccurlyeq y)$成立，则称 y 是 B 的**最大元**；

(3) 若 $\forall x(x\in B\wedge x\preccurlyeq y\rightarrow x=y)$成立，则称 y 是 B 的**极小元**；

(4) 若 $\forall x(x\in B\wedge y\preccurlyeq x\rightarrow x=y)$成立，则称 y 是 B 的**极大元**。

注：

(1) 极大(极小)元未必是最大(最小)元；极大(极小)元未必与 B 中任何元素都可比；

(2) 对有限集 B，极大(极小)元一定存在，但最大(最小)元不一定存在；

(3) 最大(最小)元如果存在，必定是唯一的；而极大(极小)元一般不唯一，但如果 B 中

只有一个极大(极小)元，则它一定是 B 的最大(最小)元。

例 4.35 求上例中 A 的极大元、极小元、最大元、最小元。

解 极大元：a,f,h；极小元：a,b,c,g；无最大元和最小元。

例 4.36 设 x 为集合，$A=p(x)-\{\varnothing\}-\{x,\}$ 且 $A\neq\varnothing$，若 $|x|=n$，问：

(1) 偏序集 $<A,R\subseteq>$ 是否有最大元？

(2) 偏序集 $<A,R\subseteq>$ 是否有最小元？

(3) 偏序集 $<A,R\subseteq>$ 中极大元和极小元的一般形式是什么？

解 首先，因 $A\neq\varnothing$，故 $n\geqslant 2$，x 中单个元素构成的子集都在 A 中，它们在 $R\subseteq$ 下互相不可比，因此 A 中无最大元和最小元。

其次考查 $(P(x),R\subseteq)$ 的哈斯图。

其最低层是空集 $\varnothing$，记为第 0 层，由底向上，第 1 层是单元集，第 2 层是二元子集，……，第 $n-1$ 层是 x 的所有 $n-1$ 元子集，最顶层即第 n 层，只有一个顶点 x。

偏序集 $<A,R\subseteq>$ 的哈斯图是由 $<P(x)$ 的哈斯图去掉第 0 层与第 n 层得到的，故 x 的所有单元集都是 $<A,R\subseteq>$ 的极小元，x 的所有 $n-1$ 元子集都是 $<A,R\subseteq>$ 的极大元。

定义 4.27 设 $<A,\leqslant>$ 为偏序集，$B\subseteq A$，$y\in A$。

(1) 若 $\forall x(x\in B\rightarrow x\leqslant y)$ 成立，则称 y 为 B 的**上界**；

(2) 若 $\forall x(x\in B\rightarrow y\leqslant x)$ 成立，则称 y 为 B 的**下界**；

(3) 令 $C=\{y|y$ 为 B 的上界$\}$，则称 C 的最小元为 B 的**最小上界或上确界**；

(4) 令 $D=\{y|y$ 为 B 的下界$\}$，则称 D 的最大元为 B 的**最大下界或下确界**。

注：

(1) B 的最大元(最小元)必定是 B 的上界(下界)，也是 B 的上确界(下确界)；

(2) B 的上界和上确界都未必是 B 的最大元，因它们可能不在 B 中，同理，下界和下确也未必是 B 的最小元；

(3) B 的上界、上确界、下界、下确界都可能不存在，但如果上确界(下确界)存在，则它是唯一的。

4.7 函数的定义与性质

函数是一个基本的数学概念，这里我们把函数作为一种特殊的关系进行研究，例如，计算机中把输入、输出间的关系看成是一种函数；类似地，在开关理论、自动机理论和可计算性理论等领域中函数都有着极其广泛的应用。

由初等数学和高等数学，我们已经对函数有了比较熟悉的认识，但它们仅局限于在实数集和复数集上研究函数，为了便于今后的应用，我们在此作更深入的讨论。

定义 4.28 设 F 为二元关系，若 $\forall x\in \operatorname{dom} F$ 都存在唯一的 $y\in \operatorname{ran} F$ 使 xFy 成立，则称 F 为**函数**。

对于函数 F，如果有 xFy，则记作 $y=F(x)$，并称 y 为 F 在 x 的值。

例 4.37

$$F_1=\{<x_1,y_1>,<x_2,y_2>,<x_3,y_2>\}$$

$$F_2=\{<x_1,y_1>,<x_1,y_2>\}$$

F_1 是函数，F_2 不是函数。

定义 4.29 设 F,G 为函数，则 $F=G \Leftrightarrow F \subseteq G \wedge G \subseteq F$。

如果两个函数 F 和 G 相等，一定满足下面两个条件：

(1) $\mathrm{dom}\,F=\mathrm{dom}\,G$；

(2) $\forall x \in \mathrm{dom}\,F=\mathrm{dom}\,G$ 都有 $F(x)=G(x)$。

例 4.38 函数 $F(x)=(x^2-1)/(x+1)$ 与 $G(x)=x-1$ 不相等，因为 $\mathrm{dom}\,F \neq \mathrm{dom}\,G$。

定义 4.30 设 A,B 为集合，如果 f 为函数，$\mathrm{dom}\,f=A$，$\mathrm{ran}\,f \subseteq B$，则称 f 为从 A 到 B 的**函数**，记作 $f: A \to B$。

例 4.39 $f: \mathbf{N} \to \mathbf{N}, f(x)=2^x$ 是从 $\mathbf{N}$ 到 $\mathbf{N}$ 的函数，$g: \mathbf{N} \to \mathbf{N}, g(x)=2$ 也是从 $\mathbf{N}$ 到 $\mathbf{N}$ 的函数。

定义 4.31 所有从 A 到 B 的函数的**集合**记作 B^A，符号化表示为 $B^A=\{f \mid f: A \to B\}$。

$$|A|=m, \quad |B|=n, \quad 且\ m,n>0, |B^A|=n^m$$

例 4.40 设 $A=\{1,2,3\}$，$B=\{a,b\}$，求 B^A。

解 $B^A=\{f_0,f_1,\cdots,f_7\}$，其中

$f_0=\{<1,a>,<2,a>,<3,a>\}$ $f_1=\{<1,a>,<2,a>,<3,b>\}$

$f_2=\{<1,a>,<2,b>,<3,a>\}$ $f_3=\{<1,a>,<2,b>,<3,b>\}$

$f_4=\{<1,b>,<2,a>,<3,a>\}$ $f_5=\{<1,b>,<2,a>,<3,b>\}$

$f_6=\{<1,b>,<2,b>,<3,a>\}$ $f_7=\{<1,b>,<2,b>,<3,b>\}$

定义 4.32 设函数 $f: A \to B$，$A_1 \subseteq A$，$B_1 \subseteq B$。

(1) A_1 在 f 下的像 $f(A_1)=\{f(x) \mid x \in A_1\}$，函数的**像** $f(A)$；

(2) B_1 在 f 下的**完全原像** $f^{-1}(B_1)=\{x \mid x \in A \wedge f(x) \in B_1\}$。

注意：

(1) 函数值与像的区别为函数值 $f(x) \in B$，像 $f(A_1) \subseteq B$；

(2) 一般来说 $f^{-1}(f(A_1)) \neq A_1$，但是 $A_1 \subseteq f^{-1}(f(A_1))$。

例 4.41 设 $f: \mathbf{N} \to \mathbf{N}$，且 $f(x)=\begin{cases} x/2, & x\ 为偶数 \\ x+1, & x\ 为奇数 \end{cases}$，令 $A=\{0,1\}$，$B=\{0,2\}$，那么有

$$f(A)=f(\{0,1\})=\{f(0),f(1)\}=\{0,2\}$$

$$f^{-1}(B)=f^{-1}(\{0,2\})=\{0,1,4\}$$

例 4.42 A,B 是两个任意集合，且 $A,B \subseteq X$，f 是集合 X 到集合 Y 的映射。

证明：$f(A \cup B)=f(A) \cup f(B)$。

证明：对于 $\forall y \in f(A \cup B)$，则存在一个 $x \in A \cup B$，使得 $f(x)=y$，即 $x \in A$ 或 $x \in B$。若 $x \in A$，根据映射的定义知，$y=f(x) \in f(A)$，因此 $y \in f(A) \cup f(B)$，从而有 $f(A \cup B) \subseteq f(A) \cup f(B)$；若 $x \in B$，根据映射的定义知，$y=f(x) \in f(B)$，因此 $y \in f(A) \cup f(B)$，从而有 $f(A \cup B) \subseteq f(A) \cup f(B)$。总之，有 $f(A \cup B) \subseteq f(A) \cup f(B)$。

反之，对于 $\forall y \in f(A) \cup f(B)$，则有 $y \in f(A)$ 或 $y \in f(B)$。若 $y \in f(A)$，则存在唯一的 $x \in A$ 使得 $f(x)=y$。由 $x \in A$ 知，$x \in A \cup B$，因此 $y=f(x) \in f(A \cup B)$，从而有

$f(A)\cup f(B)\subseteq f(A\cup B)$；若 $y\in f(B)$，则存在唯一的 $x\in B$ 使得 $f(x)=y$。由 $x\in B$ 知，$x\in A\cup B$，因此 $y=f(x)\in f(A\cup B)$，从而有 $f(A\cup B)\subseteq f(A)\cup f(B)$。

综上所述，$f(A\cup B)=f(A)\cup f(B)$。

例 4.43 A,B 是两个非空集合，f 是从 A 到 B 的映射，$\varnothing\neq A'\subseteq A$。

(1) 证明：$f^{-1}(f(A'))\supseteq A'$。

(2) 给出 $f^{-1}(f(A'))\neq A'$ 的例子。

(1) **证明**

对于 $x\in A'$，因为 f 是从 A 到 B 的映射，所以 $f(x)\in f(A')$。又因为 $A'\subseteq A$，故 $f(A')\subseteq B$。设 $f(A')=B'$，则 $B'\subseteq B$。因 $f(x)\in B'$，由 f^{-1} 的定义得 $x\in f^{-1}(B')$，即有 $x\in f^{-1}(f(A'))$，所以 $f^{-1}(f(A'))\supseteq A'$。

(2) **解** 令 $A=\{a,b,c\}$，$B=\{0,1\}$，$f=\{(a,0),(b,0),(c,1)\}$，取 $A'=\{a\}$，则 $f(A')=\{0\}$，$f^{-1}(f(A'))=\{a,b\}$。

显然，$f^{-1}(f(A'))\supseteq A'$，但 $f^{-1}(f(A'))\neq A'$。

定义 4.33 设 $f: A\to B$，

(1) 若 $\mathrm{ran}f=B$，则称 $f: A\to B$ 是**满射的**；

(2) 若 $\forall y\in \mathrm{ran}f$ 都存在唯一的 $x\in A$ 使得 $f(x)=y$，则称 $f: A\to B$ 是**单射的**；

(3) 若 $f: A\to B$ 既是满射又是单射的，则称 $f: A\to B$ 是**双射的**。

例 4.44 判断下面函数是否为单射、满射、双射的，为什么？

(1) $f: \mathbf{R}\to\mathbf{R}, f(x)=-x^2+2x-1$

(2) $f: \mathbf{Z}^+\to\mathbf{R}, f(x)=\ln x$，$\mathbf{Z}^+$ 为正整数集

(3) $f: \mathbf{R}\to\mathbf{Z}, f(x)=[x]$

(4) $f: \mathbf{R}\to\mathbf{R}, f(x)=2x+1$

(5) $f: \mathbf{R}^+\to\mathbf{R}^+, f(x)=(x^2+1)/x$，其中 $\mathbf{R}^+$ 为正实数集

解

(1) $f: \mathbf{R}\to\mathbf{R}, f(x)=-x^2+2x-1$

在 $x=1$ 取得最大值 0。既不是单射也不是满射的。

(2) $f: \mathbf{Z}^+\to\mathbf{R}, f(x)=\ln x$

是单调上升的，是单射的。但不满射，$\mathrm{ran}f=\{\ln 1,\ln 2,\cdots\}$。

(3) $f: \mathbf{R}\to\mathbf{Z}, f(x)=[x]$

是满射的，但不是单射的，例如 $f(1.5)=f(1.2)=1$。

(4) $f: \mathbf{R}\to\mathbf{R}, f(x)=2x+1$

是满射、单射、双射的，因为它是单调函数并且 $\mathrm{ran}f=\mathbf{R}$。

(5) $f: \mathbf{R}^+\to\mathbf{R}^+, f(x)=(x^2+1)/x$

有极小值 $f(1)=2$，该函数既不是单射的也不是满射的。

例 4.45 对于以下各题给定的 A,B 和 f，判断是否构成函数 $f: A\to B$。如果是，说明 $f: A\to B$ 是否为单射、满射和双射的，并根据要求进行计算。

(1) $A=\{1,2,3,4,5\}$，$B=\{6,7,8,9,10\}$，

$f=\{<1,8>,<3,9>,<4,10>,<2,6>,<5,9>\}$，

能构成 $f: A\to B$。

f 不是单射的，因为 $f(3)=f(5)=9$，f 不是满射的，因为 $7\notin \mathrm{ran}f$。

(2) $A=\{1,2,3,4,5\}$，$B=\{6,7,8,9,10\}$，

$f=\{<1,7>,<2,6>,<4,5>,<1,9>,<5,10>\}$，

不能构成 $f: A\to B$，因为 $<1,7>\in f$ 且 $<1,9>\in f$。

(3) $A=\{1,2,3,4,5\}$，$B=\{6,7,8,9,10\}$，$f=\{<1,8>,<3,10>,<2,6>,<4,9>\}$，

不能构成 $f: A\to B$，因为 $\mathrm{dom}f=\{1,2,3,4\}\neq A$。

(4) $A=B=\mathbf{R}$，$f(x)=x$，能构成 $f: A\to B$，且 f 是双射的。

(5) $A=B=\mathbf{R}^+$，$f(x)=x/(x^2+1)(\forall x\in \mathbf{R}^+)$，

能构成 $f: A\to B$，但 f 既不是单射的也不是满射的。

因为该函数在 $x=1$ 取得极大值 $f(1)=1/2$，函数不是单调的，且 $\mathrm{ran}f\neq \mathbf{R}^+$。

(6) $A=B=\mathbf{R}\times\mathbf{R}$，$f(<x,y>)=<x+y,x-y>$，

令 $L=\{<x,y>|x,y\in R\wedge y=x+1\}$，计算 $f(L)$。

能构成 $f: A\to B$，且 f 是双射的。

$f(L)=\{<x+(x+1),x-(x+1)>|x\in\mathbf{R}\}=\{<2x+1,-1>|x\in\mathbf{R}\}=\mathbf{R}\times\{-1\}$。

(7) $A=\mathbf{N}\times\mathbf{N}$，$B=\mathbf{N}$，$f(<x,y>)=|x^2-y^2|$，计算 $f(\mathbf{N}\times\{0\})$，$f-1=(\{0\})$。

能构成 $f: A\to B$，但 f 既不是单射也不是满射的。

因为 $f(<1,1>)=f(<2,2>)=0$，且 $2\notin\mathrm{ran}f$。

$f(\mathbf{N}\times\{0\})=\{n^2-0^2|n\in\mathbf{N}\}=\{n^2|n\in\mathbf{N}\}$，$f-1(\{0\})=\{<n,n>|n\in\mathbf{N}\}$。

例 4.46 对于给定的集合 A 和 B，构造双射函数 $f: A\to B$。

(1) $A=P(\{1,2,3\})$，$B=\{0,1\}^{\{1,2,3\}}$

(2) $A=[0,1]$，$B=[1/4,1/2]$

(3) $A=\mathbf{Z}$，$B=\mathbf{N}$

(4) $A=\left[\frac{\pi}{2},\frac{3\pi}{2}\right]$，$B=[-1,1]$

解

(1) $A=\{\varnothing,\{1\},\{2\},\{3\},\{1,2\},\{1,3\},\{2,3\},\{1,2,3\}\}$，

$B=\{f_0,f_1,\cdots,f_7\}$，其中

$f_0=\{<1,0>,<2,0>,<3,0>\}$，　$f_1=\{<1,0>,<2,0>,<3,1>\}$，

$f_2=\{<1,0>,<2,1>,<3,0>\}$，　$f_3=\{<1,0>,<2,1>,<3,1>\}$，

$f_4=\{<1,1>,<2,0>,<3,0>\}$，　$f_5=\{<1,1>,<2,0>,<3,1>\}$，

$f_6=\{<1,1>,<2,1>,<3,0>\}$，　$f_7=\{<1,1>,<2,1>,<3,1>\}$

令 $f: A\to B$，

$f(\varnothing)=f_0$，　$f(\{1\})=f_1$，　$f(\{2\})=f_2$，　$f(\{3\})=f_3$，

$f(\{1,2\})=f_4$，　$f(\{1,3\})=f_5$，　$f(\{2,3\})=f_6$，　$f(\{1,2,3\})=f_7$

(2) 令 $f: [0,1]\to[1/4,1/2]$，$f(x)=(x+1)/4$。

(3) 将 $\mathbf{Z}$ 中元素以下列顺序排列并与 $\mathbf{N}$ 中元素对应：

Z:	0	−1	1	−2	2	−3	3	…
	↓	↓	↓	↓	↓	↓	↓	
N:	0	1	2	3	4	5	6	…

这种对应所表示的函数是：

$$f: \mathbf{Z} \rightarrow \mathbf{N}, \quad f(x)=\begin{cases}2x, & x \geqslant 0 \\ -2x-1, & x<0\end{cases}$$

(4) 令 $f:[\pi/2,3\pi/2]\rightarrow[-1,1]$，$f(x)=-\sin x$。

某些重要函数

定义 4.34

(1) 设 $f: A\rightarrow B$，如果存在 $c\in B$，使得对所有的 $x\in A$ 都有 $f(x)=c$，则称 $f: A\rightarrow B$ 是**常函数**。

(2) 称 A 上的恒等关系 I_A 为 A 上的**恒等函数**，对所有的 $x\in A$ 都有 $I_A(x)=x$。

(3) 设 $<A,\leqslant>$，$<B,\leqslant>$ 为偏序集，$f: A\rightarrow B$，如果对任意的 $x_1,x_2\in A$，$x_1\prec x_2$，就有 $f(x_1)\leqslant f(x_2)$，则称 f 为**单调递增的**；如果对任意的 $x_1,x_2\in A$，$x_1\prec x_2$，就有 $f(x_1)\prec f(x_2)$，则称 f 为**严格单调递增的**。类似地，也可以定义单调递减和严格单调递减的函数。

(4) 设 A 为集合，对于任意的 $A'\subseteq A$，A' 的**特征函数** $\chi'_A: A\rightarrow\{0,1\}$ 定义为 $\chi'_A(a)=1$，$a\in A'$，$\chi'_A(a)=0$，$a\in A-A'$。

(5) 设 R 是 A 上的等价关系，令 $g: A\rightarrow A/R$，$g(a)=[a]$，$\forall a\in A$，称 g 是从 A，到商集 A/R 的**自然映射**。

例 4.47　偏序集 $<P(\{a,b\}),R\subseteq>$，$<\{0,1\},\leqslant>$，$R\subseteq$ 为包含关系，$\leqslant$ 为一般的小于或等于关系，令 $f: P(\{a,b\})\rightarrow\{0,1\}$，$f(\varnothing)=f(\{a\})=f(\{b\})=0$，$f(\{a,b\})=1$，则 f 是单调递增的，但不是严格单调递增的。

例 4.48　A 的每一个子集 A' 都对应一个特征函数，不同的子集对应不同的特征函数。例如 $A=\{a,b,c\}$，则有 $\chi_{\varnothing}=\{<a,0>,<b,0>,<c,0>\}$，$\chi\{a,b\}=\{<a,1>,<b,1>,<c,0>\}$。

例 4.49　设 $A=\{1,2,\cdots,8\}$，定义 A 上关系 R 如下：$R=\{<x,y>\mid x,y\in A\wedge x\equiv y(\bmod 3)\}$。

A 中元素形成了三个等价类：$[1]=[4]=[7]=\{1,4,7\}$；$[2]=[5]=[8]=\{2,5,8\}$；$[3]=[6]=\{3,6\}$。

等价关系形成的商集为 $A/R=\{\{1,4,7\},\{2,5,8\},\{3,6\}\}$。

例 4.50　不同的等价关系确定不同的自然映射，恒等关系确定的自然映射是双射，其他自然映射一般来说只是满射。

例如，$A=\{1,2,3\}$，$R=\{<1,2>,<2,1>\}\cup I_A$，$g: A\rightarrow A/R$，$g(1)=g(2)=\{1,2\}$，$g(3)=\{3\}$。

4.8　函数的复合与反函数

1. 复合函数基本定理

定理 4.13　设 F,G 是函数，则 $F\circ G$ 也是函数，且满足

(1) $\mathrm{dom}(F\circ G)=\{x\mid x\in \mathrm{dom}F\wedge F(x)\in \mathrm{dom}G\}$；

(2) $\forall x \in \mathrm{dom}(F \circ G)$ 有 $F \circ G(x)=G(F(x))$。

证明 先证明 $F \circ G$ 是函数。

因为 F,G 是关系,所以 $F \circ G$ 也是关系。若对某个 $x \in \mathrm{dom}(F \circ G)$,有 $xF \circ Gy_1$ 和 $xF \circ Gy_2$,则

$$<x,y_1> \in F \circ G \wedge <x,y_2> \in F \circ G$$
$$\Rightarrow \exists t_1(<x,t_1> \in F \wedge <t_1,y_1> \in G) \wedge \exists t_2(<x,t_2> \in F \wedge <t_2,y_2> \in G)$$
$$\Rightarrow \exists t_1 \exists t_2(t_1=t_2 \wedge <t_1,y_1> \in G \wedge <t_2,y_2> \in G) \quad (F \text{ 为函数})$$
$$\Rightarrow y_1=y_2 \quad (G \text{ 为函数})$$

所以 $F \circ G$ 为函数。

任取 x,(要证明 $\mathrm{dom}(F \circ G)=\{x \mid x \in \mathrm{dom}F \wedge F(x) \in \mathrm{dom}G\}$)

$$x \in \mathrm{dom}(F \circ G)$$
$$\Rightarrow \exists t \exists y(<x,t> \in F \wedge <t,y> \in G)$$
$$\Rightarrow \exists t(x \in \mathrm{dom}F \wedge t=F(x) \wedge t \in \mathrm{dom}G)$$
$$\Rightarrow x \in \{x \mid x \in \mathrm{dom}F \wedge F(x) \in \mathrm{dom}G\}$$

所以(1)得证。

任取 x,(要证明 $\forall x \in \mathrm{dom}(F \circ G)$,有 $F \circ G(x)=G(F(x))$)

$$x \in \mathrm{dom}F \wedge F(x) \in \mathrm{dom}G$$
$$\Rightarrow <x,F(x)> \in F \wedge <F(x),G(F(x))> \in G$$
$$\Rightarrow <x,G(F(x))> \in F \circ G$$
$$\Rightarrow x \in \mathrm{dom}(F \circ G) \wedge F \circ G(x)=G(F(x))$$

所以(2)得证。

推论1 设 F,G,H 为函数,则 $(F \circ G) \circ H$ 和 $F \circ (G \circ H)$ 都是函数,且

$$(F \circ G) \circ H=F \circ (G \circ H)$$

证明 由上述定理和运算满足结合律得证。

推论2 设 $f:A \to B, g:B \to C$,则 $f \circ g:A \to C$,且 $\forall x \in A$ 都有 $f \circ g(x)=g(f(x))$。

证明 由上述定理知 $f \circ g$ 是函数,且 $\mathrm{dom}(f \circ g)=\{x \mid x \in \mathrm{dom}f \wedge f(x) \in \mathrm{dom}g\}=\{x \mid x \in A \wedge f(x) \in B\}=A$,$\mathrm{ran}(f \circ g) \subseteq \mathrm{ran}\ g \subseteq C$。因此 $f \circ g:A \to C$,且 $\forall x \in A$ 有 $f \circ g(x)=g(f(x))$。

定理4.14 设 $f:A \to B, g:B \to C$。

(1) 如果 $f:A \to B, g:B \to C$ 是满射的,则 $f \circ g:A \to C$ 也是满射的。

(2) 如果 $f:A \to B, g:B \to C$ 是单射的,则 $f \circ g:A \to C$ 也是单射的。

(3) 如果 $f:A \to B, g:B \to C$ 是双射的,则 $f \circ g:A \to C$ 也是双射的。

证明

(1) 任取 $c \in C$,由 $g:B \to C$ 的满射性,$\exists b \in B$ 使得 $g(b)=c$。

对于这个 b,由 $f:A \to B$ 的满射性,$\exists a \in A$ 使得 $f(a)=b$。

由合成定理有

$$f \circ g(a)=g(f(a))=g(b)=c$$

从而证明了 $f \circ g:A \to C$ 是满射的。

(2) 假设存在 $x_1, x_2 \in A$ 使得

$$f \circ g(x_1) = f \circ g(x_2)$$

由合成定理有

$$g(f(x_1)) = g(f(x_2))$$

因 $g: B \to C$ 是单射的，故 $f(x_1) = f(x_2)$。又由于 $f: A \to B$ 是单射的，所以 $x_1 = x_2$。从而证明 $f \circ g: A \to C$ 是单射的。

(3) 由(1)和(2)得证。

注意：定理逆命题不为真，即如果 $f \circ g: A \to C$ 是单射(或满射、双射)的，不一定有 $f: A \to B$ 和 $g: B \to C$ 都是单射(或满射、双射)的。

例 4.51　考虑集合 $A = \{a_1, a_2, a_3\}$，$B = \{b_1, b_2, b_3, b_4\}$，$C = \{c_1, c_2, c_3\}$，令

$$f = \{<a_1, b_1>, <a_2, b_2>, <a_3, b_3>\},$$
$$g = \{<b_1, c_1>, <b_2, c_2>, <b_3, c_3>, <b_4, c_3>\},$$
$$f \circ g = \{<a_1, c_1>, <a_2, c_2>, <a_3, c_3>\}$$

那么 $f: A \to B$ 和 $f \circ g: A \to C$ 是单射的，但 $g: B \to C$ 不是单射的。

例 4.52　考虑集合 $A = \{a_1, a_2, a_3\}$，$B = \{b_1, b_2, b_3\}$，$C = \{c_1, c_2\}$，令

$$f = \{<a_1, b_1>, <a_2, b_2>, <a_3, b_2>\},$$
$$g = \{<b_1, c_1>, <b_2, c_2>, <b_3, c_2>\},$$
$$f \circ g = \{<a_1, c_1>, <a_2, c_2>, <a_3, c_2>\}$$

那么 $g: B \to C$ 和 $f \circ g: A \to C$ 是满射的，但 $f: A \to B$ 不是满射的。

定理 4.15　设 $f: A \to B$，则 $f = f \circ I_B = I_A \circ f$。

证明　$f \circ I_B: A \to B$ 和 $I_A \circ f: A \to B$。

任取 $<x, y>$，

$$
\begin{aligned}
<x, y> \in f &\Rightarrow <x, y> \in f \wedge y \in B \\
&\Rightarrow <x, y> \in f \wedge <y, y> \in I_B \\
&\Rightarrow <x, y> \in f \circ I_B
\end{aligned}
$$

$$
\begin{aligned}
<x, y> \in f \circ I_B &\Rightarrow \exists t(<x, t> \in f \wedge <t, y> \in I_B) \\
&\Rightarrow <x, t> \in f \wedge t = y \\
&\Rightarrow <x, y> \in f
\end{aligned}
$$

所以有 $f = f \circ I_B$。

同理可证 $f = I_A \circ f$。

2. 反函数存在的条件

(1) 任意函数 F，它的逆 F^{-1} 不一定是函数，只是一个二元关系。

(2) 任意单射函数 $f: A \to B$，则 f^{-1} 是函数，且是从 $\operatorname{ran} f$ 到 A 的双射函数，但不一定是从 B 到 A 的双射函数。

(3) 对于双射函数 $f: A \to B$，$f^{-1}: B \to A$ 是从 B 到 A 的双射函数。

定理 4.16　设 $f: A \to B$ 是双射的，则 $f^{-1}: B \to A$ 也是双射的。

分析：先证明 $f^{-1}: B \to A$，即 f^{-1} 是函数，且 $\operatorname{dom} f^{-1} = B$，$\operatorname{ran} f^{-1} = A$。再证明 $f^{-1}: B \to A$ 的双射性质。

证明　因为 f 是函数，所以 f^{-1} 是关系，且 $\operatorname{dom} f^{-1} = \operatorname{ran} f = B$，$\operatorname{ran} f^{-1} = \operatorname{dom} f = A$。

对于任意的 $x \in B=\mathrm{dom} f^{-1}$,假设有 $y_1, y_2 \in A$ 使得 $<x, y_1> \in f^{-1} \wedge <x, y_2> \in f^{-1}$ 成立,则由逆的定义有 $<y_1, x> \in f \wedge <y_2, x> \in f$。根据 f 的单射性可得 $y_1=y_2$,从而证明了 f^{-1} 是函数,且是满射的。

若存在 $x_1, x_2 \in B$ 使得 $f^{-1}(x_1)=f^{-1}(x_2)=y$,从而有 $<x_1, y> \in f^{-1} \wedge <x_2, y> \in f^{-1} \Rightarrow <y, x_1> \in f \wedge <y, x_2> \in f \Rightarrow x_1=x_2$。

对于双射函数 $f: A \to B$,称 $f^{-1}: B \to A$ 是它的反函数。

定理 4.17 (1) 设 $f: A \to B$ 是双射的,则 $f^{-1} \circ f=I_B$,$f \circ f^{-1}=I_A$;

(2) 对于双射函数 $f: A \to A$,有 $f^{-1} \circ f=f \circ f^{-1}=I_A$。

证明 任取 $<x, y>$,

$$\begin{aligned} <x, y> \in f^{-1} \circ f &\Rightarrow \exists t(<x, t> \in f^{-1} \wedge <t, y> \in f) \\ &\Rightarrow \exists t(<t, x> \in f \wedge <t, y> \in f) \\ &\Rightarrow x=y \wedge x, y \in B \Rightarrow <x, y> \in I_B \end{aligned}$$

所以,$f^{-1} \circ f \subseteq I_B$。

$$\begin{aligned} <x, y> \in I_B \Rightarrow x=y \wedge x, y \in B &\Rightarrow \exists t(<t, x> \in f \wedge <t, y> \in f) \\ &\Rightarrow \exists t(<x, t> \in f^{-1} \wedge <t, y> \in f) \\ &\Rightarrow <x, y> \in f^{-1} \circ f \end{aligned}$$

所以,$I_B \subseteq f^{-1} \circ f$。

综上所述,$f^{-1} \circ f=I_B$。同理可证 $f \circ f^{-1}=I_A$。

例 4.53 设

$$f: \mathbf{R} \to \mathbf{R}; \quad g: \mathbf{R} \to \mathbf{R}$$

$$f(x)=\begin{cases} x^2, & x \geqslant 3 \\ -2, & x<3 \end{cases}$$

求 $f \circ g$,$g \circ f$。如果 f 和 g 存在反函数,$g(x)=x+2$,求出它们的反函数。

解

$$f \circ g: \mathbf{R} \to \mathbf{R}$$

$$f \circ g(x)=\begin{cases} x^2+2, & x \geqslant 3 \\ 0, & x<3 \end{cases}$$

$$g \circ f: \mathbf{R} \to \mathbf{R}$$

$$g \circ f(x)=\begin{cases} (x+2)^2, & x \geqslant 1 \\ -2, & x<1 \end{cases}$$

$f: \mathbf{R} \to \mathbf{R}$ 不是双射的,不存在反函数。$g: \mathbf{R} \to \mathbf{R}$ 是双射的,它的反函数是 $g^{-1}: \mathbf{R} \to \mathbf{R}$,$g^{-1}(x)=x-2$。

习题 4

1. 设 $A=\{1,2,3\}$,$B=\{a, b\}$,求

(1) $A \times B$ (2) $B \times A$ (3) $B \times B$ (4) $2^B \times B$

2. 证明$(A\cap B)\times(C\cap D)=(A\times C)\cap(B\times D)$。

3. 下列各式中哪些成立，哪些不成立？对成立的式子给出证明，对不成立的式子给出反例。

(1) $(A\cup B)\times(C\cup D)=(A\times C)\cup(B\times D)$

(2) $(A\oplus B)\times(C\oplus D)=(A\times C)\oplus(B\times D)$

(3) $(A\oplus B)\times C=(A\times C)\oplus(B\times C)$

4. 设$A=\{1,2,3\}$，$B=\{a\}$，求出所有由A到B的关系。

5. 定义在整数集合I上的相等关系、"≤"关系、"<"关系、全域关系、空关系是否具有表4.3中所指的性质，请用Y(有)或N(无)将结果填在表4.3中。

表4.3　各种关系的性质

关　系	性　质				
	自反的	反自反的	对称的	反对称的	传递的
相等关系					
≤关系					
<关系					
全域关系					
空关系					

6. 设$A=\{1,2,3,4\}$，定义A上的下列关系：

$R_1=\{<1,1>,<1,2>,<3,3>,<3,4>\}$，

$R_2=\{<1,2>,<2,1>\}$，

$R_3=\{<1,1>,<1,2>,<2,2>,<2,1>,<3,3>,$
$<3,4>,<4,3>,<4,4>\}$，

$R_4=\{<1,2>,<2,4>,<3,3>,<4,1>\}$，

$R_5=\{<1,2>,<1,3>,<1,4>,<2,3>,<2,4>,<3,4>\}$，

$R_6=A\times A$，

$R_7=\varnothing$

请给出上述每一个关系的关系图与关系矩阵，并指出它们具有的性质。

7. 设$A=\{1,2,3,4\}$，R_1，R_2为A上的关系，

$$R_1=\{<1,1>,<1,2>,<2,4>\},$$
$$R_2=\{<1,4>,<2,3>,<2,4>,<3,2>\}$$

求$R_1\circ R_2$，$R_2\circ R_1$，$R_1\circ R_2\circ R_1^3$。

8. 设R_1，R_2，R_3是A上的二元关系，如果$R_1\subseteq R_2$，证明

(1) $R_1\circ R_3\subseteq R_2\circ R_3$；(2) $R_3\circ R_1\subseteq R_3\circ R_2$。

9. 设R_1和R_2是集合A上的关系，判断下列命题的真假性，并阐明理由。

(1) 如果R_1和R_2都是自反的，那么$R_1\circ R_2$是自反的。

(2) 如果R_1和R_2都是反自反的，那么$R_1\circ R_2$是反自反的。

(3) 如果R_1和R_2都是对称的，那么$R_1\circ R_2$是对称的。

(4) 如果R_1和R_2都是反对称的，那么$R_1\circ R_2$是反对称的。

(5) 如果 R_1 和 R_2 都是传递的,那么 $R_1 \circ R_2$ 是传递的。

10. 设 $A=\{1,2,3,4,5\}$,$R \subseteq A \times A$,$R=\{(1,2),(2,3),(2,5),(3,4),(4,3),(5,5)\}$,用作图的方法和矩阵运算的方法求 $r(R)$,$s(R)$,$t(R)$。

11. 设 $A=\{1,2,3,4\}$,$R \subseteq A \times A$,$R=\{(1,2),(2,4),(3,4),(4,3),(3,3)\}$。

(1) 证明 R 不是传递的;

(2) 求 R_1,使 $R_1 \subseteq R$ 并且 R_1 是传递的。

12. 设 A 是一个非空集合,$R \subseteq A \times A$。如果 R 在 A 上是对称的、传递的,下面的推导说明 R 在 A 上是自反的:

对任意的 $a,b \in A$,由于 R 是对称的,有 $aRb \Rightarrow bRa$。

于是 $aRb \Rightarrow aRb \wedge bRa$,又利用 R 是传递的,得 $aRb \wedge bRa \Rightarrow aRa$。

从而说明 R 是自反的。

上述推导正确吗？请阐明理由。

13. 设 R 是集合 A 上的等价关系,证明 R^{-1} 也是集合 A 上的等价关系。

14. 设 R_1 和 R_2 都是集合 A 上的等价关系。

(1) 证明 $R_1 \cap R_2$ 也是 A 上的等价关系;

(2) 用例子证明 $R_1 \cup R_2$ 不一定是 A 上的等价关系(要尽可能小地选取集合 A)。

15. 设 A 是 n 个元素的有限集合,请回答下列问题,并阐明理由。

(1) 有多少个元素在 A 上最大的等价关系中？

(2) 有多少个元素在 A 上最小的等价关系中？

16. 设 $A=\{1,2,3,4,5,6\}$,确定 A 上的等价关系 R,使此 R 能产生划分 $\{\{1,2,3,\},\{4\},\{5,6\}\}$。

17. 设 R 是集合 A 上的关系,R 是循环:$(a \in A)(b \in A)(c \in A)(aRb \wedge bRc \Rightarrow cRa)$。

试证明 R 是自反的和循环的,当且仅当 R 是等价关系。

18. 对下列集合上的整除关系画出哈斯图,并对(3)中的子集 $\{2,3,6\}$,$\{2,4,6\}$,$\{4,8,12\}$ 找出最大元素、最小元素、极大元素、极小元素、上确界和下确界。

(1) $\{1,2,3,4\}$

(2) $\{2,3,6,12,24,36\}$

(3) $\{1,2,3,4,5,6,7,8,9,10,11,12\}$

19. 对图 4.8 所示偏序集合 $(A,\leqslant)$ 的哈斯图,写出集合 A 及偏序关系 $\leqslant$ 的所有元素。

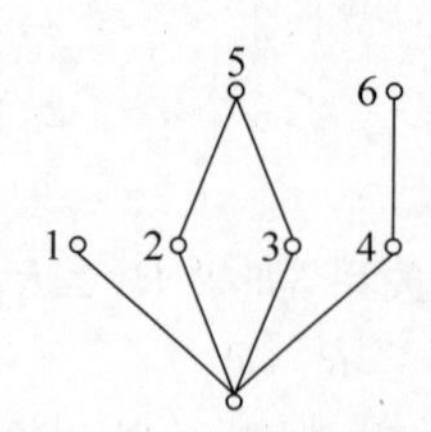

图 4.8 习题 19 图

20. 对于非空集合 A,是否存在这样的关系 R,它既是等价关系又是半序关系？若有,请举出例子。

21. 在下列关系中,哪些构成函数？

(1) $\{(x,y)\mid x,y\in \mathbf{N},x+y<10\}$

(2) $\{(x,y)\mid x,y\in \mathbf{R},y=x^2\}$

(3) $\{(x,y)\mid x,y\in \mathbf{R},x=y^2\}$

22. 下列集合能否定义函数？若能，指出它的定义域和值域。

(1) $\{(1,(2,3)),(2,(3,4)),(3,(3,20))\}$

(2) $\{(1,(2,3)),(2,(3,4)),(1,(2,4))\}$

(3) $\{(1,(2,3)),(2,(3,4)),(3,(2,3))\}$

(4) $\{(1,(2,3)),(2,(3,4)),(3,(1,4)),(4,(1,4))\}$

23. 设 f 和 g 是函数，$f\subseteq g$ 并且 $(g)\subseteq(f)$，证明 $f=g$。

24. 设 $f:X\to Y$ 是函数，A,B 是 X 的子集，证明：

(1) $f(A\cup B)=f(A)\cup f(B)$

(2) $f(A\cap B)\subseteq f(A)\cap f(B)$

(3) $f(A)-f(B)\subseteq f(A-B)$

25. 设 $f:\mathbf{R}\to\mathbf{R},f(x)=x^2-1,g:\mathbf{R}\to\mathbf{R},g(x)=x+2$。

(1) 求 $f\circ g$ 和 $g\circ f$。

(2) 说明上述函数是单射、满射还是双射的？

26. 设 $A=\{1,2,3,4\}$，

(1) 作双射函数 $f:A\to A$，使 $f\neq I_A$，并求 $f^2,f^3,f^{-1},f\circ f^{-1}$。

(2) 是否存在双射函数 $g:A\to A$，使 $g\neq I_A$，但 $g^2=I_A$。

第三部分 图论

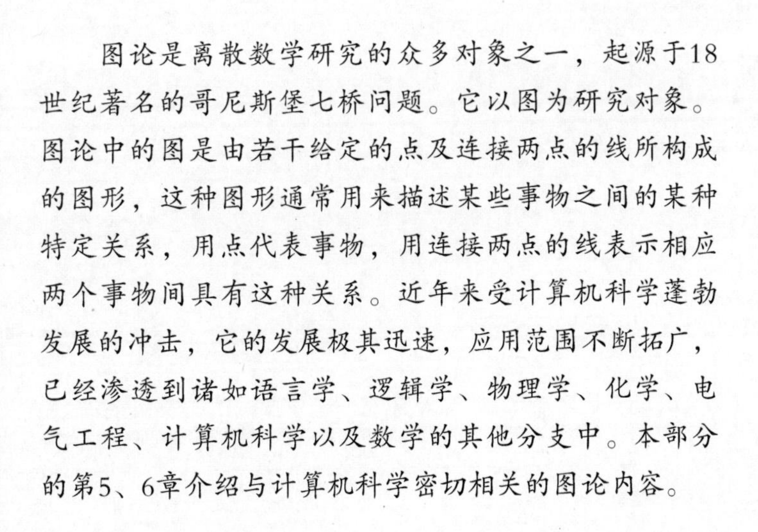

图论是离散数学研究的众多对象之一，起源于18世纪著名的哥尼斯堡七桥问题。它以图为研究对象。图论中的图是由若干给定的点及连接两点的线所构成的图形，这种图形通常用来描述某些事物之间的某种特定关系，用点代表事物，用连接两点的线表示相应两个事物间具有这种关系。近年来受计算机科学蓬勃发展的冲击，它的发展极其迅速，应用范围不断拓广，已经渗透到诸如语言学、逻辑学、物理学、化学、电气工程、计算机科学以及数学的其他分支中。本部分的第5、6章介绍与计算机科学密切相关的图论内容。

第5章 图

图的应用非常广泛。现实世界中许多现象都能用某种图形表示，这种图形由一些点和一些连接两点间的连线组成。本章介绍图的基本知识和应用。

5.1 图的基本概念

在集合论部分已给出有序对及笛卡儿积的概念，这里给出无序对及无序积的概念。

任意两个元素 a 和 b 构成的**无序对**，记作 (a,b)，这里总有 $(a,b)=(b,a)$。

设 A 和 B 为任意两个集合，无序对的集合 $\{(a,b) \mid a\in A \wedge b\in B\}$ 称为集合 A 与 B 的**无序积**，记作 $A\&B$。无序积与有序积的不同在于 $A\&B=B\&A$。

例如，设 $A=\{a,b\}$，$B=\{1,2,3\}$，则

$$A\&B=\{(a,1),(a,2),(a,3),(b,1),(b,2),(b,3)\}=B\&A$$

当集合中允许元素重复出现时称之为**多重集**。

5.1.1 图的定义及相关概念

定义 5.1 图 G 是一个二元组 (V,E)，即 $G=(V,E)$。其中 $V=\{v_1,v_2,\cdots,v_n\}$ 是一个非空集合，称 V 中的元素 $v_i(i=1,2,\cdots,n)$ 为**图的结点**或**顶点**，称 V 为 G 的**顶点集**，$E=\{(v_i,v_j) \mid v_i,v_j\in V\}$，$E$ 中的元素 $e=(v_i,v_j)$ 为**图的边**或**弧**，称 E 为 G 的**边集**。称 $|V|$ 和 $|E|$ 为图 G 的**顶点数（阶）**和**边数**。若图 G 的顶点数和边数都是有限集，则称 G 为**有限图**；否则为**无限图**。$V=\varnothing$ 的图称为**空图**。有 n 个顶点的图称为 **n 阶图**。$E=\varnothing$ 的图称为**零图**。仅有一个顶点的图称为**平凡图**，否则为**非平凡图**。

如果没有特殊说明，集合 V 和 E 都假设是有限的并且假设 V 是非空的。

定义 5.2 在图 $G=(V,E)$ 中，若边 $e=(v_i,v_j)$ 是无序对，即 $(v_i,v_j)=(v_j,v_i)$，则称 G 为**无向图**，其中 V 是一个非空的结点（或顶点）集；E 是无序积 $V\&V$ 的多重子集，其元素称为**无向边**。

在一个图 $G=(V,E)$ 中，为了表示 V 和 E 分别是图 G 的结点集和边集，常将 V 记作 $V(G)$，而将 E 记作 $E(G)$。

例 5.1 在无向图 $G=(V,E)$ 中，$V=\{v_1,v_2,v_3,v_4,v_5\}$，$E=\{(v_1,v_2),(v_2,v_2),(v_2,v_3),(v_1,v_3),(v_1,v_3),(v_3,v_4)\}$，$G$ 的图形如图 5.1 所示。

定义 5.3 在图 $G=(V,E)$ 中，若边 $e=(v_i,v_j)$ 是有序对，即 $(v_i,v_j)\neq(v_j,v_i)$，则称

G 为**有向图**。其中 V 是一个非空的结点(或顶点)集；E 是笛卡儿积 $V\times V$ 的多重子集，其元素称为**有向边**，记作 $<v_i,v_j>$。

例 5.2 在有向图 $G=(V,E)$ 中，其中 $V=\{v_1,v_2,v_3,v_4\}$，$E=\{<v_1,v_1>,<v_1,v_2>,<v_2,v_3>,<v_3,v_2>,<v_2,v_4>,<v_3,v_4>\}$，$G$ 的图形如图 5.2 所示。

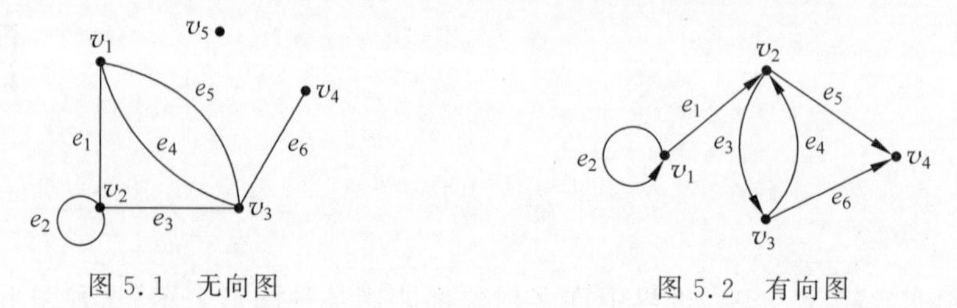

图 5.1 无向图 图 5.2 有向图

为了表示方便，常常将边用 e_i 来表示。如图 5.1 中，用 e_1 表示边 (v_1,v_2)，e_5 表示边 (v_1,v_3) 等。

有向图和无向图统称为图。由于有向图的边也称为弧，由弧构成的集合记为 E。因此，为了区分有向图和无向图，有向图也记为 $D=(V,E)$，而无向图记为 $G=(V,E)$。为方便起见，在后面的论述中，有时也用 $G(V,E)$ 表示有向图。

定义 5.4 在无向图 $G=(V,E)$ 中，

(1) 当 $e=(u,v)$ 时，称 u 和 v 是 e 的端点，并称 e 与 u 和 v 是**关联的**。

(2) 若 $u\neq v$，则称 e 与 u(或 v)**关联的次数**是 1；若 $u=v$，称 e 与 u **关联的次数**为 2；若 u 不是 e 的端点，则称 e 与 u 的**关联次数**为 0。

没有边关联的顶点称为**孤立点**。

在图 5.1 中，$e_1=(v_1,v_2)$，v_1、v_2 是 e_1 的端点，e_1 与 v_1、v_2 的关联次数均为 1；v_5 是孤立点；e_2 是环，e_2 与 v_2 关联的次数为 2。

定义 5.5 在有向图 $G=(V,E)$ 中，

(1) 当 $e=<u,v>$ 时，e 是一条有向边，则称 u 是 e 的始点，v 是 e 的终点，也称 u、v 为 e 的端点，并称 e 与 u 和 v 是关联的。

(2) 若 $u\neq v$，则称 e 与 u(或 v)**关联的次数**是 1；若 $u=v$，称 e 与 u **关联的次数**为 2；若 u 不是 e 的端点，则称 e 与 u 的**关联次数**为 0。

一条有向边的始点与终点重合，则称此条边为**环**。

在图 5.2 中，$e_1=<v_1,v_2>$，v_1 是 e_1 的始点，v_2 是 e_1 的终点；$e_2=<v_1,v_1>$，e_2 称为环。

定义 5.6 在无向图 $G=(V,E)$ 中，若存在一条边 $e=(u,v)$，则称端点 u、v 是**相邻的**。若两条边 e_1、e_2 至少有一个公共端点，则称边 e_1、e_2 是相邻的。在有向图 $G=(V,E)$ 中，若存在一条边 $e=<u,v>$，则称始点 u **邻接到**终点 v。若边 e_1 的终点与边 e_2 的始点重合，则称边 e_1、e_2 是**相邻的**。

在图 5.1 中，$e_1=(v_1,v_2)$，端点 v_1、v_2 是相邻的；边 e_1、e_2 是相邻的。

在图 5.2 中，$e_1=<v_1,v_2>$，始点 v_1 邻接到终点 v_2；边 e_1、e_2 是相邻的。

5.1.2 结点的度

定义 5.7 (1) 设 $G=(V,E)$ 为一无向图，$v\in V$，v 关联边的次数之和称为 v 的**度数**，简称

度，记作 $d(v)$。

在图 5.1 中，$d(v_1)=3, d(v_2)=4, d(v_3)=4, d(v_4)=1, d(v_5)=0$。

(2) 设 $G=(V,E)$ 为一有向图，$v \in V$，v 作为边的始点的次数之和，称为 v 的**出度**，记作 $d^+(v)$；v 作为边的终点的次数之和称为 v 的**入度**，记作 $d^-(v)$；v 作为边的端点的次数之和称为 v 的**度数**，简称**度**，记作 $d(v)$，显然 $d(v)=d^+(v)+d^-(v)$。

在图 5.2 中，$d^+(v_1)=2, d^-(v_1)=1, d^+(v_2)=d^-(v_2)=2$；$d^+(v_3)=2, d^-(v_3)=1$，$d^+(v_4)=0, d^-(v_4)=2$。

(3) 称度为 1 的结点为**悬挂点**，与悬挂点关联的边称为**悬挂边**。如图 5.1 中，v_4 是悬挂点，e_6 是悬挂边。

(4) 无向图 $G=(V,E)$ 中，

最大度 $\Delta(G)=\max\{d(v) \mid v \in V(G)\}$，最小度 $\delta(G)=\min\{d(v) \mid v \in V(G)\}$。

(5) 若 $G=(V,E)$ 是有向图，定义

最大度 $\Delta(G)=\max\{d(v) \mid v \in V(G)\}$，

最小度 $\delta(G)=\min\{d(v) \mid v \in V(G)\}$，

最大出度 $\Delta^+(G)=\max\{d^+(v) \mid v \in V\}$，

最大入度 $\Delta^-(G)=\max\{d^-(v) \mid v \in V\}$，

最小出度 $\delta^+(G)=\min\{d^+(v) \mid v \in V\}$，

最小入度 $\delta^-(G)=\min\{d^-(v) \mid v \in V\}$。

图 5.2 中，$\Delta(G)=4, \delta(G)=2, \Delta^+(G)=2, \delta^+(G)=0, \Delta^-(G)=2, \delta^-(G)=1$。

例 5.3 在图 5.1 中，$\sum_{v \in V} d(v)=d(v_1)+d(v_2)+d(v_3)+d(v_4)+d(v_5)=3+4+4+1+0=12$，而该图有 6 条边，即结点的度之和是边数的 2 倍。事实上这是图的一个重要性质。

定理 5.1 设任一图 $G=(V,E)$，其中 $V=\{v_1,v_2,\cdots,v_n\}$，边数 $|E|=m$，则

$$\sum_{i=1}^{n} d(v_i)=2m$$

这就是图论中著名的**握手定理**。

证明 因为每条边有 2 个端点，所有顶点的度之和就等于所有以顶点作为端点的次数之和。因此，所有顶点的度之和等于边数的 2 倍。

若 $d(v)$ 为奇数，则称 v 为**奇点**；若 $d(v)$ 为偶数，则称 v 为**偶点**。

推论 任一图中，奇点个数为偶数。

证明 设 $V_1=\{v \mid v\text{为奇点}\}, V_2=\{v \mid v\text{为偶点}\}$，则 $\sum_{v \in V_1} d(v)+\sum_{v \in V_2} d(v)=\sum_{v \in V} d(v)=2m$，因为 $\sum_{v \in V_2} d(v)$ 是偶数，所以 $\sum_{v \in V_1} d(v)$ 也是偶数，而 V_1 中每个点 v 的度 $d(v)$ 均为奇数，因此 $|V_1|$ 为偶数。

对有向图，还有下面的定理。

定理 5.2 设有向图 $G=(V,E)$，$V=\{v_1,v_2,\cdots,v_n\}$，$|E|=m$，则

$$\sum_{i=1}^{n} d^+(v_i)=\sum_{i=1}^{n} d^-(v_i)=m$$

证明 因为在有向图中,每条边有2个端点,即一个始点和一个终点。所以,同握手定理,所有顶点的入度之和等于出度之和等于边数。

如图5.2中,$|E|=6$,

$$\sum_{v\in V}d^{+}(v)=d^{+}(v_1)+d^{+}(v_2)+d^{+}(v_3)+d^{+}(v_4)=2+2+2+0=6$$

$$\sum_{v\in V}d^{-}(v)=d^{-}(v_1)+d^{-}(v_2)+d^{-}(v_3)+d^{-}(v_4)=1+2+1+2=6$$

设$V=\{v_1,v_2,\cdots,v_n\}$是图G的顶点集,称$d(v_1),d(v_2),\cdots,d(v_n)$为$G$的**度序列**。如图5.1的度序列为3,4,4,1,0,图5.2的度序列是3,4,3,2。

例5.4 (1) 图G的度序列为2,2,3,3,4,则边数m是多少?

(2) 3,3,2,3;5,2,3,1,4能成为图的度序列吗?为什么?

(3) 图G有12条边,度为3的结点有6个,其余结点的度均小于3,图G中至少有几个结点?

解

(1) 由握手定理$2m=\sum_{v\in V}d(v)=2+2+3+3+4=14$,所以$m=7$。

(2) 由于这两个序列中有奇数个是奇点,由握手定理的推论知,它们都不能称为图的度序列。

(3) 由握手定理$\sum d(v)=2m=24$,度为3的结点有6个占去18度,还有6度由其余结点占有,其余结点的度可为0,1,2,当均为2时所用结点数最少,所以应由3个结点占有这6度,即图G中至少有9个结点。

5.1.3 完全图和补图

定义5.8 在无向图中,如果有多于1条的无向边关联同一对顶点,则称这些边为**平行边**,平行边的条数称为**重数**。在有向图中,如果有多于1条的有向边的始点和终点相同,则称这些边为**有向平行边**,简称**平行边**。

定义5.9 (1) **简单图**:既不含平行边也不含环的图。含有平行边的图称为**多重图**。

(2) 设$G=(V,E)$是无向简单图,若每一对结点之间都有边相连,则称G为(无向)**完全图**,具有n个结点的完全图记作K_n。

(3) 设$G=(V,E)$为有向简单图,若每对结点间均有一对方向相反的边相连,则称G为**(有向)完全图**,具有n个结点的有向完全图记作D_n。

例5.5 在图5.1中,e_4、e_5是平行边,在图5.2中,e_3、e_4不是平行边。这两个图都有环,图5.1中还有平行边,所以都不是简单图。

例5.6 图5.3给出几个完全图的例子。

由完全图的定义可知,无向完全图K_n的边数为$|E(K_n)|=\frac{1}{2}n(n-1)$,而有向完全图的边数为$|E(D_n)|=n(n-1)$。

图5.3(a)中各图都是无向完全图,图5.3(b)中各图都是有向完全图,但它们都是简单图。

定义5.10 设G为n阶(无向)简单图,从n阶完全图K_n中删去G的所有边后构成的图称为G的补图,记作$\overline{G}$。类似地,可定义有向图的补图。

例5.7 图5.4中$\overline{G}$是G的补图。

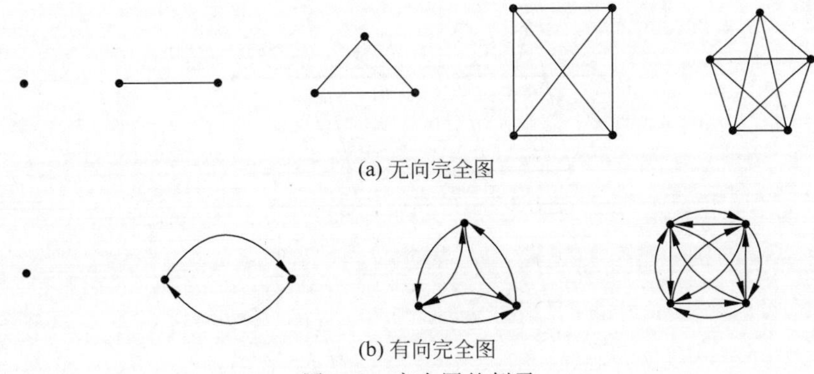

(a) 无向完全图

(b) 有向完全图

图 5.3 完全图的例子

由补图的定义，显然有如下的结论：

(1) G 与 $\overline{G}$ 互为补图，即 $\overline{\overline{G}}=G$；

(2) 若 G 为 n 阶图，则 $E(G)\cup E(\overline{G})=E(K_n)$，且 $E(G)\cap E(\overline{G})=\varnothing$。

定义 5.11 各结点的度均为 k 的无向简单图称为 k **正则图**。

图 5.5 所示的图称为**彼得森图**，是 3 正则图。

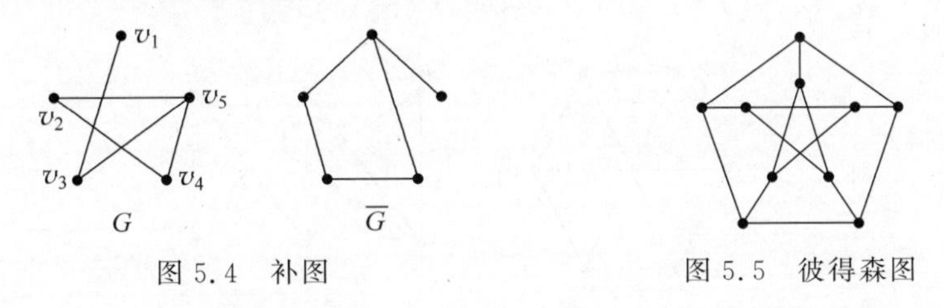

图 5.4 补图

图 5.5 彼得森图

5.1.4 子图与图的同构

定义 5.12 (1) 设 $G=(V,E)$，$G'=(V',E')$是两个图。若 $V'\subseteq V$ 且 $E'\subseteq E$，则称 G' 是 G 的**子图**。G 是 G'的**母图**，记作 $G'\subseteq G$。

(2) 若 $V'\subset V$ 或 $E'\subset E$，则称 $\overline{G}$ 是 G 的**真子图**。

(3) 若 $V=V'$且 $E'\subseteq E$，则称 G'是 G 的**生成子图**。

(4) 若 $V_1\subseteq V$ 且 $V_1\neq\varnothing$，以 V_1 为顶点集，以图 G 中两个端点均在 V_1 中的边为边集的子图，称为由 V_1 导出的**导出子图**，记作 $G[V_1]$。

(5) 设 $E_1\subseteq E$ 且 $E_1\neq\varnothing$，以 E_1 为边集，以 E_1 中的边关联的结点为结点集的图 G 的子图，称为由 E_1 导出的**导出子图**，记作 $G[E_1]$。

例 5.8 在图 5.6 中，G_1、G_2、G_3 均是 G 的真子图，其中 G_1 是 G 的生成子图，G_2 是由 $V_2=\{a,b,c,f\}$导出的导出子图 $G[V_2]$，G_3 是由 $E_3=\{e_2,e_3,e_4\}$导出的边导出子图 $G[E_3]$。

由于在画图时，结点的位置和边的几何形状是无关紧要的，因此表面上完全不同的图形可能表示的是同一个图。为了判断不同图形是否表示同一个图，在此我们给出图的同构的概念。

定义 5.13 设有两个图 $G=(V,E)$，$G_1=(V_1,E_1)$，如果存在双射 h：$V\to V_1$，使得 $(u,v)\in E$ 当且仅当$(f(u),f(v))\in E_1$（或者$<u,v>\in E$ 当且仅当$<f(u),f(v)>\in E_1$），且它们的重数相同，则称图 G 与 G_1 **同构**，记作 $G\cong G_1$。

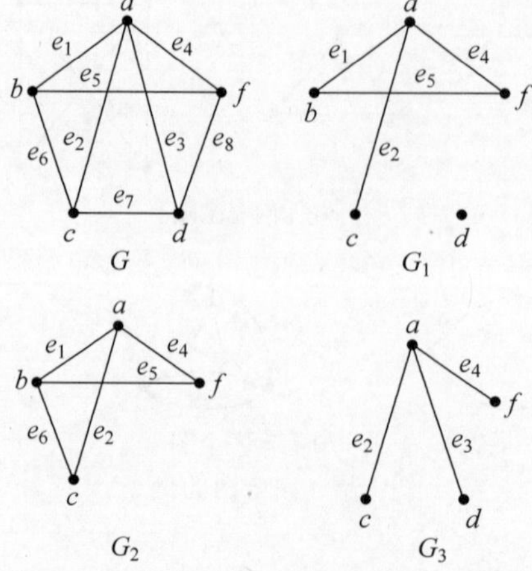

图 5.6 真子图、生成子图与导出子图

定义说明，两个图的结点之间，如果存在双射，而且这种映射保持了结点间的邻接关系和边的重数(在有向图时还保持方向)，则两个图是同构的。

例 5.9 图 5.7 中，$G_1 \cong G_2$，其中 $f: V_1 \to V_2, f(v_i)=u_i (i=1,2,\cdots,6)$；$G_3 \cong G_4$，其中 $h: V_3 \to V_4, h(v_1)=u_3, h(v_2)=u_4, h(v_3)=u_1, h(v_4)=u_2$。

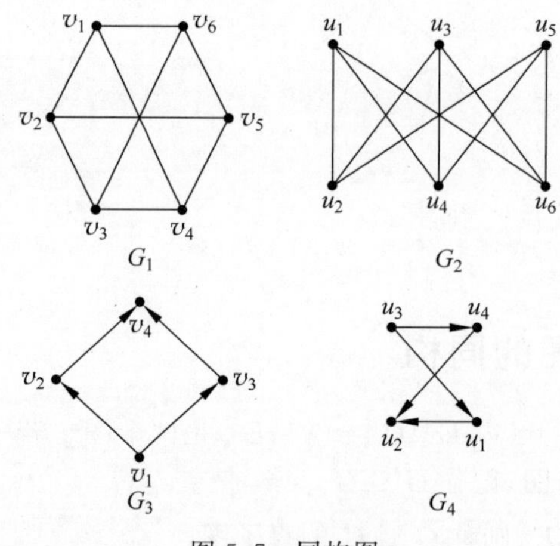

图 5.7 同构图

容易看出，两个图同构的必要条件是：

(1) 结点数相同；

(2) 边数相同；

(3) 度序列相同。

但这不是充分的条件，例如图 5.8 中图 H_1 和 H_2 虽然满足以上 3 个条件，但不同构。图 H_1 中的 4 个 3 度结点与 H_2 中的 4 个 3 度结点的相互间的邻接关系显然不相同。

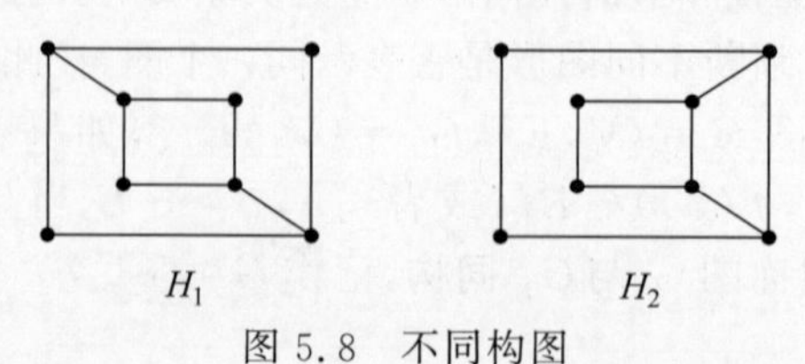

图 5.8 不同构图

5.2　图的连通性

哥尼斯堡(Konigsberg)七桥问题

18 世纪东普鲁士的哥尼斯堡城有一条横贯全城的普雷格尔(Pregel)河，河中有两个小岛，分别为 A 和 B，并有 7 座桥把两个岛和岸边连接起来，如图 5.9(a)所示。当时当地的居民有个有趣的问题：是否存在这样一种走法，从 A、B、C、D 四个地点的任意点开始，通过每座桥且恰好都经过一次，再回到起点。这个问题就是著名的哥尼斯堡七桥问题。

1736 年，瑞士数学家欧拉(Leonhard Euler)把这个难题化成了这样的问题来看：把两岸和小岛缩成点，桥化为边，于是"七桥问题"就等价于图 5.9(b)中所画图形的**一笔画问题**了，如果能够一笔画成这个图，对应的"七桥问题"也就解决了。

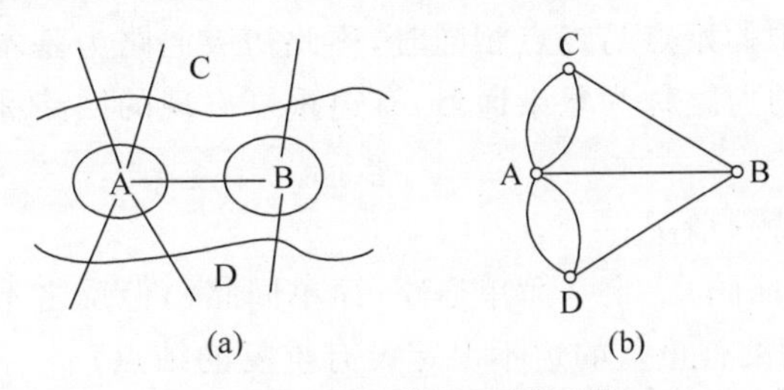

图 5.9　哥尼斯堡七桥问题

经过研究，欧拉发现了**一笔画**的规律。他认为，能一笔画成的图形必须是连通图。连通图就是指一个图形各部分总是有边相连的，这道题中的图就是连通图。

但是，不是所有的连通图都可以一笔画成的。能否一笔画成是由图的奇、偶点的数目来决定的。那么，什么叫奇、偶点呢？

前面介绍，与奇数(单数)条边相连的点叫作奇点；与偶数(双数)条边相连的点叫作偶点。如图 5.10 中的①和④为奇点，②和③为偶点。由此，有下面的结论。

(1) 凡是由偶点组成的连通图，一定可以一笔画成。画时可以把任一偶点作为起点，最后一定能以这个点为终点画完此图。例如图 5.11 中都是偶点，画的线路可以是：①→③→⑤→⑦→②→④→⑥→⑦→①。

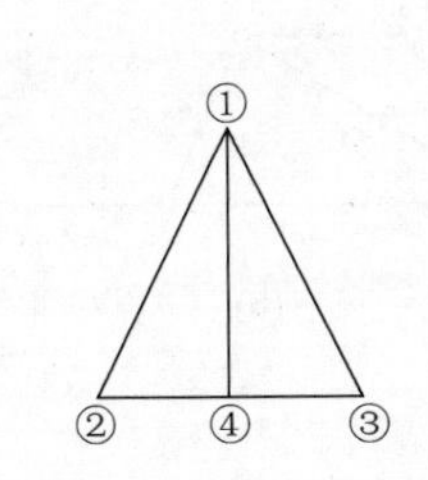

图 5.10　奇点与偶点

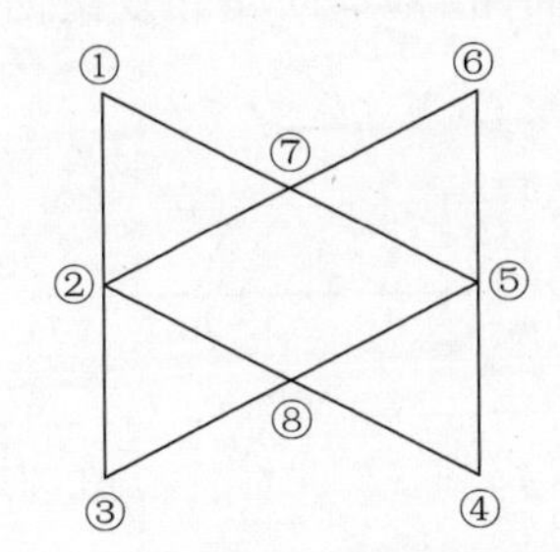

图 5.11　由偶点组成的连通图

(2) 凡是只有两个奇点的连通图(其余都为偶点)，一定可以一笔画成。画时必须把一个奇点作为起点，另一个奇点作为终点。例如图 5.10 中，画的线路是：①→②→③→

①→④。

(3) 其他情况的图都不能一笔画出。

5.2.1 通路和回路

定义 5.14 (1) 设 $G=(V,E)$是图,从图中结点 v_0 到 v_n 的**一条通路**(**路径**,Path)是图的一个点、边的交错序列 $v_0e_1v_1e_2v_2\cdots v_{n-1}e_nv_n$,称 v_0 和 v_n 是此通路的**起点**和**终点**。此通路中边的数目称为此通路的**长度**。

(2) 当起点和终点重合时,则称此通路为**回路**。

(3) 若通路中的所有边互不相同,则称此通路为**简单通路**;此通路中的始点与终点相同时,称此简单通路为**简单回路**。

(4) 若通路中的所有结点互不相同,从而所有边互不相同,则称此通路为**基本通路**或**初级通路**(**路径**);若通路中的始点与终点相同时,称此初级通路为**基本回路**或**初级回路**(**圈**)。

(5) 有边重复出现的通路称为**复杂通路**,有边重复出现的回路称为**复杂回路**。

说明:

(1) 回路是通路的特殊情况;

(2) 基本通路(基本回路)一定是简单通路(简单回路),但反之不然,因为没有重复的结点一定没有重复的边,但没有重复的边不一定没有重复的结点;

(3) 有时通路($v_0e_1v_1e_2v_2\cdots v_{n-1}e_nv_n$)也可以用边的序列 $e_1e_2\cdots e_n$ 来表示。

例 5.10 图 5.12(a)所示图中的通路:

$$\Gamma_1=v_1e_1v_2e_5v_5e_7v_6$$

$$\Gamma_2=v_1e_1v_2e_2v_3e_3v_4e_4v_2e_5v_5e_7v_6$$

$$\Gamma_3=v_1e_1v_2e_5v_5e_6v_4e_4v_2e_5v_5e_7v_6$$

是否为简单通路、基本通路和复杂通路?

图 5.12(b)所示图中的回路:

$$\Gamma_1=v_2e_4v_4e_3v_3e_2v_2$$

$$\Gamma_2=v_2e_5v_5e_6v_4e_3v_3e_2v_2$$

$$\Gamma_3=v_2e_4v_4e_3v_3e_2v_2e_5v_5e_6v_4e_3v_3e_2v_2$$

是否为简单回路、基本回路和复杂回路?并求其长度。

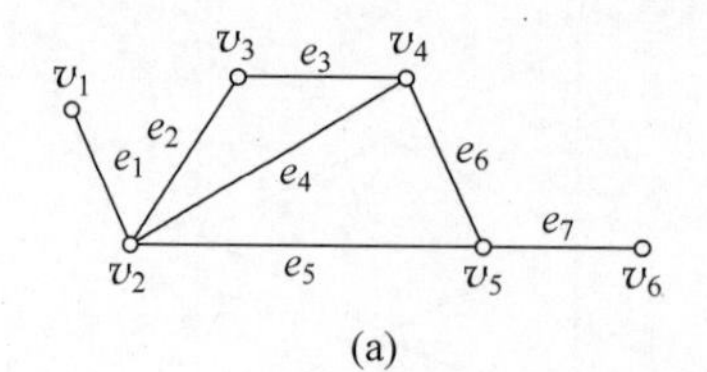

(a)

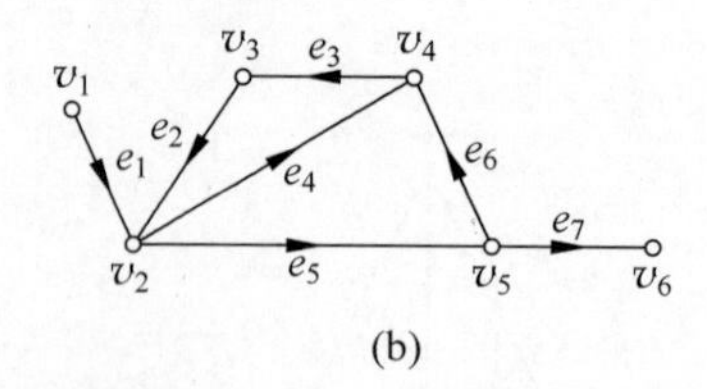

(b)

图 5.12 例 5.10 题图

解 根据定义 5.14 得通路 Γ_1 是基本通路,长度是 3;通路 Γ_2 是简单通路,长度是 6;通路 Γ_3 是复杂通路,长度是 6;回路 Γ_1 是基本回路,长度是 3;回路 Γ_2 是基本回路,长度是 4;回路 Γ_3 是复杂回路,长度是 7。

图中的通路和回路有下面的重要性质。

定理 5.3 在一个 n 阶图 $G=(V,E)$ 中，如果从顶点 v_i 到 $v_j(v_i\neq v_j)$ 存在通路，则从 v_i 到 v_j 存在长度不大于 $n-1$ 的通路。

证明 设 $v_0e_1v_1e_2v_2\cdots v_{l-1}e_lv_l$ 是从 $v_i=v_0$ 到 $v_j=v_l$ 的一个通路，如果 $l>n-1$，因为 n 阶图中有 n 个顶点，所以在 $v_0,v_1,\cdots,v_l$ 中一定有 2 个顶点相同。假设顶点 $v_m=v_n$，$m<n$，那么 $v_me_mv_{m+1}e_{m+1}\cdots v_ne_n$ 是一条回路，删去这条回路，得到 $v_0e_1v_1\cdots v_me_{n+1}\cdots v_{l-1}e_lv_l$ 仍然是从 $v_i=v_0$ 到 $v_j=v_l$ 的一个通路，其长度减少 $n-m$。如果它的长度仍大于 $n-1$，重复上述过程，直到长度不超过 $n-1$ 的通路为止。

推论 在一个 n 阶图 $G=(V,E)$ 中，若从顶点 v_i 到 $v_j(v_i\neq v_j)$ 存在通路，则从 v_i 到 v_j 存在长度不大于 $n-1$ 的路径。

证明 由定理 5.3 可知，从 v_i 到 v_j 存在长度不大于 $n-1$ 的通路。若这个通路已经是路径，则推论成立，否则必存在若干顶点在这条通路上的回路，删除这些回路，就得到 v_i 到 v_j 存在长度不大于 $n-1$ 的路径。

定理 5.4 在一个 n 阶图 $G=(V,E)$ 中，若存在顶点 v_i 到自身的回路，则存在 v_i 到自身长度小于或等于 n 的回路。

证明方法类似于定理 5.3。

推论 在一个 n 阶图 $G=(V,E)$ 中，若存在顶点 v_i 到自身的简单回路，则一定存在 v_i 到自身长度小于或等于 n 的基本回路(圈)。

证明方法类似于定理 5.3 的推论。

定义 5.15 在图 $G=(V,E)$ 中，从结点 v_i 到 v_j 的最短通路(一定是路)称为 v_i 与 v_j 间的**短程线**，短程线的长度称 v_i 到 v_j 的**距离**，记作 $d(v_i,v_j)$。若从 v_i 到 v_j 不存在通路，则记 $d(v_i,v_j)=\infty$。

注意：在有向图中，$d(v_i,v_j)$ 不一定等于 $d(v_j,v_i)$，但一般有如下性质：

(1) $d(v_i,v_j)\geqslant 0$；

(2) $d(v_i,v_i)=0$；

(3) $d(v_i,v_j)+d(v_j,v_k)\geqslant d(v_i,v_k)$(通常称为**三角不等式**)。

5.2.2 图的连通性

定义 5.16 在一个无向图 G 中，若存在从结点 v_i 到 v_j 的通路(当然也存在从 v_j 到 v_i 的通路)，则称 v_i 与 v_j 是**连通的**。规定 v_i 到自身是**连通的**。

在一个有向图 G 中，若存在从结点 v_i 到 v_j 的通路，则称从 v_i 到 v_j 是**可达的**。规定 v_i 到自身是可达的。

定义 5.17 若无向图 G 中任意两结点都是连通的，则称图 G 是**连通图**，否则称 G 是**非连通图**或**分离图**。

显然，无向完全图 $K_n(n\geqslant 1)$ 都是连通图，而顶点数大于或等于 2 的零图均为非连通图。

定义 5.18 在无向图 G 中，结点之间的连通关系是等价关系。设 G 为一无向图，R 是 $V(G)$ 中结点之间的连通关系，由 R 可将 $V(G)$ 划分成 $k(k\geqslant 1)$ 个等价类，记作 $V_1,V_2,\cdots,V_k$，由它们导出的导出子图 $G[V_1],G[V_2],\cdots,G[V_k]$ 称为 G 的**连通分支**，其个数应为 $\omega(G)$。

例 5.11 如图 5.13 所示的图 G_1 是连通图,$\omega(G_1)=1$;图 G_2 是一个非连通图,$\omega(G_2)=3$。

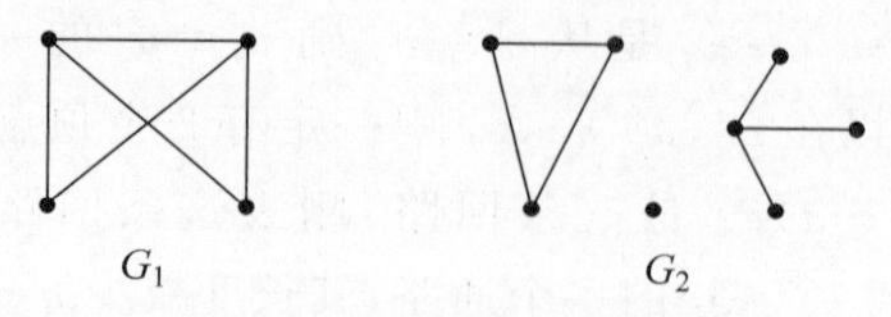

图 5.13 连通图和非连通图

定义 5.19 (1) 设 G 是一有向图,若略去 G 中各有向边的方向后所得无向图是连通的,则称 G 是**弱连通的**。

(2) 如果 G 中任意两点 v_i 和 v_j 之间,v_i 到 v_j 或 v_j 到 v_i 至少有一个可达,则称图 G 是**单向连通的**。

(3) 如果 G 中任意两结点都互相可达,则称 G 是**强连通的**。

例 5.12 在图 5.14 中,G_1 是弱连通的,G_2 是单向连通的,G_3 是强连通的。

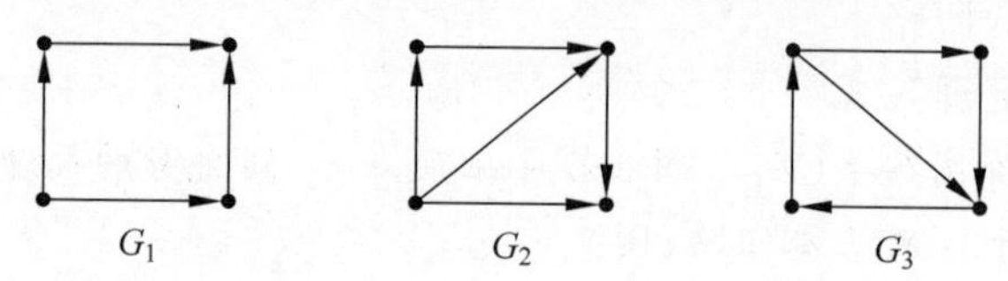

图 5.14 单向连通、弱连通和强连通

注意:强连通一定是单向连通图,单向连通一定是弱连通图,但反之不真。

5.2.3 无向图的连通度

为了精确地体现连通图的连通程度,引入顶点连通度和边连通度的概念,在给出这两个概念之前,先给出点割集和边割集的概念。

定义 5.20 设无向图 $G=(V,E)$,若存在 $V'\subset V$ 且 $V'\neq\varnothing$,使得 $\omega(G-V')>\omega(G)$,且对于任意的 $V''\subset V'$,均有 $\omega(G-V'')=\omega(G)$,则称 V' 是 G 的**点割集**。特别地,若点割集中只有一个顶点,即 $V'=\{v\}$,则称 v 为**割点**。

例 5.13 在图 5.15 中,$\{v_2,v_7\}$,$\{v_3\}$,$\{v_4\}$为点割集,其中 v_3、v_4 均为割点。

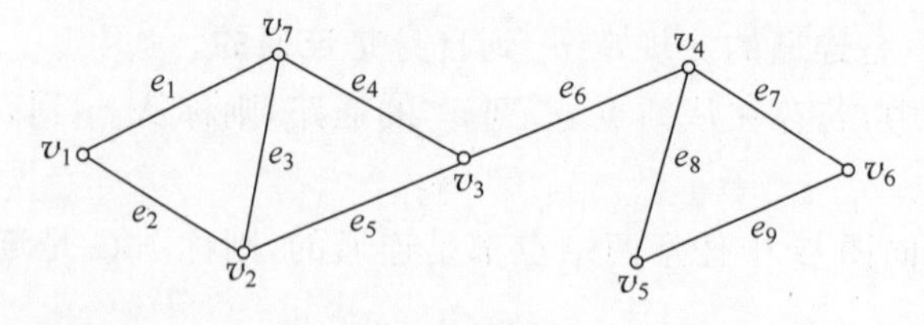

图 5.15 割点

定义 5.21 设无向图 $G=(V,E)$,若存在 $E'\subseteq E$ 且 $E'\neq\varnothing$,使得 $\omega(G-E')>\omega(G)$,且对于任意的 $E''\subset E'$,均有 $\omega(G-E'')=\omega(G)$,则称 E' 是 G 的**边割集**,简称**割集**。特别地,若边割集中只有一条边 e,即 $E'=\{e\}$,则称 e 为**割边或桥**。

例 5.14 在图 5.15 中，$\{e_1,e_2\}$，$\{e_1,e_3,e_4\}$，$\{e_6\}$，$\{e_7,e_8\}$，$\{e_2,e_3,e_4\}$等都是割集，其中 e_6 是桥。

定义 5.22 设 $G=(V,E)$是一个无向图，要想从 G 中得到一个不连通图或平凡图所需要从 G 中去掉的最少顶点数称为 G 的**顶点连通度**，简称**连通度**，记为 $\chi=\chi(G)$。

说明：对于特殊的图，顶点连通度是已知的。

(1) K_1 平凡图 $\chi(K_1)=0$；有割点的图 $\chi(G)=1$。

(2) 不连通的图 $\chi(G)=0$；完全图 $K_p(p\geqslant 2)\chi(K_p)=p-1$。

(3) 若 G 连通，则 $\chi(G)\geqslant 1$；若 $\chi(G)\geqslant 1$，则 G 连通或是非平凡图。

不难看出在图 5.15 中，图的顶点连通度 $\chi=1$，该图是 1 连通图。

定义 5.23 设 $G=(V,E)$是一个无向图，要想从 G 中得到一个不连通图或平凡图所需要从 G 中去掉的最少边数称为 G 的**边连通度**，简称**连通度**，记为 $\lambda=\lambda(G)$。

说明：

(1) 对于连通图，边连通度就是割集中最小的那个；

(2) 对于一个图，割集可以有多个，但边连通度只有一个；

(3) 对于非平凡图，割集永远也不能为零(空集)，但边连通度在图不连通时是零。

不难看出在图 5.15 中，图的边连通度 $\lambda=1$，该图是 1 连通图。

顶点连通度 $\chi(G)$、边连通度 $\lambda(G)$、最小度 $\delta(G)$之间有以下的关系。

定理 5.5(Whitney 定理) 对任一图 G，均有下面的不等式成立。

$$\chi(G)\leqslant\lambda(G)\leqslant\delta(G)$$

证明 先证 $\lambda(G)\leqslant\delta(G)$，若 $\delta(G)=0$，则 G 不连通，从而 $\lambda(G)=0$。所以，这时 $\lambda(G)\leqslant\delta(G)$；若 $\delta(G)>0$，不妨设 $\deg v=\delta(G)$，从 G 中去掉与 v 关联的 $\delta(G)$条边后，得到图中 v 是孤立顶点。所以，这时 $\lambda(G)\leqslant\delta(G)$。因此，对任何图 G 有 $\lambda(G)\leqslant\delta(G)$。

其次，证明对任何图 G 有 $\chi(G)\leqslant\lambda(G)$。若 G 是不连通的或平凡图，则显然有 $\chi(G)\leqslant\lambda(G)=0$；

现设 G 是连通的且非平凡的。若 G 有桥 x，则去掉 x 的某个端点就得到一个不连通图或平凡图，从而 $\chi(G)=1=\lambda(G)$。所以，这时有 $\chi(G)\leqslant\lambda(G)$；若 G 没有桥，则 $\lambda(G)\geqslant 2$。于是，从 G 中去掉某些 $\lambda(G)$边得到一个不连通图。这时从 G 中去掉 $\lambda(G)$条边的每一条的某个端点后，至少去掉了 $\lambda(G)$条边。于是，产生了一个不连通图或平凡图，从而 $\chi(G)\leqslant\lambda(G)$。因此，对任何 G，均有 $\chi(G)\leqslant\lambda(G)$。

5.3 图的矩阵表示

由图的数学定义可知，一个图可以用集合来描述；从前面的例子可以看出，图也可以用点线图表示，图的这种图形表示直观明了，在较简单的情况下有其优越性。但对于较为复杂的图，这种表示法显示了它的局限性。所以对于结点较多的图常用矩阵来表示，这样便于用代数知识来研究图的性质，同时也便于计算机处理。

5.3.1 无向图的关联矩阵

定义 5.24 设无向图 $G=(V,E)$，$V=\{v_1,v_2,\cdots,v_n\}$，$E=\{e_1,e_2,\cdots,e_m\}$，令

$$m_{ij}=\begin{cases}0, & v_i\text{ 与 }e_j\text{ 不关联}\\ 1, & v_i\text{ 与 }e_j\text{ 的关联次数为 }1\\ 2, & v_i\text{ 与 }e_j\text{ 的关联次数为 }2\end{cases}$$

则称 $(m_{ij})_{n\times m}$ 为 G 的**关联矩阵**，记作 $\boldsymbol{M}(G)$。

例 5.15 图 5.16 中图 G 的关联矩阵是

$$\boldsymbol{M}(G)=\begin{bmatrix}1&1&1&1&0&0\\1&1&0&0&0&0\\0&0&1&0&2&1\\0&0&0&1&0&1\\0&0&0&0&0&0\end{bmatrix}$$

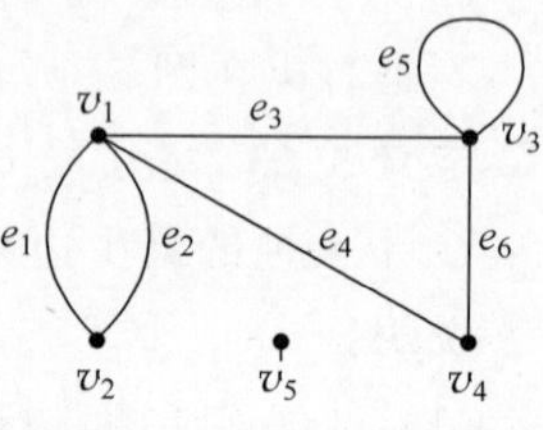

图 5.16 例 5.15 题图

不难看出 $\boldsymbol{M}(G)$ 有下列性质：

(1) $\sum_{i=1}^{n}m_{ij}=2(j=1,2,\cdots,m)$，即 $\boldsymbol{M}(G)$ 每列元素的和为 2，因为每边恰有两个端点；

(2) $\sum_{j=1}^{m}m_{ij}=d(v_i)$（第 i 行元素之和为 v_i 的度）；

(3) $\sum_{j=1}^{m}m_{ij}=0$，当且仅当 v_i 为孤立点；

(4) 若第 j 列与第 k 列相同，则说明 e_j 与 e_k 为平行边。

5.3.2 有向图的关联矩阵

定义 5.25 设 $G=(V,E)$ 是无环有向图，$V=\{v_1,v_2,\cdots,v_n\}$，$E=\{e_1,e_2,\cdots,e_m\}$，令

$$m_{ij}=\begin{cases}1, & v_i\text{ 为 }e_j\text{ 的起点}\\ 0, & v_i\text{ 与 }e_j\text{ 不关联}\\ -1, & v_i\text{ 为 }e_j\text{ 的终点}\end{cases}$$

则称 $(m_{ij})_{n\times m}$ 为 G 的**关联矩阵**，记作 $\boldsymbol{M}(G)$。

例 5.16 图 5.17 中图 G 的关联矩阵是

$$\boldsymbol{M}(G)=\begin{bmatrix}-1&1&0&0&0\\1&0&1&-1&0\\0&-1&-1&1&1\\0&0&0&0&-1\end{bmatrix}$$

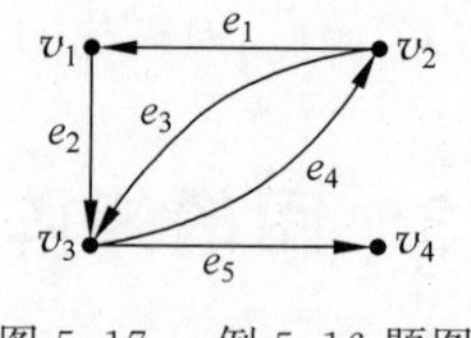

图 5.17 例 5.16 题图

由此可看出 $\boldsymbol{M}(G)$ 有如下性质：

(1) $\sum_{i=1}^{n}m_{ij}=0,j=1,2,\cdots,m$；

(2) 每行中 1 的个数是该点的出度，-1 的个数是该点的入度。

5.3.3 有向图的邻接矩阵

定义 5.26 设 $G=(V,E)$ 是有向图，$V=\{v_1,v_2,\cdots,v_n\}$，令

$$a_{ij}^{(1)}=\begin{cases}k, & \text{从 } v_i \text{ 邻接到 } v_j \text{ 的边有 } k \text{ 条}\\ 0, & \text{没有 } v_i \text{ 到 } v_j \text{ 的边}\end{cases}$$

则称$(a_{ij}^{(1)})_{n\times n}$为 G 的**邻接矩阵**，记作 $\boldsymbol{A}(G)$，简记 $\boldsymbol{A}$。

例 5.17 图 5.18 中图 G 的邻接矩阵是

$$\boldsymbol{A}=\begin{bmatrix}1&0&1&0\\0&0&1&0\\0&1&0&1\\0&0&1&0\end{bmatrix}$$

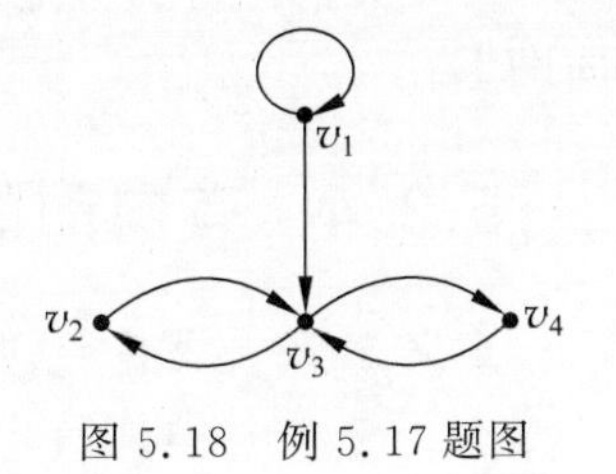

图 5.18 例 5.17 题图

有向图的邻接矩阵具有下列性质：

(1) $\sum_{j=1}^{n}a_{ij}^{(l)}=d^+(v_i)$，$i=1,2,\cdots,n$，因而$\sum_{i=1}^{n}\sum_{j=1}^{n}a_{ij}^{(l)}=\sum_{i=1}^{n}d^+(v_i)=m$；

(2) $\sum_{i=1}^{n}a_{ij}^{(l)}=d^-(v_j)$，$j=1,2,\cdots,n$，因而$\sum_{j=1}^{n}\sum_{i=1}^{n}a_{ij}^{(l)}=\sum_{j=1}^{n}d^-(v_j)=m$；

(3) 由(1)和(2) 不难看出，$\boldsymbol{A}(G)$中所有元素之和是 G 中长度为 l 的通路(含回路)数，而 $\sum_{i=1}^{n}a_{ii}^{(l)}$ 为 G 中长度为 l 的回路总数。

如何利用有向图的邻接矩阵计算出有向图中长度为 $l\geqslant 2$ 的通路数和回路数？有下面的定理及推论。

定理 5.6 设 $\boldsymbol{A}$ 为有向图 G 的邻接矩阵，$V=\{v_1,v_2,\cdots,v_n\}$，则 $\boldsymbol{A}^l(l\geqslant 1)$中元素 $a_{ij}^{(l)}$ 为 v_i 到 v_j 长度为 l 的通路数，$\sum_{i=1}^{n}\sum_{j=1}^{n}a_{ij}^{(l)}$ 为 G 中长度为 l 的通路(含回路)总数，其中 $\sum_{i=1}^{n}a_{ii}^{(l)}$ 为 G 中长度为 l 的回路数。

如在图 5.18 中，计算长度为 2、3、4 的通路数和回路数，计算 $\boldsymbol{A}^2$、$\boldsymbol{A}^3$、$\boldsymbol{A}^4$ 得

$$\boldsymbol{A}^2=\begin{bmatrix}1&1&1&1\\0&1&0&1\\0&0&2&0\\0&1&0&1\end{bmatrix}\quad \boldsymbol{A}^3=\begin{bmatrix}1&1&3&1\\0&0&2&0\\0&2&0&2\\0&0&2&0\end{bmatrix}\quad \boldsymbol{A}^4=\begin{bmatrix}1&3&3&3\\0&2&0&2\\0&0&4&0\\0&2&0&2\end{bmatrix}$$

观察各矩阵发现，$a_{13}^{(2)}=1$，$a_{13}^{(3)}=3$，$a_{13}^{(4)}=3$，即 G 中 v_1 到 v_3 长度为 2、3、4 的通路分别为 1 条、3 条、3 条。而 $a_{11}^{(2)}=a_{11}^{(3)}=a_{11}^{(4)}=1$，则 G 中以 v_1 为起点(终点)的长度为 2、3、4 的回路各有一条。由于 $\sum_{i=1}^{n}\sum_{j=1}^{n}a_{ij}^{(2)}=10$，所以 G 中长度为 2 的通路总数为 10，其中长度为 2 的回路总数为 5。

推论 设 $\boldsymbol{B}_r=\boldsymbol{A}+\boldsymbol{A}^2+\cdots+\boldsymbol{A}^r(r\geqslant 1)$，则 $\boldsymbol{B}_r$ 中元素 $b_{ij}^{(r)}$ 为图 G 中 v_i 到 v_j 长度小于或等于 r 的通路数，$\sum_{i=1}^{n}\sum_{j=1}^{n}b_{ij}^{(r)}$ 为图 G 中长度小于或等于 r 的通路(含回路)总数，其中 $\sum_{i=1}^{n}b_{ii}^{(r)}$ 为图 G 中长度小于或等于 r 的回路总数。

例如，与图 5.18 对应的矩阵为

$$B_4=\begin{bmatrix}4&5&8&5\\0&3&3&3\\0&3&6&3\\0&3&3&3\end{bmatrix}$$

对于无向图可类似地定义邻接矩阵，对有向图的邻接矩阵得到的结论，可并行地用到无向图上。

5.3.4 有向图的可达矩阵

定义 5.27 设 $G=(V,E)$ 是有向图，$V=\{v_1,v_2,\cdots,v_n\}$，令

$$p_{ij}=\begin{cases}1, & v_i \text{ 可达 } v_j\,(i\neq j,p_{ii}=1)\\0, & \text{否则}\end{cases}\qquad i=1,2,\cdots,n,j=1,2,\cdots,n$$

则称 $(p_{ij})_{n\times n}$ 为 G 的**可达矩阵**，记作 $\boldsymbol{P}(G)$，简记 $\boldsymbol{P}$。

例 5.18 图 5.19 所示有向图 G 的可达矩阵为

$$\boldsymbol{P}=\begin{bmatrix}1&1&1&1&1\\1&1&1&1&1\\1&1&1&1&1\\1&1&1&1&1\\1&1&1&1&1\end{bmatrix}$$

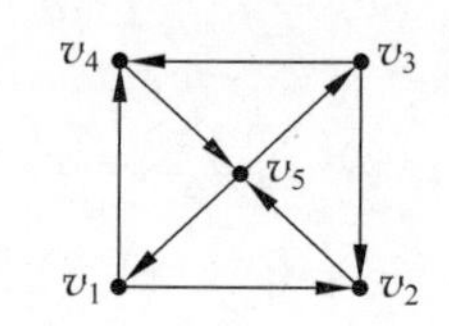

图 5.19 例 5.18 题图

由于任何顶点到自身都是可达的，故可达矩阵对角线上的元素恒为 1。v_i 可达 v_j，即 v_i 到 v_j 有通路，当且仅当 $b_{ij}^{(n-1)}\neq 0(i\neq j)$。因此，$p(D)$中非对角线元素确定如下：当 $b_{ij}^{(n-1)}\neq 0$ 时，$p_{ij}=1$，否则 $p_{ij}=0,i\neq j,i,j=1,2,\cdots,n$。所以，可由有向图的邻接矩阵求可达矩阵。

类似地，可以定义无向图的邻接矩阵和可达矩阵。

5.4 最短路径与关键路径

在现实生活和生产实践中，有许多管理、组织与计划中的优化问题，如在企业管理中，如何制订管理计划和设备购置计划，使收益最大或费用最小；在组织生产中，如何使各工序衔接好，才能使生产任务完成得既快又好；在现有交通网络中，如何使调运的物资数量多且费用最小；等等。这类问题均可借助于图论中最短路径及关键路径知识得以解决。

5.4.1 问题的提出

网络图中某两点的最短路径问题广泛应用于各个领域。例如，求交通距离最短，完成各道工序所花时间最少，或费用最省等，都可用求网络最短路径算法得到解决。

例 5.19 图 5.20 是一个石油流向的管网示意图，v_1 代表石油开采地，v_7 代表石油汇集站，箭线旁的数字表示管线的长度，现在要从 v_1 地调运石油到 v_7 地，怎样选择管线可使路径最短？

也可以用点代表城市，以连接两点的连线表示城市间的道路，这样便可用图形描述城市

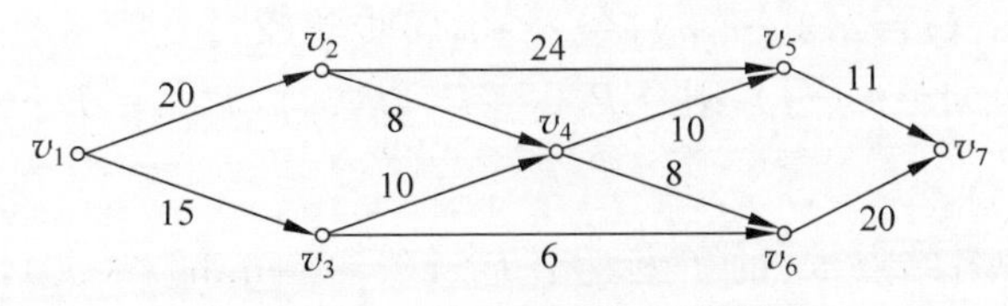

图 5.20 石油流向的管网示意图

间的交通网络。如果连线旁标注城市间道路的距离或单位运价，就可进一步研究从一个城市到另一个城市的路径最短或运费最省的运输方案。

在动态规划中，最短路径问题可由贝尔曼最优化原理及其递推方程求解，在阶段明确情况下，用逆向逐段优化嵌套推进，这是一种反向搜索法；在阶段不明确情况下，可用函数迭代法逐步正向搜索，直到指标函数衰减稳定得解。这些算法都是依据同一个原理建立的。即在网络图中，如果 $v_1\cdots v_n$ 是从 v_1 到 v_n 的最短路径，则 $v_1\cdots v_{n-1}$ 也必然是从 v_1 到 v_{n-1} 的最短路径。

那么，如何用图论来分析及求解网络最短路径问题呢？

5.4.2 最短路径

定义 5.28 图 G 是一个三重组(V,E,W)，其中 V 是结点集合，E 是边的集合，$W=\{w(e)\mid e\in E\}$，$w(e)$是附加在边 e 上的实数，称为边 e 上的**权**，图 G 称为**带权图**。

图 5.20 给出一个带权图。

$$E=\{e_1,e_2,e_3,e_4,e_5,e_6,e_7,e_8,e_9,e_{10}\}$$

$$V=\{v_1,v_2,v_3,v_4,v_5,v_6,v_7\}$$

$$=\{<v_1,v_2>,<v_1,v_3>,<v_2,v_5>,<v_2,v_4>,<v_3,v_4>,$$
$$<v_3,v_6>,<v_4,v_5>,<v_4,v_6>,<v_5,v_7>,<v_6,v_7>\}$$

$$w(e_1)=20,\quad w(e_2)=15,\quad w(e_3)=24,\quad w(e_4)=8,\quad w(e_5)=10,$$
$$w(e_6)=6,\quad w(e_7)=10,\quad w(e_8)=8,\quad w(e_9)=11,\quad w(e_{10})=20$$

定义 5.29 设带权图 $G=(V,E,W)$中，边的权也称为**边的长度**，一条通路的长度指的就是这条通路上各边的长度之和。从结点 u 到 v 的所有通路中长度最小的通路，称为 u 到 v 的**最短路径**。u 到 v 的最短路径的长度称为 u 到 v 的**距离**。

下面介绍求解两个结点之间最短路径问题的一种简便、有效的算法——Dijkstra 算法。

1959 年狄克斯特拉(E. W. Dijkstra)提出了求网络最短路径的标号法，用给结点记标号来逐步形成起点到各点的最短路径及其距离值，这种方法被称为 **Dijkstra 算法**，被公认为目前较好的一种算法。

算法的基本思想是：先给带权图 G 的每一个结点一个**临时标号**(Temporary Label，T 标号)或**固定标号**(Permanent Label，P 标号)。T 标号表示从始点到这一点的最短路长的上界；P 标号则是从始点到这一点的最短路长。每一步将某个结点的 T 标号改变为 P 标号，则最多经过 $n-1$ 步算法停止(n 为 G 的结点数)。

最短路径的 Dijkstra 算法：

(1) 给始点 v_1 标上 P 标号 $p(v_1)=0$，令 $P_0=\{v_1\}$，$T_0=V-\{v_1\}$，给 T_0 中各结点标

上 T 标号 $t_0(v_j)=w_{1j}(j=2,3,\cdots,n)$，令 $r=0$，转步骤(2)。

(2) 若 $\min\limits_{v_j\in T_r}\{t_r(v_j)\}=t_r(v_k)$，则令 $P_{r+1}=P_r\cup\{v_k\}$，$T_{r+1}=T_r-\{v_k\}$。若 $T_{r+1}=\varnothing$，则结束，否则转步骤(3)。

(3) 修改 T_{r+1} 中各结点 v_j 的 T 标号：$T_{r+1}(v_j)=\min\{t_r(v_j),t_r(v_k)+w_{kj}\}$，转步骤(2)。

例 5.20 求图 5.21(a)中结点 v_1 到 v_7 的最短路径。

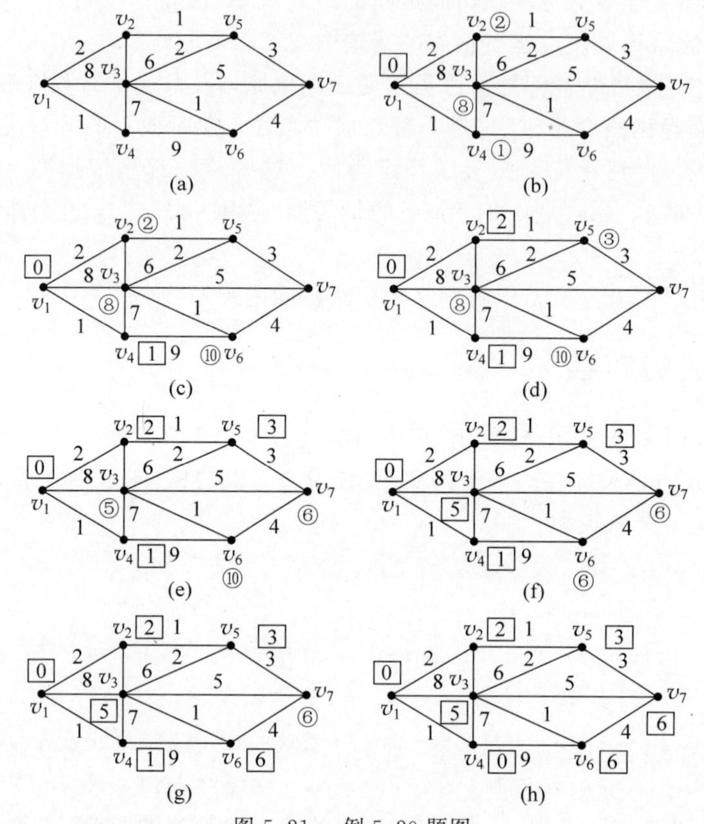

图 5.21 例 5.20 题图

解 根据 Dijkstra 算法，在图 5.21(a)中用方框表示 P 标号，用圆框表示 T 标号，凡图 5.21 中无标号的点即该点的标号为 $+\infty$(下同)。

(1) $p(v_1)=0$，$P_0=\{v_1\}$，$T_0=\{v_2,v_3,v_4,v_5,v_6,v_7\}$，$T_0$ 中各元素的 T 标号为 $t_0(v_2)=2,\cdots$，如图 5.21(b)所示。

(2) $\min\limits_{v_j\in T_0}\{t_0(v_j)\}=t_0(v_4)$，将 v_4 的标号 T 改为 P 标号，且 $P_1=P_0\cup\{v_4\}=\{v_1,v_4\}$。

$T_1=\{v_2,v_3,v_5,v_6,v_7\}$，修改 T_1 各结点的 T 标号为：

$$t_1(v_2)=\min\{t_0(v_2),t_0(v_4)+w_{42}\}=\min\{2,1+\infty\}=2$$

$$t_1(v_3)=\min\{t_0(v_3),t_0(v_4)+w_{43}\}=\min\{8,1+7\}=8$$

$$t_1(v_6)=\min\{t_0(v_6),t_0(v_4)+w_{46}\}=\min\{+\infty,1+9\}=10$$

$$t_1(v_7)=t_1(v_5)=\min\{+\infty,1+\infty\}=+\infty$$

如图 5.21(c)，依此类推可得各结点的 P 标号，标号过程如图 5.21(a)～(h)所示，由

图 5.21(h)可知,v_1 到 v_7 的距离为 6,v_1 到 v_7 的最短路径为 $v_1v_2v_5v_7$。

例 5.21 以图 5.20 给出的石油流向的管网示意图为例,v_1 代表石油开采地,v_7 代表石油汇集站,箭线旁的数字表示管线的长度,现在要从 v_1 地调运石油到 v_7 地,怎样选择管线可使路径最短?

解

(1) 给起点 v_1 标号$(0,\lambda)$,从 v_1 到 v_1 的距离 $p(v_1)=0$,v_1 为起点。

(2) 标号的点的集合 $P_0=\{v_1\}$,没有标号的点的集合 $T_0=\{v_2,v_3,v_4,v_5,v_6,v_7\}$,边集为

$$A=\{(v_i,v_j)\mid v_i\in P_0,v_j\in T_0\}=\{(v_1,v_2),(v_1,v_3)\}$$
$$T_{12}=p(v_1)+\omega_{12}=0+20=20$$
$$T_{13}=p(v_1)+\omega_{13}=0+15=15$$
$$\min\{T_{12},T_{13}\}=T_{13}=15$$

给边(v_1,v_3)的终点 v_3 以双标号(15,1)。

(3) 标号的点的集合 $P_1=\{v_1,v_3\}$,没有标号的点的集合 $T_1=\{v_2,v_4,v_5,v_6,v_7\}$,边集为

$$A=\{(v_i,v_j)\mid v_i\in P_1,v_j\in T_1\}=\{(v_1,v_2),(v_3,v_4),(v_3,v_6)\}$$
$$T_{34}=25,T_{36}=21$$
$$\min\{T_{34},T_{36},T_{12}\}=T_{12}=20$$

给边(v_1,v_2)的终点 v_2 以双标号(20,1)。

(4) 标号的点的集合 $P_2=\{v_1,v_2,v_3\}$,没有标号的点的集合 $T_2=\{v_4,v_5,v_6,v_7\}$,边集为

$$A=\{(v_i,v_j)\mid v_i\in I,v_j\in J\}=\{(v_2,v_4),(v_2,v_5),(v_3,v_4),(v_3,v_6)\}$$
$$T_{24}=p(v_2)+\omega_{24}=20+8=28$$
$$T_{25}=p(v_2)+\omega_{25}=20+24=44$$
$$\min\{T_{24},T_{25},T_{34},T_{36}\}=T_{36}=21$$

给边(v_3,v_6)的终点 v_6 以双标号(21,3)。

(5) 标号的点的集合 $P_3=\{v_1,v_2,v_3,v_6\}$,没有标号的点的集合 $T_3=\{v_4,v_5,v_7\}$,边集为

$$A=\{(v_i,v_j)\mid v_i\in P_3,v_j\in T_3\}=\{(v_2,v_4),(v_2,v_5),(v_3,v_4),(v_6,v_7)\}$$
$$T_{67}=p(v_6)+\omega_{67}=21+20=41$$
$$\min\{T_{24},T_{25},T_{34},T_{67}\}=T_{34}=25$$

给边(v_3,v_4)的终点 v_4 以双标号(25,3)。

(6) 标号的点的集合 $P_4=\{v_1,v_2,v_3,v_4,v_6\}$,没有标号的点的集合 $T_4=\{v_5,v_7\}$,边集为

$$A=\{(v_i,v_j)\mid v_i\in I,v_j\in J\}=\{(v_2,v_5),(v_4,v_5),(v_6,v_7)\}$$
$$T_{45}=p(v_4)+\omega_{45}=25+10=35$$
$$\min\{T_{25},T_{45},T_{67}\}=T_{45}=35$$

给弧(v_4,v_5)的终点 v_5 以双标号(35,4)。

(7) 标号的点的集合 $P_5=\{v_1,v_2,v_3,v_4,v_5,v_6\}$,没有标号的点的集合 $T_5=\{v_7\}$,边

集为

$$A=\{(v_i,v_j)\mid v_i\in I,v_j\in J\}=\{(v_5,v_7),(v_6,v_7)\}$$
$$T_{57}=p(v_5)+\omega_{57}=35+11=46$$
$$\min\{T_{57},T_{67}\}=T_{67}=41$$

给边(v_6,v_7)的终点 v_7 以双标号(41,6)。

至此,全部顶点都已得到标号,计算结束。得到石油开采地 v_1 到汇集点 v_7 的最短路径,即 $v_1\to v_3\to v_6\to v_7$,由 v_7 的第一个标号可知路程长 41。

对于无向图的 Dijkstra 算法求解:无向图中的任一条边(v_i,v_j)均可用方向相反的两条边(v_i,v_j)和(v_j,v_i)来代替。把原来的无向图变为有向图后,即可用上述的 Dijkstra 算法求解。

当然,也可以直接在原来的无向图上用 Dijkstra 算法求解。在无向图上求解与在有向图上求解的区别在于寻找邻点时不同:在无向图上,只要两结点之间有连线,就是邻点。因此,在无向图上的求解和在相应的有向图上求解相比,计算过程中的邻点个数可能增多,边集合中的边数也就随着增多。计算结束时,一定是所有结点都得到了标号,且其最优结果不会劣于相应有向图的最优结果。

5.4.3 关键路径

在实施一个工程计划时,若将整个工程分成若干工序,有些工序可以同时实施,有些工序必须在完成另一些工序后才能实施,工序之间的次序关系可以用有向图来表示,这种有向图称为**计划评审技术**(Project Evaluation and Review Technique)**图**,简称 PERT 图。

定义 5.30 设有向图

$G=\langle V,E\rangle,v\in V$

v 的**后继元集**$\Gamma+(v)=\{x\mid x\in V\wedge\langle v,x\rangle\in E\}$

v 的**先驱元集**$\Gamma-(v)=\{x\mid x\in V\wedge\langle x,v\rangle\in E\}$

定义 5.31 设 $G=(V,E,w)$是一个 n 阶有向带权图,满足以下条件:

(1) G 是简单图;

(2) G 中无回路;

(3) 有一个入度为 0 的顶点称作**始点**;有一个出度为 0 的顶点称作**终点**;

(4) 通常边$\langle v_i,v_j\rangle$的权表示时间,始点记作 v_1,终点记作 v_n。

则称 G 为 PERT 图。

定义 5.32 **关键路径**:PERT 图中从始点到终点的最长路径。通过求各顶点的最早完成时间来求关键路径。

v_i 的**最早完成时间** $\mathrm{TE}(v_i)$:从始点 v_1 沿最长路径到 v_i 所需的时间。

$$\mathrm{TE}(v_1)=0$$
$$\mathrm{TE}(v_i)=\max\{\mathrm{TE}(v_j)+w_{ji}\mid v_j\in\Gamma-(v_i)\},\quad i=2,3,\cdots,n$$

v_i 的**最晚完成时间** $\mathrm{TL}(v_i)$:在保证终点 v_n 的最早完成时间不增加的条件下,从始点 v_1 最迟到达 v_i 的时间。

$$\mathrm{TL}(v_n)=\mathrm{TE}(v_n)$$

$\mathrm{TL}(v_i)=\min\{\mathrm{TL}(v_j)-w_{ij}\mid v_j\in\Gamma+(v_i)\},\quad i=n-1,n-2,\cdots,1$

v_i 的**缓冲时间** $\mathrm{TS}(v_i)=\mathrm{TL}(v_i)-\mathrm{TE}(v_i),\quad i=1,2,\cdots,n$

v_i 在关键路径上$\Leftrightarrow \mathrm{TS}(v_i)=0$

因为在关键路径上，任何工序如果耽误了时间 t，整个工序就耽误了时间 t，因而在关键路径上各顶点的缓冲时间均为 0。

例 5.22　求图 5.22 所示的 PERT 图中各顶点的最早、最晚和缓冲时间以及关键路径。

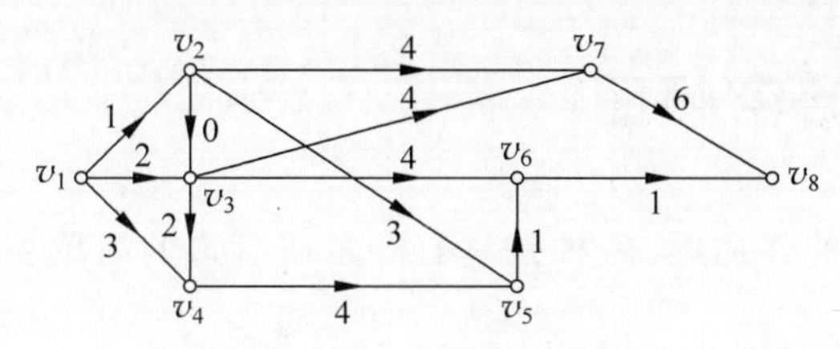

图 5.22　例 5.22 题图

解　各点最早完成时间：

$\mathrm{TE}(v_1)=0$

$\mathrm{TE}(v_2)=\max\{0+1\}=1$

$\mathrm{TE}(v_3)=\max\{0+2,1+0\}=2$

$\mathrm{TE}(v_4)=\max\{0+3,2+2\}=4$

$\mathrm{TE}(v_5)=\max\{1+3,4+4\}=8$

$\mathrm{TE}(v_6)=\max\{2+4,8+1\}=9$

$\mathrm{TE}(v_7)=\max\{1+4,2+4\}=6$

$\mathrm{TE}(v_8)=\max\{9+1,6+6\}=12$

各点最晚完成时间：

$\mathrm{TL}(v_8)=12$

$\mathrm{TL}(v_7)=\min\{12-6\}=6$

$\mathrm{TL}(v_6)=\min\{12-1\}=11$

$\mathrm{TL}(v_5)=\min\{11-1\}=10$

$\mathrm{TL}(v_4)=\min\{10-4\}=6$

$\mathrm{TL}(v_3)=\min\{6-2,11-4,6-4\}=2$

$\mathrm{TL}(v_2)=\min\{2-0,10-3,6-4\}=2$

$\mathrm{TL}(v_1)=\min\{2-1,2-2,6-3\}=0$

各点缓冲时间：

$\mathrm{TS}(v_1)=0-0=0$

$\mathrm{TS}(v_2)=2-1=1$

$\mathrm{TS}(v_3)=2-2=0$

$\mathrm{TS}(v_4)=6-4=2$

$\mathrm{TS}(v_5)=10-8=2$

$\mathrm{TS}(v_6)=11-9=2$

$\mathrm{TS}(v_7)=6-6=0$

$\mathrm{TS}(v_8)=12-12=0$

关键路径：$v_1v_3v_7v_8$。

关键路径通常(但并非总是)是决定项目工期的进度活动序列。它是项目中最长的路径,即使很小的浮动也可能直接影响整个项目的最早完成时间。关键路径的工期决定了整个项目的工期,任何关键路径上的终端元素的延迟在浮动时间为零或负数时将直接影响项目的预期完成时间(例如在关键路径上没有浮动时间)。但特殊情况下,如果总浮动时间大于零,则有可能不会影响项目整体进度。

5.5 欧拉图与哈密顿图

本节介绍两种特殊的连通图,一种是具有经过所有边的简单生成回路的图；另一种是具有生成圈的图。

5.5.1 欧拉图

欧拉图产生的背景就是前面介绍的哥尼斯堡七桥问题图。在图中是否存在经过每条边一次且仅一次行遍所有顶点的回路？欧拉在他的论文中论证了这样的回路是不存在的。称具有这种特点的图为**欧拉图**。

定义 5.33 设有向图(无向图)$G=(V,E)$是连通的、无孤立点的图。

(1) 若存在这样的通路,经过图中每条边一次且仅一次就可以行遍所有顶点,称此通路为**欧拉通路**；

(2) 若存在这样的回路,经过图中每条边一次且仅一次就可以行遍所有顶点,称此回路为**欧拉回路**；具有欧拉回路的图称为**欧拉图**；

(3) 具有欧拉通路但无欧拉回路的图称为**半欧拉图**。

规定：平凡图为欧拉图。

例 5.23 判断图 5.23 所示各图中哪些是欧拉图？哪些是半欧拉图？

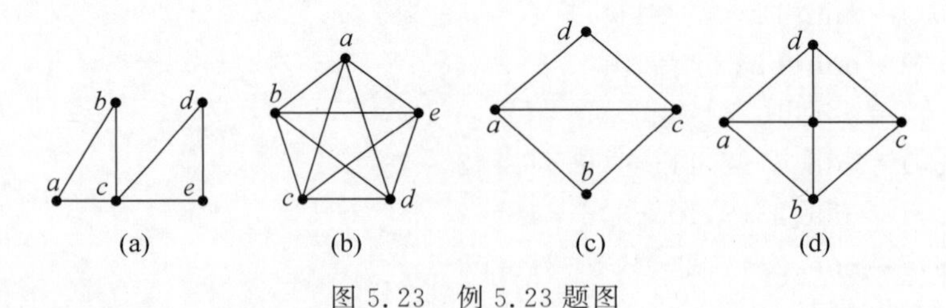

图 5.23 例 5.23 题图

解 此例中,图 5.23(a)、图 5.23(b)是欧拉图；图 5.23(c)是半欧拉图；图 5.23(d)中不存在欧拉通路,更不存在欧拉回路。这是因为图 5.23(a)中有欧拉回路($abcdeca$)。对于图 5.23(b)、图 5.23(c),读者可做类似的研究。

判断一个图是欧拉图,还是半欧拉图,按定义来判断很复杂,有时甚至是不可能的,因此可由下面的定理来判断。

定理 5.7(欧拉定理) 设$G=(V,E)$是无孤立点的无向图,G是欧拉图当且仅当G连通且无奇度顶点。

证明 若 G 为平凡图，则定理显然成立。下面讨论非平凡图。

必要性 设 C 是 G 中一条欧拉回路，则

(1) 图 G 是连通的。因为图 G 中无孤立点，所以图 G 中的每个结点都有一些边与之关联，而欧拉回路 C 包含了图 G 中的每一条边，回路 C 在通过各边的同时必通过图 G 中每个顶点。所以图 G 中每个结点都在回路 C 上。因此，图 G 中任何 2 个顶点，都可以通过回路 C 相互到达，故图 G 是连通的。

(2) 图 G 中无奇度顶点。$\forall v_i \in V$，v_i 在 C 上每出现 1 次获 2 度，所以 v_i 为偶度顶点。由 v_i 的任意性，结论为真。

充分性 对边数 m 作归纳法。

(1) $m=1$ 时，G 为一个环，则 G 为欧拉图。

(2) 设 $m \leqslant k(k \geqslant 1)$ 时结论为真，则 $m=k+1$ 时证明如下：

① 制造满足归纳假设的若干小欧拉图。由连通及无奇度顶点可知，$\delta(G) \geqslant 2$，用扩大路径法可得 G 中长度 $\geqslant 3$ 的圈 C_1。删除 C_1 上所有的边（不破坏 G 中顶点度数的奇偶性）得 G'，则 G' 无奇度顶点，设它有 $s(s \geqslant 1)$ 个连通分支 $G_1', G_2', \cdots, G_s'$，它们的边数均 $\leqslant k$，因而它们都是小欧拉图。设 $C_1', C_2', \cdots, C_s'$ 是 $G_1', G_2', \cdots, G_s'$ 的欧拉回路。

② 将 C_1 上被删除的边还原，从 C_1 上某一顶点出发走出 G 的一条欧拉回路 C。

综上所述，定理充分性成立。

推论 设 $G=(V,E)$ 是无孤立点的无向图，G 有欧拉通路当且仅当 G 连通且恰有 2 个奇度顶点。

证明 必要性 设 G 是 m 条边的 n 阶无向图，因为 G 中存在欧拉通路（但不存在欧拉回路），设 $\Gamma = v_{i0} e_{j1} v_{i1} e_{j2} \cdots v_{im-1} e_{jm} v_{im}$ 为 G 中一条欧拉通路，$v_{i0} \neq v_{im}$。$\forall v \in V(G)$，若 v 不在 Γ 的端点出现，显然 $d(v)$ 为偶数，若 v 在端点出现过，则 $d(v)$ 为奇数，因为 Γ 只有两个端点且不同，因而 G 中只有两个奇度顶点。另外，G 的连通性是显然的。

充分性（利用欧拉定理） 设 u 和 v 为 G 中的两个奇度顶点，令 $G'=G \cup (u,v)$，则 G' 连通且无奇度顶点，由欧拉定理知 G' 为欧拉图，因而存在欧拉回路 C，令 $\Gamma = C-(u,v)$，则 Γ 为 G 中的欧拉通路。

例 5.24 图 G 如图 5.24 所示。图 G 是否是欧拉图？若是，求其欧拉回路。

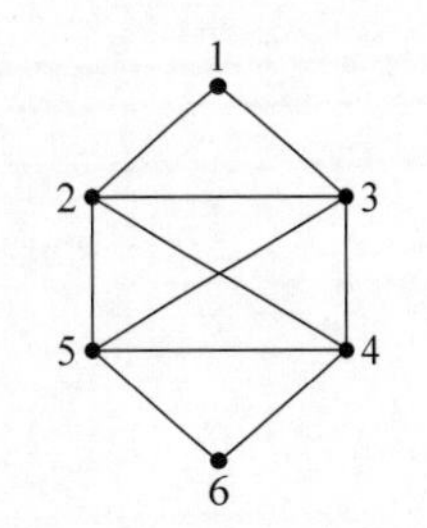

图 5.24 例 5.24 题图

由于图 G 中 6 个顶点的度都为偶数且图 G 连通，根据欧拉定理可知 G 为欧拉图。

在图 G 中任意找一简单回路 C：(1,2,3,1)。还有 7 条边不在该回路中，边(3,4)不在 C 中且与回路中的顶点 3 相关联，由顶点 3 出发经过边(3,4)可得到一简单回路 C'(3,4,5,3)，将 C' 并入 C 得到了一个新的更长的简单回路 C：(1,2,3,4,5,3,1)。

此时仍有 4 条边不在回路 C 中，边(4,6)不在 C 中且与顶点 4 相关联，由顶点 4 出发经过边(4,6)又可得到一个简单回路 C''：(4,6,5,2,4)。将 C'' 并入 C 得到一个更长的简单回路 C：(1,2,3,4,6,5,2,4,5,3,1)。可以看到，G 中所有的边已全部在 C 中了，故得此回路为 G 中的一条欧拉回路。

定理 5.8 有向图 G 是欧拉图当且仅当 G 是弱连通的且每个顶点的入度等于出度。

本定理的证明类似于定理 5.7。读者可以自己证明。

推论 有向图 G 有欧拉通路当且仅当 G 是单向连通的且 G 中恰有 2 个奇度顶点，其中一个的入度比出度大 1，另一个的出度比入度大 1，而其余顶点的入度都等于出度。

本推论的证明类似于定理 5.7。

定理 5.7 和定理 5.8 提供了欧拉通路与欧拉回路的十分简便的判别准则。

根据定理 5.7 和定理 5.8 再判断例 5.24 中各个图，哪些图是欧拉图？哪些图是半欧拉图？

例 5.25 欧拉图的应用——一笔画问题。

所谓“一笔画问题”就是画一个图形，笔不离纸，每条边只画一次而不许重复地画完该图。“一笔画问题”本质上就是一个无向图是否存在欧拉通路(回路)的问题。如果该图为欧拉图，则能够一笔画完该图，并且笔又回到出发点；如果该图只存在欧拉通路，则能够一笔画完该图，但笔回不到出发点；如果该图中不存在欧拉通路，则不能一笔画完该图。

例 5.26 图 5.25 所示的三个图能否一笔画成？为什么？

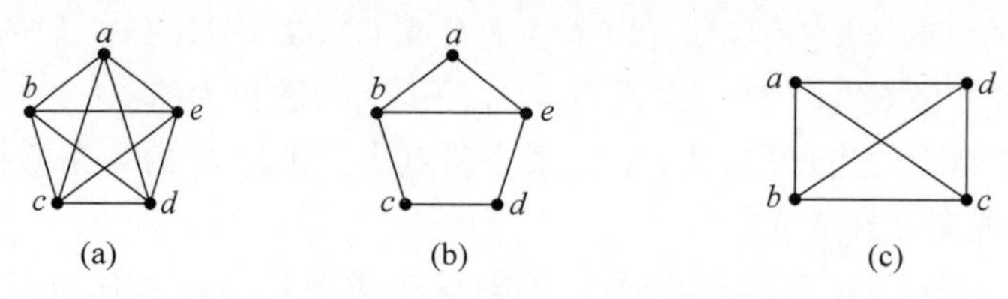

图 5.25 例 5.26 题图

解 因为图 5.25(a)和图 5.25(b)中分别有 0 个和 2 个奇数结点，所以它们分别是欧拉图和存在欧拉通路，因此能够一笔画成，并且在图 5.25(a)中笔能回到出发点，而图 5.25(b)中笔不能回到出发点。图 5.25(c)中有 4 个度为 3 的结点，所以不存在欧拉通路，因此不能一笔画成。

例 5.27 计算机磁鼓的设计如图 5.26 所示。

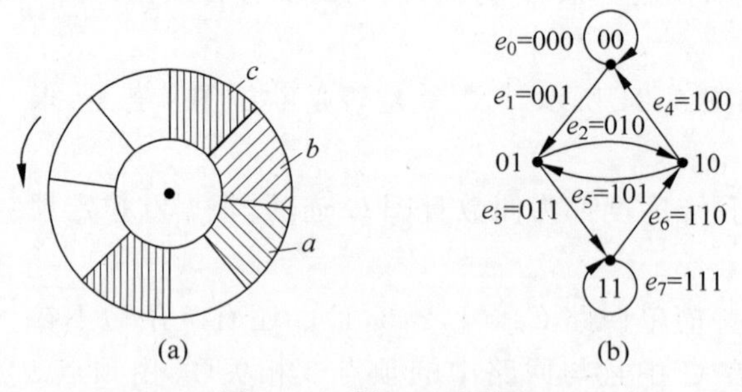

图 5.26 例 5.27 题图

计算机旋转磁鼓的表面被等分成 2^n 个部分，与 n 个电刷相接触。绝缘体(空白部分)不通电表示信号 0；导体(阴影部分)通电表示信号 1。从而 n 个电刷上就产生一 n 位二进制信号。

问：鼓轮上的 8 个扇区应如何安排导体或绝缘体，使鼓轮旋转一周，触点输出一组不同的二进制信号？

每转一个扇区，信号 $a_1a_2a_3$ 变成 $a_2a_3a_4$，前者右两位决定了后者左两位。因此，把所有两位二进制数作为结点，从每一个结点 a_1a_2 到 a_2a_3 引一条有向边表示 $a_1a_2a_3$ 这三位二进制数，作出表示所有可能数码变换的有向图，如图 5.26(b)。于是问题转化为在这个有向图上求一条欧拉回路，这个有向图的 4 个结点的度都是出度、入度各为 2，图 5.26(b)中有欧拉回路存在，例如($e_0e_1e_2e_5e_3e_7e_6e_4$)是一欧拉回路，对应于这一回路的**德布鲁因序列**是 00010111，因此材料应按此序列分布。

用类似的论证，可以证明存在一个 2^n 个二进制的循环序列，其中 2^n 个由 n 位二进制数组成的子序列都互不相同。例如 16 个二进制数的布鲁因序列是 0000101001101111。

此序列称为**德布鲁因(De Bruijn)序列**。这一应用是由 Good(1946)提出的。

欧拉图的应用——中国邮递员问题。

1962 年我国的管梅谷首先提出并研究了如下的问题：邮递员从邮局出发经过他投递的每一条街道，然后返回邮局，邮递员希望找出一条行走距离最短的路线。这个问题被外国人称为**中国邮递员问题**(Chinese Postman Problem)。

把邮递员的投递区域看作一个连通的带权无向图 G，其中 G 的顶点被看作街道的交叉口和端点，街道被看作边，权被看作街道的长度。解决中国邮递员问题，就是在连通带权无向图中，寻找经过每边至少一次且权和最小的回路。

如果对应的图 G 是欧拉图，那么从对应于邮局的顶点出发的任何一条欧拉回路都是符合上述要求的邮递员的最优投递路线。

如果图 G 只有两个奇点 x 和 y，则存在一条以 x 和 y 为端点的欧拉链，因此由这条欧拉链加 x 到 y 的最短路即是所求的最优投递路线。

如果连通图 G 不是欧拉图也不是半欧拉图，由于图 G 有偶数个奇点，对于任两个奇点 x 和 y，在 G 中必有一条路连接它们。将这条路上的每条边改为二重边得到新图 H_1，则 x 和 y 就变为 H_1 的偶点，在这条路上的其他顶点的度均增加 2，即奇偶数不变，于是 H_1 的奇点个数比 G 的奇点个数少 2。对 H_1 重复上述过程得 H_2，再对 H_2 重复上述过程得 H_3，……，经若干次后，可将 G 中所有顶点变成偶点，从而得到多重欧拉图 G'(在 G' 中，若某两点 u 和 v 之间连接的边数多于 2，则可去掉其中的偶数条多重边，最后剩下连接 u 与 v 的边仅有 1 条或 2 条，这样得到的图 G' 仍是欧拉图)。这个欧拉图 G' 的一条欧拉回路就相当于中国邮递员问题的一个可行解，且欧拉回路的长度等于 G 的所有边的长度加上由 G 到 G' 所添加的边的长度之和。但怎样才能使这样的欧拉回路的长度最短呢？如此得到的图 G' 中最短的欧拉回路称为图 G 的最优环游。

5.5.2 哈密顿图

哈密顿图是由威廉·哈密顿(Willian Hamilton)爵士于 1856 年在解决关于正十二面体的一个数学游戏时首次提出的。

1856 年哈密顿爵士发明了一种数学游戏：一个人在(实心的)正十二面体的任意 5 个相继的顶点(正十二面体由 12 个相同的正五边形组成，有 20 个顶点和 30 条棱)上插上 5 个大头针，形成一条路，要求另一个人扩展这条路，以形成一条过每个顶点一次且仅一次的圈。

哈密顿爵士在 1859 年将他的正十二面体数学游戏重新叙述为：能否在全球选定的 20 个都会城市(据说有中国三个城市——北京、上海、西安)中，从任一城市出发，进行环球航行，经过这20个城市一次且仅一次(不能去其他城市)，然后回到出发点。这就是著名的**环球航行问题**或**周游世界问题**。哈密顿给出了这个问题的肯定的答案，如图5.27所示。按照图5.27中所给城市的编号行遍，可得所要求的回路，对于一般的连通图G也可以提出这样的问题，即能否找到一条含图中所有顶点的基本通路或回路。

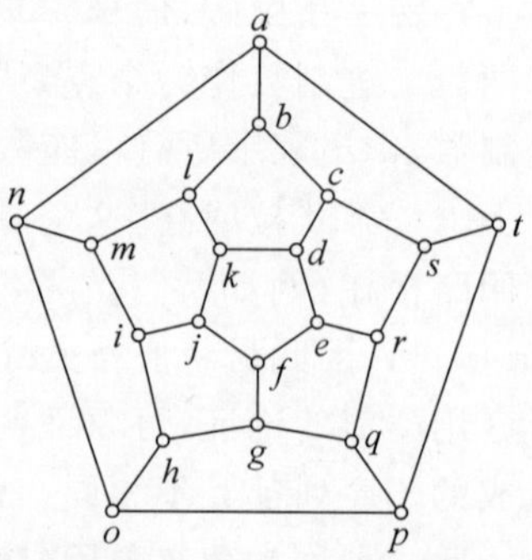

图 5.27 环球航行问题

定义 5.34 设有图$G=(V,E)$：

(1) 哈密顿通路——经过图中所有顶点一次且仅一次的通路。

(2) 哈密顿回路——经过图中所有顶点一次且仅一次的回路。

(3) 哈密顿图——具有哈密顿回路的图。

(4) 半哈密顿图——具有哈密顿通路且无哈密顿回路的图。

说明：

(1) 平凡图是哈密顿图。

(2) 哈密顿通路是基本通路，哈密顿回路是基本回路。

(3) 环与平行边不影响哈密顿性。

(4) 哈密顿图的实质是能将图中的所有顶点排在同一个圈上。

例 5.28 判断图5.28中哪些图是哈密顿图？哪些是半哈密顿图？

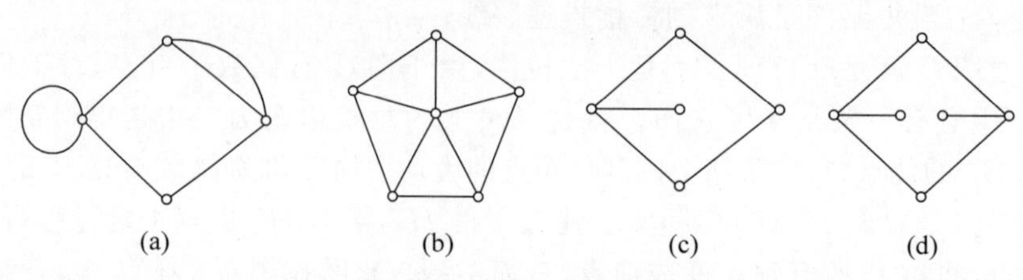

图 5.28 例5.28题图

解 图5.28(a)、图5.28(b)是哈密顿图；图5.28(c)是半哈密顿图；图5.28(d)既不是哈密顿图，也不是半哈密顿图。

到目前为止，还没有简明的条件作为判断一个图是否为哈密顿图的充要条件，因此研究哈密顿图要比研究欧拉图难些。下面给出一些哈密顿通路、回路存在的必要条件或充分条件。

定理 5.9 设无向图$G=(V,E)$是哈密顿图，对于任意$V_1\subset V$且$V_1\neq\varnothing$，均有

$$p(G-V_1)\leqslant|V_1|$$

其中$p(G-V_1)$是从G中删除V_1后所得到的连通分支数。

证明 设C为G中任意一条哈密顿回路，当V_1中顶点在C中均不相邻时，$p(G-V_1)=|V_1|$最大，其余情况下均有$p(G-V_1)<|V_1|$，所以有$p(G-V_1)\leqslant|V_1|$。而C是G的生成子图，所以，$p(G-V_1)\leqslant p(C-V_1)\leqslant|V_1|$。

推论 设无向图$G=(V,E)$是半哈密顿图，对于任意的$V_1\subset V$且$V_1\neq\varnothing$均有

$$p(G-V_1)\leqslant|V_1|+1$$

证明 令$\Gamma(uv)$为G中哈密顿通路，令$G'=G\cup(u,v)$，则G'为哈密顿图。于是

$$p(G-V_1)=p(G'-V_1-(u,v))\leqslant |V_1|+1$$

本定理的条件是哈密顿图的必要条件,但不是充分条件。可以利用本定理的必要条件来判定某些图不是哈密顿图。

例 5.29 利用定理 5.9 判定图 5.29 中的图不是哈密顿图。

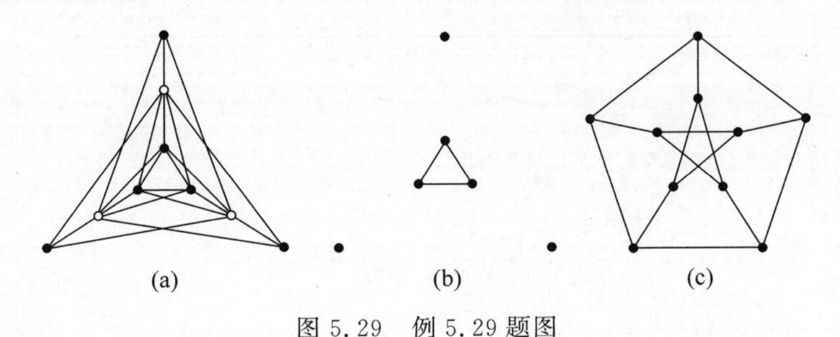

图 5.29 例 5.29 题图

解 图 5.29(a)不是哈密顿图。

图 5.29(a)中共有 9 个结点,如果取结点子集 $V_1=\{3$ 个白点$\}$,删除 V_1。而这时图 5.29(a)的连通分支为 $\omega(G-S)=4$,如图 5.29(b)所示。根据定理 5.9 的逆否命题得图 5.29(a)不是哈密顿图。但要注意,若一个图满足定理 5.9 的条件也不能保证这个图一定是哈密顿图。可以验证**彼得森图**[如图 5.29(c)所示]满足定理的条件,但它不是哈密顿图。若一个图不满足定理中的条件,则它一定不是哈密顿图。

在彼得森图中存在哈密顿通路不存在哈密顿回路,所以彼得森图是半哈密顿图。

下面给出一些图具有哈密顿回路或通路的一些充分条件。

定理 5.10 设 G 是 n 阶无向简单图,若对于任意不相邻的顶点 v_i 和 v_j,均有

$$d(v_i)+d(v_j)\geqslant n-1$$

则 G 中存在哈密顿通路。

证明

(1) 首先证明 G 是连通的。假设 G 不连通,G 至少有两个连通分支,设 G_1 和 G_2 是顶点数分别为 n_1 和 $n_2(n_1\geqslant 1,n_2\geqslant 1)$的连通分支,设 $v_1\in V(G_1)$,$v_2\in V(G_2)$,由于 G 是简单图,所以,$d_G(v_1)+d_G(v_2)=d_{G_1}(v_1)+d_{G_2}(v_2)\leqslant n_1-1+n_2-1\leqslant n-2$。

这与定理中条件 $d(v_i)+d(v_j)\geqslant n-1$ 矛盾,所以 G 是连通的。

再证明 G 中存在哈密顿通路。

(2) 设 $\Gamma=v_1v_2\cdots v_l$ 为 G 中极大路径,$l\leqslant n$,若 $l=n$,则 Γ 为 G 中经过所有顶点的路径,即为哈密顿通路。

若 $l<n$,说明 G 中还有在 Γ 外的顶点,但此时可以证明存在经过 Γ 上所有顶点的回路。

① 若在 Γ 上 v_1 与 v_l 相邻,则 $v_1v_2\cdots v_lv_1$ 为过 Γ 上所有顶点的回路。

② 若在 Γ 上 v_1 与 v_l 不相邻,假设 v_1 在 Γ 上与 $v_{i1}=v_2,v_{i_2},v_{i_3},\cdots,v_{i_k}$ 相邻(k 必大于或等于 2,否则 $d(v_1)+d(v_l)\leqslant 1+l-2<n-1$),此时 v_l 必与 $v_{i_2},v_{i_3},\cdots,v_{i_k}$ 相邻的顶点 $v_{i_2-1},v_{i_3-1},\cdots,v_{i_k-1}$ 至少之一相邻(否则 $d(v_1)+d(v_l)\leqslant k+l-2-(k-1)=l-1<n-1$)。设 v_l 与 $v_{i_r-1}(2\leqslant r\leqslant k)$相邻,如图 5.30(a)所示,删除边$(v_{i_r-1},v_{i_r})$,得到回路 $C=v_1v_{t_1}\cdots v_{t_r-1}v_tv_{t-1}\cdots v_{i_k}\cdots v_{t_r}v_1$。

③ 证明存在比 Γ 更长的路径。

由连通性,可得比 Γ 更长的路径[如图 5.30(b)所示],对它再扩大路径,重复(2),最后得哈密顿通路。

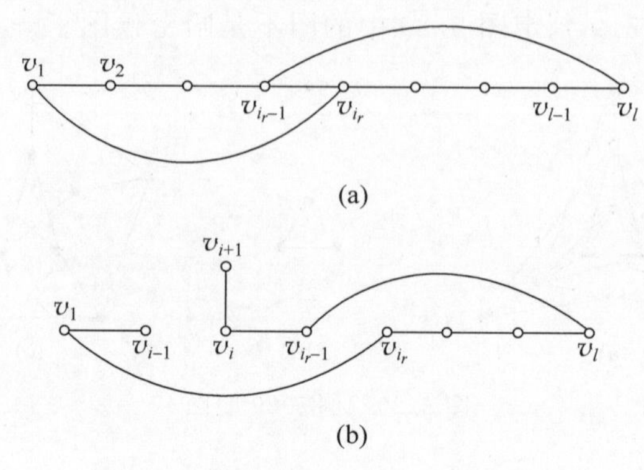

图 5.30 哈密顿通路存在的充分条件

推论 1 设 G 为 $n(n\geqslant 3)$ 阶无向简单图,若对于 G 中任意两个不相邻的顶点 v_i 和 v_j,均有 $d(v_i)+d(v_j)\geqslant n$,则 G 中存在哈密顿回路,从而 G 为哈密顿图。

证明 由定理 5.10 得 $\Gamma=v_1v_2\cdots v_n$ 为 G 中哈密顿通路。

若 $(v_1,v_n)\in E(G)$,得证。否则利用推论条件 $d(v_i)+d(v_j)\geqslant n$ 证明存在过 $v_1,v_2,\cdots,v_n$ 的哈密顿回路。

推论 2 设 G 为 $n(n\geqslant 3)$ 阶无向简单图,若对任意的 $v\in V(G)$,均有 $d(v)\geqslant \dfrac{n}{2}$,则 G 为哈密顿图。

利用推论 1 可证推论 2。

定理 5.11 设 u 和 v 为 n 阶无向简单图 G 中两个不相邻的顶点,且 $d(u)+d(v)\geqslant n$,则 G 为哈密顿图当且仅当 $G\cup(u,v)$ 为哈密顿图。

本定理的证明留给读者。

以上定理及推论都是针对无向图的条件,下面讨论有向图中的哈密顿通路。

讨论一类一定含有哈密顿通路(回路)的有向图——竞赛图。

定义 5.35(竞赛图) 无向完全图的定向图称为竞赛图。

注:竞赛图中任何两个结点间都有且仅有一条有向边。

例 5.30 图 5.31 给出了三个具有 4 个结点的竞赛图。

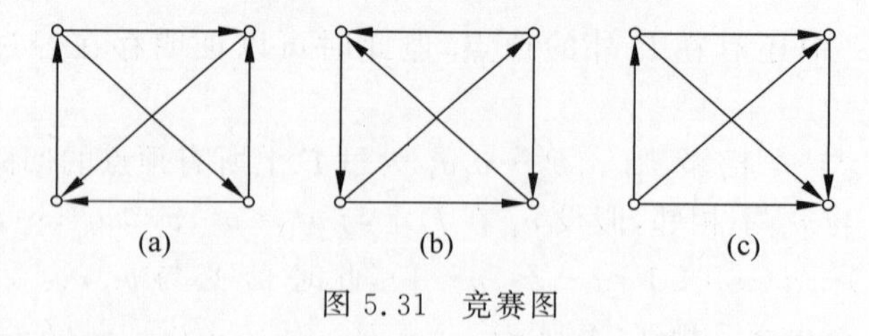

图 5.31 竞赛图

定理 5.12 若 G 为 $n(n\geqslant 2)$ 阶竞赛图,则 G 中具有哈密顿通路。

证明 略。

哈密顿图应用

(1) 环球航行问题(如图 5.27 所示)。

易知 $a\ b\ c\ d\ e\ f\ g\ h\ i\ j\ k\ l\ m\ n\ o\ p\ q\ r\ s\ t\ a$ 为图 5.27 中的一条哈密顿回路。

注意:此图不满足定理 5.10 推论 1 条件。

(2) 在四分之一国际象棋盘(由 4×4 方格组成)上跳马无解(如图 5.32 所示)。

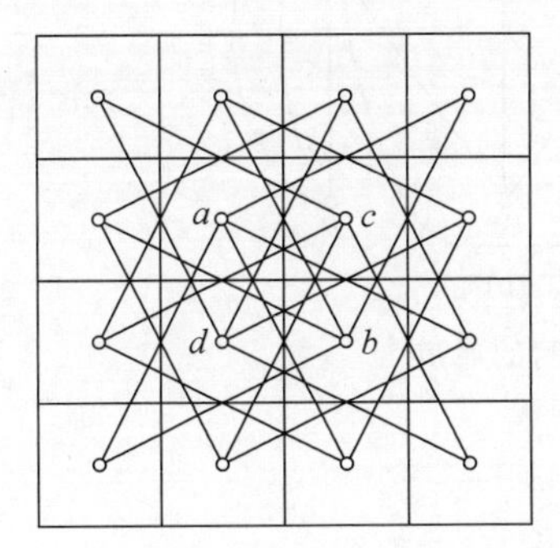

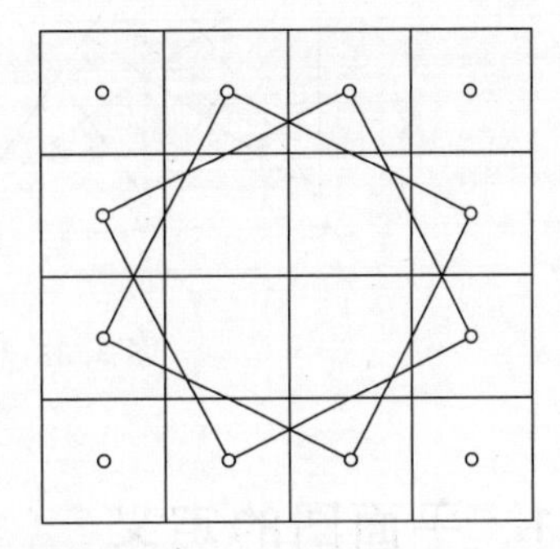

图 5.32 国际象棋盘跳马

令 $V_1=\{a,b,c,d\}$,则 $p(G-V_1)=6>4$,由定理 5.9 可知图 5.32 中无哈密顿回路。

(3) 旅行商问题(Traveling Salesman Problem,TSP)是在加权完全无向图中,求经过每个顶点恰好一次的(边)权和最小的哈密尔顿圈,又称之为**最优哈密尔顿圈**。如果将加权图中的结点看作城市,加权边看作距离,旅行商问题就成为找出一条最短路线,使得旅行商从某个城市出发,遍历每个城市一次,最后再回到出发的城市。

若选定出发点,对 n 个城市进行排列,因第 2 个顶点有 $n-1$ 种选择,第 3 个顶点有 $n-2$ 种选择,依此类推,共有 $(n-1)!$ 条哈密尔顿圈。考虑一个哈密尔顿圈可以用相反两个方向来遍历,因而只需检查 $\frac{1}{2}(n-1)!$ 个哈密尔顿圈,从中找出权和最小的一个。我们知道 $\frac{1}{2}(n-1)!$ 随着 n 的增加而增长得极快,例如有 20 个顶点,需考虑 $\frac{1}{2}\times 19!$(约为 6.08×10^{16})条不同的哈密尔顿圈。要检查每条哈密尔顿圈用最快的计算机也需大约一年的时间,才能求出该图中长度最短的一条哈密尔顿圈。

因为旅行商问题同时具有理论和实践的重要性,所以已经投入了巨大的努力来设计解决它的有效算法。目前还没有找到一个有效算法。因此,解决旅行商问题的实际方法是使用近似算法。大家可以通过查阅资料进行学习。

5.6 平面图

在一些实际问题中,常常需要考虑一些图在平面上的画法,希望图的边与边不相交或尽量少相交。如印制电路板上的布线、线路或交通道路的设计以及地下管道的敷设等。

例如,一个工厂有 3 个车间和 3 个仓库,因工作需要,车间与仓库之间将设专用的车道。为避免发生车祸,应尽量减少车道的交叉点,最好是没有交叉点,这是否可能呢?

如图 5.33(a)所示，A、B、C 是 3 个车间；M、N、P 是 3 座仓库。经过研究表明，要想建造不相交的道路是不可能的，但可以使交叉点最少，如图 5.33(b)所示。此类实际问题涉及平面图的研究。近年来，由于大规模集成电路的发展，也促进了平面图的研究。

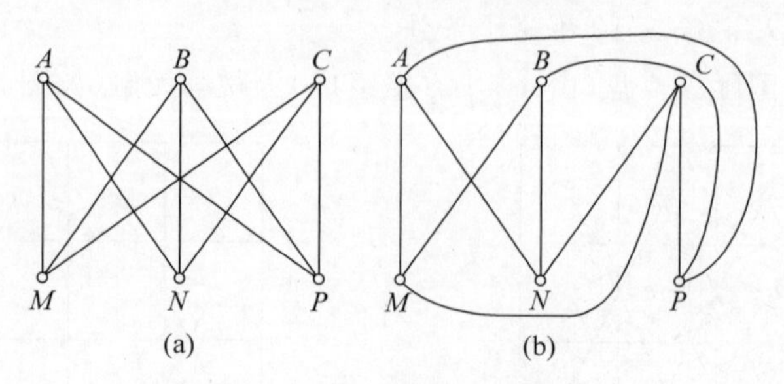

图 5.33　车间和仓库之间的通道

5.6.1　平面图的定义

定义 5.36　设 $G=(V,E)$ 是一无向图。如果能把 G 的所有结点和边画在平面上，使得任何两条边除公共端点外没有其他的交点，则称 G 是一个**平面图**或称**该图能嵌入平面**；否则，称 G 是一个**非平面图**。

直观上讲，平面图就是可以画在平面上，使边除端点外彼此不相交的图。应当注意，有些图从表面上看，它的某些边是相交的，但是不能就此肯定它不是平面图。

例如，图 5.34(a)是无向完全图 K_3，它是平面图。图 5.34(b)是无向完全图 K_4，它表面上看有相交边，但是把它画成图 5.34(c)，则可以看出它是一个平面图。图 5.34(d)是平面图。图 5.34(e)经改画后得到图 5.34(f)，图 5.34(g)经改画后得到图 5.34(h)，由定义知它们都是平面图。而图 5.34(i)和图 5.34(j)是无向完全图 K_5，K_5 和图 5.33 中的两个图，无论怎样调整边的位置，都不能使任何两边除公共端点外没有其他的交点，所以它们不是平面图，它们是两个最基本、最重要的非平面图，在平面图理论的研究中有非常重要的作用。

设 G 是平面图，G 的以无交边的方式画在平面上的图，称为平面图 G 的**平面嵌入**。如图 5.34 中的(c)、(f)、(h)分别为图(b)、(e)、(g)的平面嵌入。

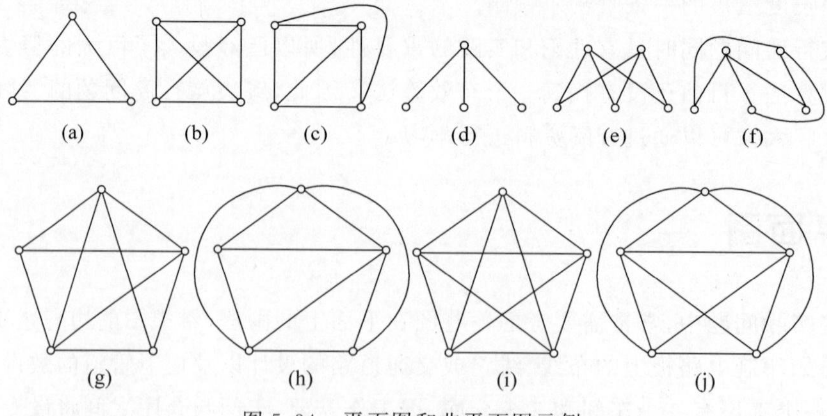

图 5.34　平面图和非平面图示例

关于平面图,以下两个结论是显然的。

定理 5.13 若 G 是平面图,则 G 的任何子图都是平面图。

定理 5.14 若 G 是非平面图,则 G 的任何母图都是非平面图。

推论 无向完全图 $K_n(n\geqslant 5)$ 是非平面图。

定义 5.37 设 $G=(V,E)$ 是平面图。将 G 嵌入平面后,由 G 的边将 G 所在的平面划分为若干区域,每个区域称为 G 的一个面。其中面积无限的面称为无限面或外部面,面积有限的面称为有限面或内部面。包围每个面的所有边组成的回路称为该面的边界,边界长度称为该面的次数,面 R 的次数记为 $\deg(R)$。

例 5.31 图 5.34(a)共有两个面,每个面的次数均为 3。图 5.34(c)共有 4 个面,每个面的次数均为 3。图 5.34(f)共有 3 个面,每个面的次数均为 4。图 5.34(h)共有 6 个面,每个面的次数均为 3。图 5.35 所示平面图 G 有 4 个面,$\deg(R_1)=3$,$\deg(R_2)=3$,R_3 的边界为 $e_{10}e_7e_8e_9e_{10}$,$\deg(R_3)=5$,R_0 的边界为 $e_1e_6e_7e_9e_8e_6e_5e_4e_2$,$\deg(R_0)=9$。

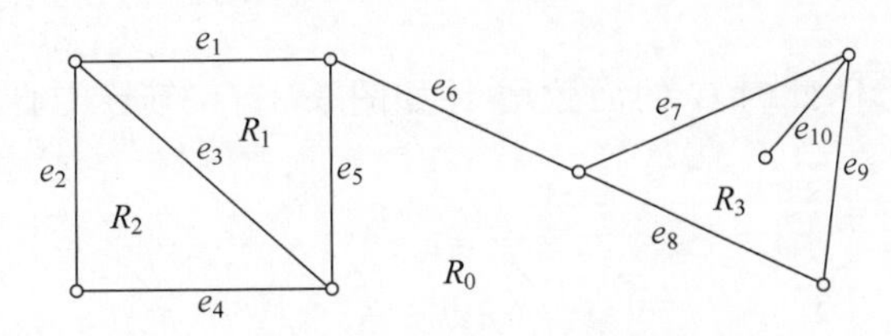

图 5.35 例 5.31 题图

关于面的次数,有下述定理。

定理 5.15 在一个有限平面图 G 中,所有面的次数之和等于边数的 2 倍,即

$$\sum_{i=1}^{r}\deg(R_i)=2m$$

其中,r 为 G 的面数,m 为边数。

证明 注意到等式的左端表示 G 的各个面次数的总和,在计数过程中,G 的每条边或者是两个面的公共边界,为每一个面的次数增加 1;或者在一个面中作为边界重复计算两次,为该面的次数增加 2。因此在计算面的次数总和时,每条边都恰好计算了两次,故等式成立。

推论 在任何平面图中,次数为奇数的面的个数是偶数。

G 的不同平面嵌入的面的次数数列可能是不同的。图 5.36 中的 G_1 和 G_2 是同一个图的平面嵌入,但它们的面的次数数列分别是 3,3,5,5 和 3,3,4,6。

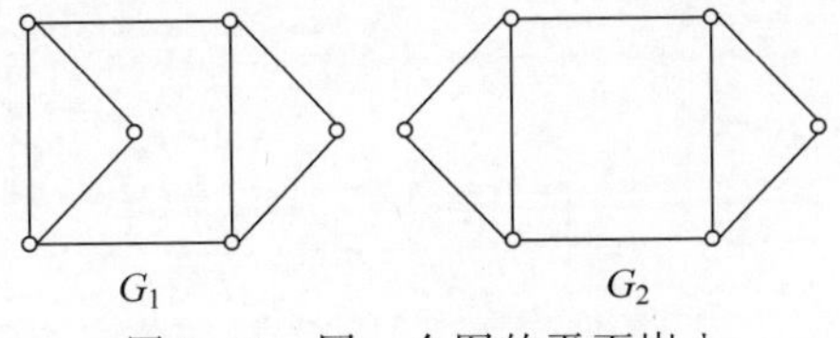

图 5.36 同一个图的平面嵌入

5.6.2 欧拉公式

在 1750 年数学家欧拉发现,任何一个凸多面体的顶点数 n,棱数 m 和面数 r 之间满足

关系式：

$$n-m+r=2$$

这就是著名的欧拉公式。更一般地，对任意平面图，欧拉公式依然成立。这就是下面的定理和推论。

定理 5.16 设 G 为一个连通平面图，它有 n 个结点、m 条边和 r 个面，则有 $n-m+r=2$。

证明 对 G 的边数 m 进行归纳证明。

当 $m=0$ 时，由于 G 是连通的，因此 G 只能是平凡图。这时，$n=1,m=0,r=1,n-m+r=2$ 成立。

设 $m=k(k\geqslant 1)$ 时，结论成立，下面证明当 $m=k+1$ 时，结论也成立。

易见，一个具有 $k+1$ 条边的连通平面图可以由 k 条边的连通平面图添加一条边后构成。因为一个含有 k 条边的连通平面图上添加一条边后仍为连通图，则有以下三种情况。

(1) 所增边为悬挂边[如图 5.37(a)所示]，此时 G 的面数不变，结点数增 1，边数增 1，欧拉公式成立。

(2) 所增边为一个环，此时 G 的面数增 1[如图 5.37(b)所示]，此时边数增 1，但结点数不变，欧拉公式成立。

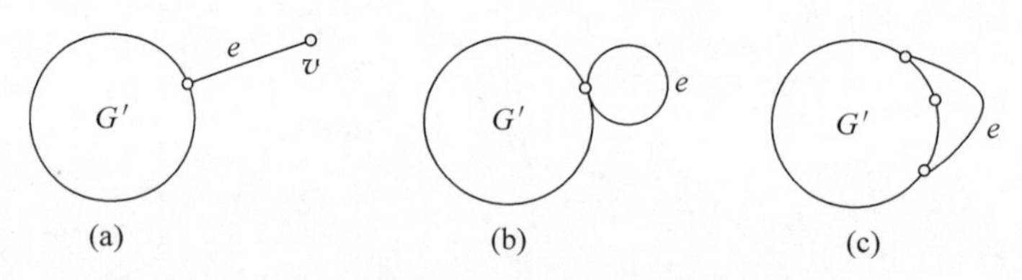

图 5.37 定理 5.16 证明

(3) 在图的任意两个不相邻结点间增加一条边[如图 5.37(c)所示]，此时 G 的面数增 1，边数增 1，但结点数不变，欧拉公式成立。

定理 5.17 设 G 是连通的(n,m)平面图，且每个面的次数至少为 $l(l\geqslant 3)$，则

$$m\leqslant\frac{l}{l-2}(n-2)$$

证明 由定理 5.15 知

$$2m=\sum_{i=1}^{r}\deg(R_i)\geqslant l\cdot r\quad(r\text{ 为 }G\text{ 的面数})$$

再由欧拉公式

$$n-m+r=2$$

得

$$r=2+m-n\leqslant\frac{2m}{l}$$

故

$$m\leqslant\frac{l}{l-2}(n-2)$$

推论 1 平面图 G 的平面嵌入的面数与 G 的嵌入方法无关。

于是 G 的一个平面嵌入的面数，可直接称为平面图 G 的面数。

推论 2 设 G 是有 n 个结点($n\geqslant3$)和 m 条边的简单平面图,则 $m\leqslant3n-6$。

证明 不妨设 G 是连通的,否则可在 G 的连通分支间加边而得到连通图 G',G' 的结点数仍为 n,边数 $m'\geqslant m$,所以若定理对 G' 成立,则对 G 也成立。

由于 G 是有 n 个结点($n\geqslant3$)的简单连通平面图,所以 G 的每一个面至少由 3 条边围成。如果 G 中有 r 个面,则面的总次数

$$2m\geqslant3r$$

即有

$$r\leqslant\frac{2m}{3}$$

代入欧拉公式,可得

$$n-m+\frac{2m}{3}\geqslant2$$

从而得到

$$m\leqslant3n-6$$

推论 2 也可直接由定理 5.17 推出,只需令 $l=3$ 即可。

推论 3 若有 n 个结点($n\geqslant3$)的简单连通平面图 G 不以 K_3 为子图,则 $m\leqslant2n-4$。

证明 由于 G 是有 n 个结点($n\geqslant3$)的简单连通平面图,且 G 中不含 K_3,所以 G 的每个面至少由 4 条边围成,即 $l\geqslant4$,代入定理 5.16,立即得

$$m\leqslant2n-4$$

推论 4 若 G 是一个简单平面图,则 G 至少有一个结点的度小于或等于 5。

证明 当 G 的结点数小于或等于 6 时,结论显然成立。当 G 的结点数大于或等于 7 时,设 G 的最小度结点的度为 δ,若 $\delta>5$,即 $\delta\geqslant6$,由握手定理知

$$2m=\sum_{v\in V}\deg(v)\geqslant6n$$

故

$$m\geqslant3n$$

与推论 2 矛盾,所以图 G 中至少有一个结点的度小于或等于 5。

例 5.32 证明 K_5 不是平面图。

证明 K_5 的结点数 $n=5$,边数 $m=10$,若它是平面图,则由推论 2 得 $m\leqslant3n-6$,即 $10\leqslant3\times5-6$,这是一个矛盾不等式,故 K_5 不是平面图。

上面给出的定理 5.16 和推论 2、推论 3、推论 4 都是一个图是平面图的必要条件,它们可用来判断某个图不是平面图。我们希望找出一个图是平面图的充分必要条件。经过几十年的努力,波兰数学家库拉托夫斯基(Kuratowski)于 1930 年给出了平面图的一个非常简洁的充分必要条件。下面就来介绍库拉托夫斯基定理。为此先引入同胚的概念。

定义 5.38 设 G 为一个无向图,$e=(u,v)$ 是 G 的一条边,在 G 中删去边 e,增加新的结点 w,使 u、v 均与 w 相邻接,则称**在 G 中插入一个 2 度结点**;设 w 为 G 的一个 2 度结点,w 与 u、v 相邻接,在 G 中删去结点 w 及与 w 相连接的边 (w,u) 和 (w,v),同时增加新边 (u,v),则称**在 G 中消去一个 2 度结点 w**,如图 5.38 所示。

定义 5.39 如果两个无向图 G_1 与 G_2 同构或通过反复插入或消去 2 度结点后是同构的,则称 G_1 与 G_2 是**同胚的**。

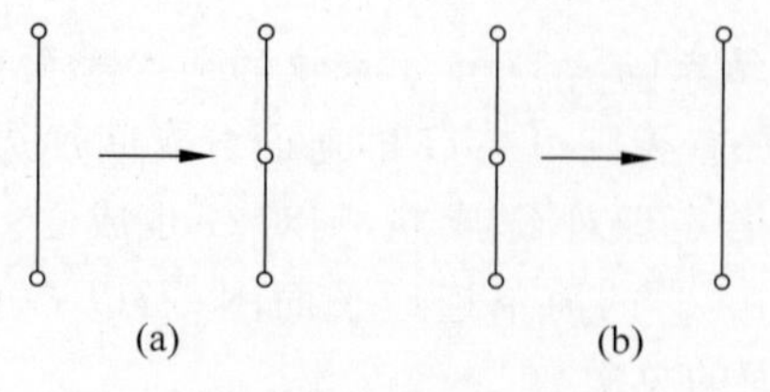

图 5.38 插入和消去 2 度结点

例如,图 5.39 所示的 4 个图是同胚的。

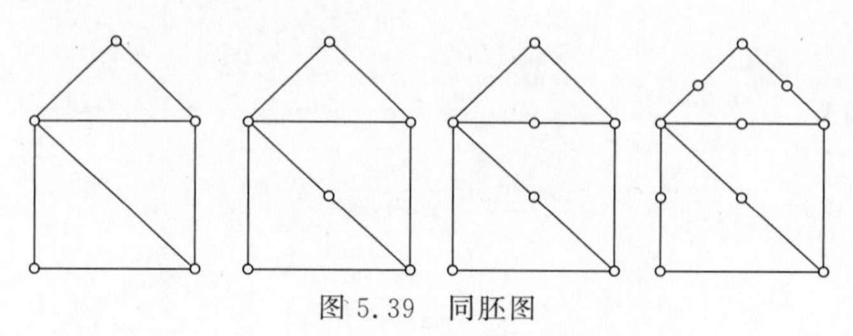

图 5.39 同胚图

定理 5.18(库拉托夫斯基定理) 一个无向图是平面图当且仅当它不含有与 K_5 或 $K_{3,3}$ 同胚的子图。

库拉托夫斯基定理的必要性容易看出,因为 K_5 不是平面图,因此与 K_5 同胚的图也不是平面图。一个无向图若是平面图,则它自然不会含有非平面图作为它的子图。

库拉托夫斯基定理的充分性证明较复杂,这里不再引述。有兴趣的读者可参阅邦迪(J. A. Bondy)和默蒂(U. S. R. Murty)的《图论及其应用》。

例 5.33 证明图 5.40(a)所示的彼得森图是非平面图。

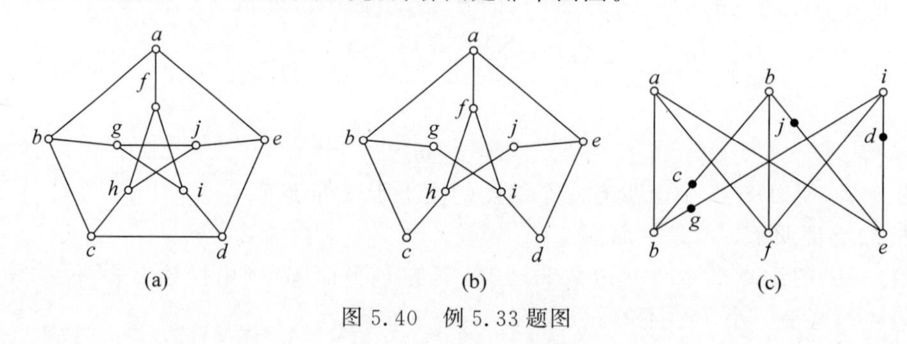

图 5.40 例 5.33 题图

证明 在图 5.40(a)所示的彼得森图中同胚于图 5.40(b)、图 5.40(c),由库拉托夫斯基定理知,彼得森图不是平面图。

5.6.3 平面图着色

平面图的着色问题最早起源于地图的着色。在一张地图中,若相邻国家着以不同的颜色,那么最少需要多少种颜色呢?1852 年,英国青年盖思瑞(Guthrie)提出了用 4 种颜色可以对地图着色的猜想(简称四色猜想)。1879 年肯普(Kempe)给出了这个猜想的第一个证明,但到 1890 年希伍德(Hewood)发现肯普的证明是有错误的,然而他指出了肯普的方法虽不能证明地图着色用 4 种颜色就够了,但却可以证明用 5 种颜色就够了,即五色定理成立。此后四色猜想一直成为图论中的难题。许多人试图证明猜想都没有成功。直到 1976 年美国数学家阿佩尔(K. Appel)和哈肯(W. Haken)利用计算机分析了近 2000 种图形和 100 万种情况,花费了 1200 个机时,进行了 100 多亿个逻辑判断,证明了四色猜想。从此四色猜想便被称为四色定理。但是,不依靠计算机而直接给出四色定理的证明,仍然是数学界一个令人困惑的问题。

为了叙述图形着色的有关定理,下面先给出对偶图的概念。

定义 5.40 给定平面图 $G=(V,E)$,其面的集合 $F(G)=\{f_1,f_2,\cdots,f_n\}$。若有图 $G^*=(V^*,E^*)$满足下列条件:

(1) 对于任意一个面 $f_i\in F(G)$,其内部有且仅有一个结点 $v_i^*\in V^*$;

(2) 对于 G 中的面 f_i 和 f_j 的公共边 e_k,有且仅有一条边 $e_k^*\in E^*$,使得 $e_k^*=(v_i^*,v_j^*)$,且 e_k^* 与 e_k 相交;

(3) 当且仅当 e_k 只是一个面 f_i 的边界时,v_i^* 存在一个环 e_k^* 且 e_k^* 与 e_k 相交。

则称图 G^* 是图 G 的**对偶图**。

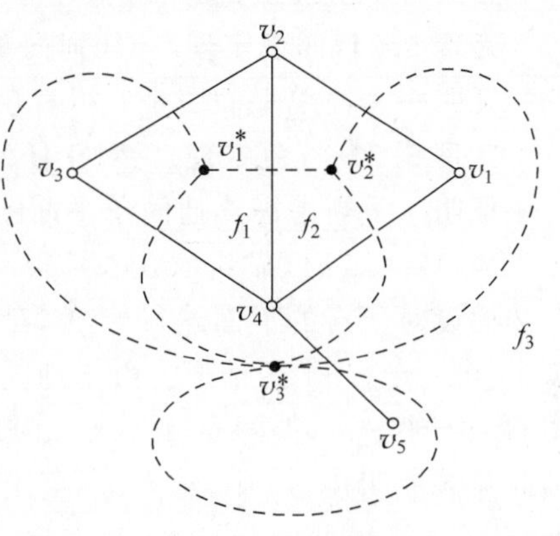

图 5.41 对偶图

例如,在图 5.41 中,G 的边和结点分别用实线和"∘"表示,而它的对偶图 G^* 的边和结点分别用虚线和"·"表示。

从对偶图的定义可以看出,若 $G^*=(V^*,E^*)$是平面图 $G=\langle V,E\rangle$的对偶图,则 G 也是 G^* 的对偶图。

定理 5.19 一个连通平面图 G 的对偶图 G^* 也是平面图,而且有 $m^*=m,n^*=r$, $r^*=n,\deg_{G^*}(v_i^*)=\deg_G(f_i),f_i\in F(G),v_i^*\in V^*$,其中 n、m、r 和 n^*、m^*、r^* 分别是 G 和 G^* 的结点数、边数和面数。

证明 由定义 5.39 对偶图的构造过程可知,G^* 也是连通的平面图,且 $n^*=r,m^*=m$ 和 $\deg_{G^*}(v_i^*)=\deg_G(f_i)$显然成立,下证 $r^*=n$。因为 G 和 G^* 均是连通的平面图,由欧拉公式有

$$n-m+r=2,\quad n^*-m^*+r^*=2$$

由 $n^*=r,m^*=m$ 可得 $r^*=n$。

定义 5.41 若图 G 的对偶图 G^* 同构于 G,则称 G 是**自对偶图**。

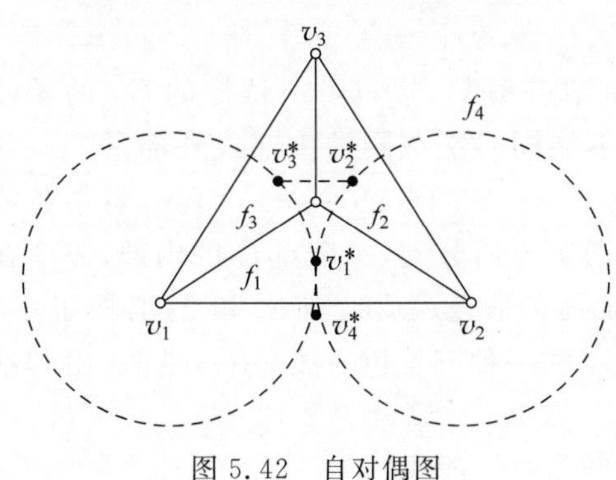

图 5.42 自对偶图

例如,图 5.42 给出了一个自对偶图。

定理 5.20 若平面图 $G=(V,E)$是自对偶图,且有 n 个结点和 m 条边,则 $m=2(n-1)$。

证明 由欧拉公式知

$$n-m+r=2$$

由于图 $G=(V,E)$是自对偶图,则有 $n=r$,从而有

$$2n-m=2$$

即

$$m=2(n-1)$$

从对偶图的定义易知，对于地图的着色问题，可以化为一种等价的对于平面图的结点的着色问题。因此，四色问题可归结为证明：对任意平面图一定可以用4种颜色对其结点进行着色，使得相邻结点都有不同颜色。

定义 5.42 平面图 G 的**正常着色**，简称**着色**，是指对 G 的每个结点指派一种颜色，使得相邻结点都有不同的颜色。若可用 n 种颜色对图 G 着色，则称 ***G* 是 *n* 可着色的**。对图 G 着色时，需要的最少颜色数称为 G 的**着色数**，记为 $\chi(G)$。

于是，四色定理可简单地叙述如下。

定理 5.21(四色定理) 任何简单平面图都是4可着色的。

证明一个简单平面图是5可着色的很容易。

定理 5.22(五色定理) 对于任何简单平面图 $G=(V,E)$，均有 $\chi(G)\leqslant 5$。

证明 只需考虑连通简单平面图 G 的情形。对 $|V|$ 进行归纳证明。

当 $|V|\leqslant 5$ 时，显然，$\chi(G)\leqslant 5$。

假设对所有的平面图 $G=(V,E)$，当 $|V|\leqslant k$ 时有 $\chi(G)\leqslant 5$。现在考虑图 $G_1=(V_1,E_1)$，$|V_1|=k+1$ 的情形。由定理5.17的推论4可知，存在 $v_0\in V_1$，使得 $\deg(v_0)\leqslant 5$。在图 G_1 中删去 v_0，得图 G_1-v_0。由归纳假设知，G_1-v_0 是5可着色的，即 $\chi(G_1-v_0)\leqslant 5$。因此只需证明在 G_1 中，结点 v_0 可用5种颜色中的一种着色并与其邻接点的着色都不相同即可。

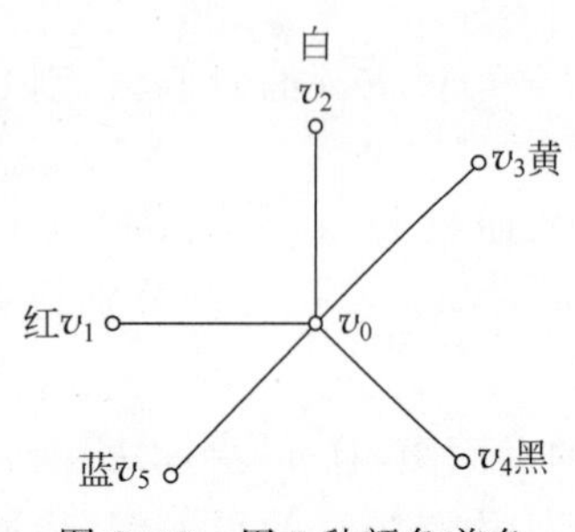

图 5.43 用5种颜色着色

若 $\deg(v_0)<5$，则与 v_0 邻接结点数不超过4，故可用与 v_0 的邻接点不同的颜色对 v_0 着色，得到一个最多是五色的图 G_1。

若 $\deg(v_0)=5$，但与 v_0 邻接的结点的着色数不超过4，这时仍然可用与 v_0 的邻接点不同的颜色对 v_0 着色，得到一个最多是五色的图 G_1。

若 $\deg(v_0)=5$，且与 v_0 邻接的5个结点依顺时针排列为 v_1,v_2,v_3,v_4 和 v_5，它们分别着不同的颜色红、白、黄、黑和蓝，如图5.43所示。

考虑由结点集合 $V_{13}=\{v\mid v\in V(G_1-v_0)\land v$ 着红色或黄色$\}$所诱导的 G_1-v_0 的子图 G_{13}。若 v_1,v_3 属于 G_{13} 的不同连通分支，如图5.44所示。则将 v_1 所在的连通分支中的红色与黄色对调，这样并不影响 G_1-v_0 的正常着色，然后将 v_0 涂上红色即可得到 G_1 的一种五着色。

若 v_1 和 v_3 属于 G_{13} 的同一个连通分支，则由结点集 $V_{13}\cup\{v_0\}$ 所诱导的 G_1 的子图 $<V_{13}\cup\{v_0\},E'_{13}>$ 中含有一个圈 C，而 v_2 和 v_4 不能同时在该圈的内部或外部，即 v_2 与 v_4 不是邻接点，如图5.45所示。于是，考虑由结点 $V_{24}=\{v\mid v\in V(G_1-v_0)\land v\}$ 着白色或黑色所诱导子图 G_{24}，由于圈 C 的存在，G_{24} 至少有两个连通分支，一个在 C 的内部，一个在 C 的外部(否则图 G_1 中将有边相交，与图 G_1 是平面图的假设矛盾)，则 v_2 和 v_4 必属于 G_{24} 的不同连通分支，作与上面类似的调整，又可得到 G_1 的一种五着色。故 $\chi(G)\leqslant 5$。由归纳原理，定理得证。

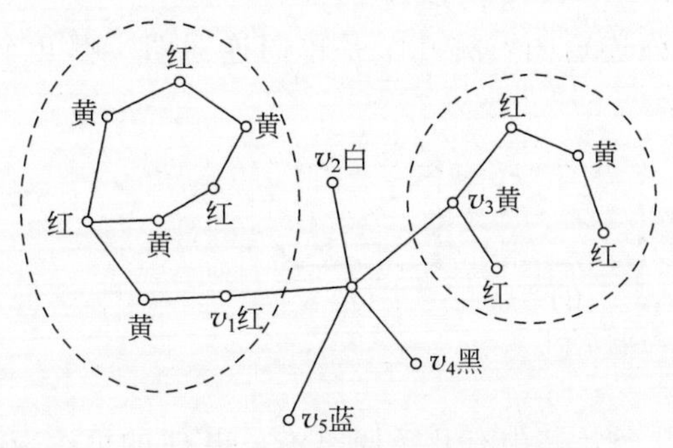

图 5.44　v_1、v_3 属于 G_{13} 的不同连通分支

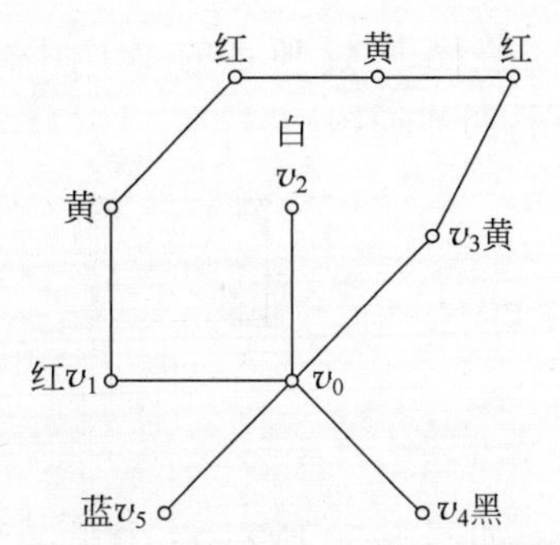

图 5.45　v_1、v_3 属于 G_{13} 的一个连通分支

习题 5

1. 写出图 5.46 中各图的度数列，对有向图还要写出出度列和入度列。

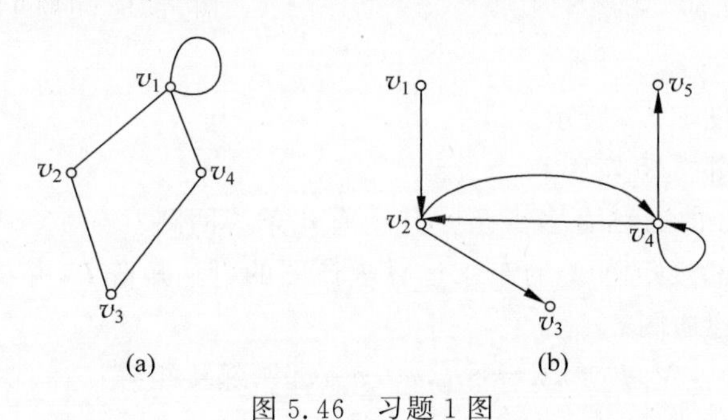

图 5.46　习题 1 图

2. 下列各组数中，哪些能构成无向图的度序列？哪些能构成无向简单图的度序列？

(1) 1,1,1,2,3；(2) 2,2,2,2,2；(3) 3,3,3,3；(4) 1,2,3,4,5；(5) 1,3,3,3。

3. 设无向图中有 6 条边，3 度与 5 度顶点各 1 个，其余的都是 2 度顶点。问：该图有几个顶点？

4. 设图 G 中有 9 个结点，每个结点的度不是 5 就是 6。试证明：G 中至少有 5 个 6 度结点或至少有 6 个 5 度结点。

5. 写出如图 5.47 所示相对于完全图的补图。

6. 在图 5.48 中，G_1 与 G_2 同构吗？为什么？

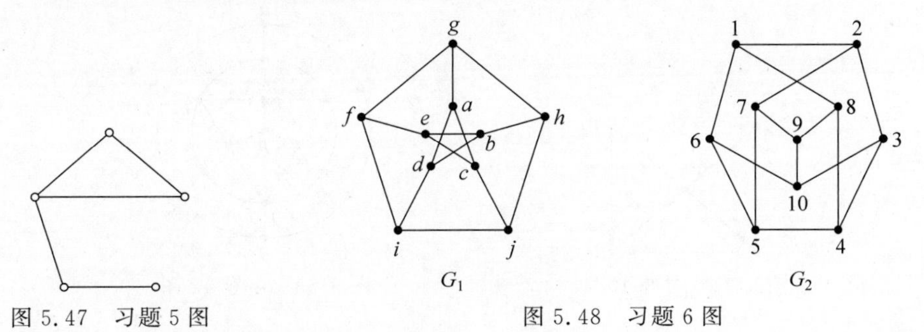

图 5.47　习题 5 图

图 5.48　习题 6 图

7. 在图 5.49 所示的 4 个图中,哪几个是强连通图?哪几个是单向连通图?哪几个是连通图(弱连通图)?

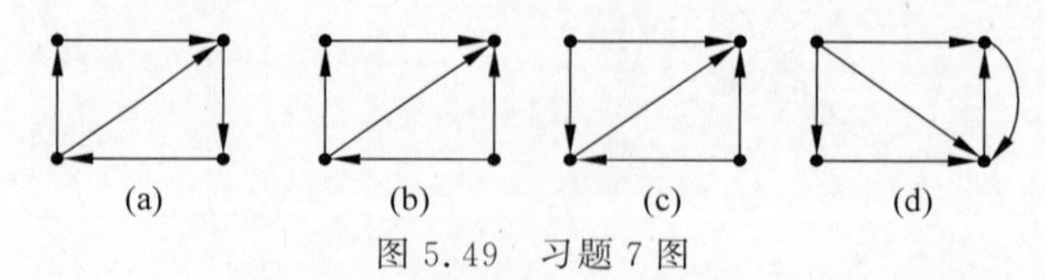

图 5.49 习题 7 图

8. 如图 5.50 所示,G 中长度为 4 的路有几条?其中有几条回路?写出 G 的可达矩阵。

9. 在图 5.51 所示的图中,指出割点和割边。

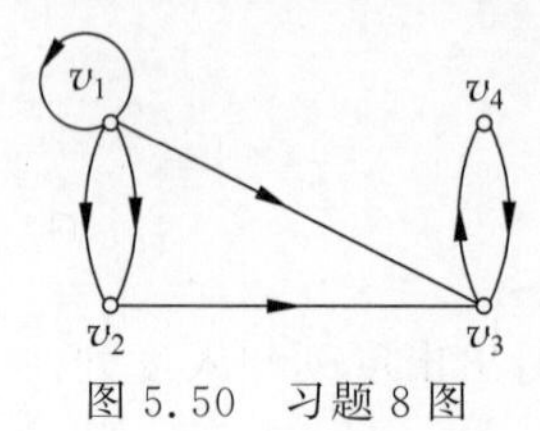

图 5.50 习题 8 图

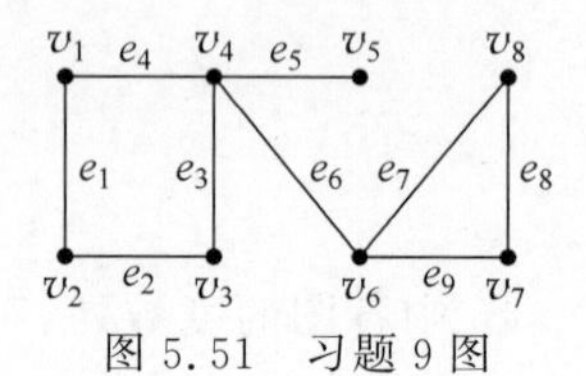

图 5.51 习题 9 图

10. 有向图 G 如图 5.52 所示。

(1) 写出图 G 的邻接矩阵 $\boldsymbol{A}$。

(2) G 中长度为 3 的通路有多少条?其中有几条为回路?

(3) 利用图 G 的邻接矩阵 $\boldsymbol{A}$ 的布尔运算求该图的可达矩阵 $\boldsymbol{P}$,并根据 $\boldsymbol{P}$ 来判断该图是否为强连通图和单向连通图。

11. 设无向图 $G=\langle V,E\rangle$,$V=\{v_1,v_2,v_3,v_4\}$,邻接矩阵

$$\boldsymbol{A}=\begin{bmatrix}0&1&0&1\\1&0&1&1\\0&1&0&0\\1&1&0&0\end{bmatrix}$$

(1) $\deg(v_1)$和 $\deg(v_2)$分别是多少?

(2) 图 G 是否为完全图?

(3) 从 v_1 到 v_2 长为 3 的路有多少条?

(4) 借助图解表示法写出从 v_1 到 v_2 长为 3 的每一条路。

12. 证明图 5.53 所示的图不是哈密顿图。

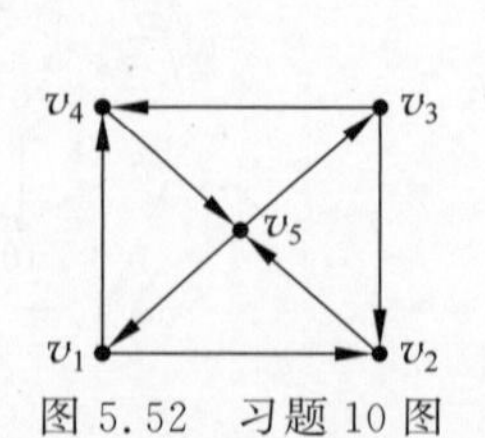

图 5.52 习题 10 图

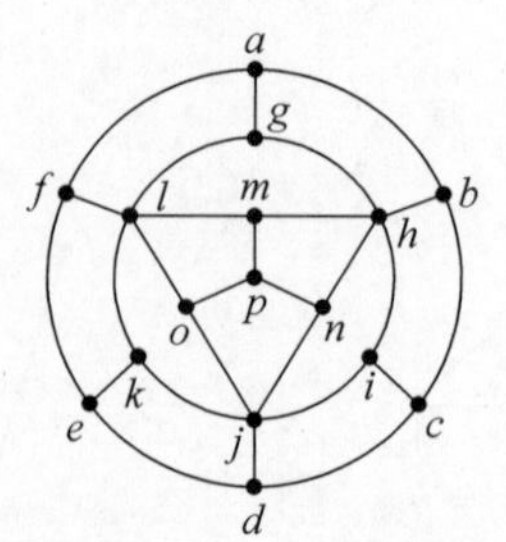

图 5.53 习题 12 图

13. 设有 a,b,c,d,e,f,g 7 个人，他们分别会讲的语言如下：a 会讲英语；b 会讲汉语和英语；c 会讲英语、西班牙语和俄语；d 会讲日语和汉语；e 会讲德语和西班牙语；f 会讲法语、日语和俄语；g 会讲法语和德语。能否将这 7 个人的座位安排在圆桌旁，使得每个人均能与他身边的人交谈？

14. 求图 5.54 中 v_1 到其余各点的最短路径。

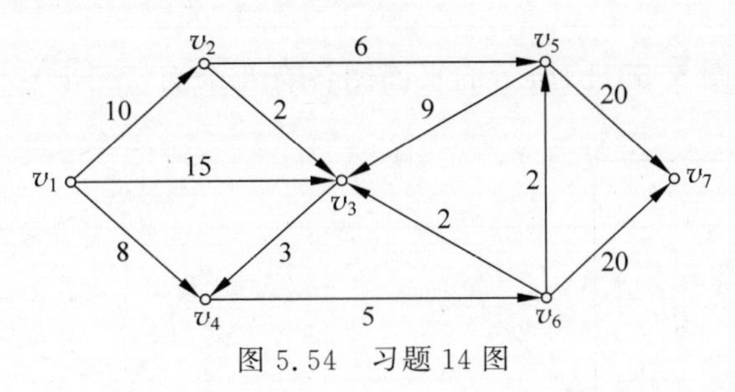

图 5.54　习题 14 图

15. 问：图 5.55 中的两个图，各需要几笔画出(笔不离纸，每条边均不能重复画)？

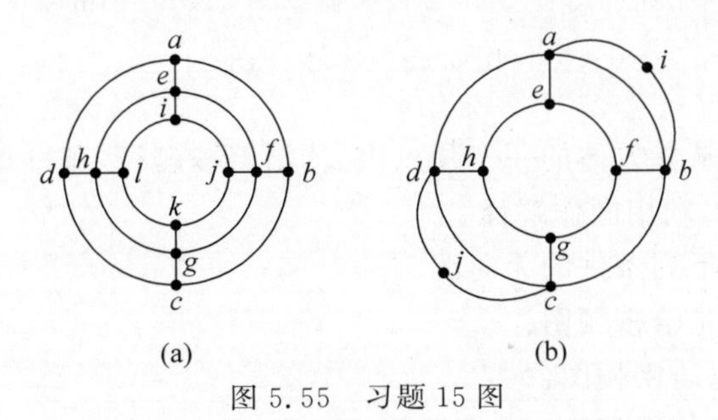

图 5.55　习题 15 图

16. 11 个学生打算几天都在一张圆桌上共进午餐，并且希望每次午餐时每个学生两旁所坐的人都不相同。问：这 11 个人共进午餐最多能有多少天？

17. 写出图 5.56 的关联矩阵和邻接矩阵。

18. 图 5.57 是有向图。

(1) 求出它的邻接矩阵 $\mathbf{A}$ 和可达矩阵 $\mathbf{P}$。

(2) 求出 $\mathbf{A}^2$、$\mathbf{A}^3$、$\mathbf{A}^4$。

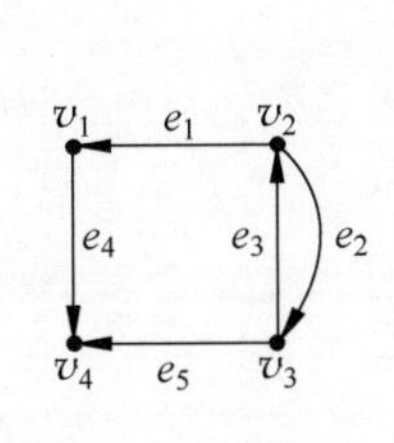

图 5.56　习题 17 图

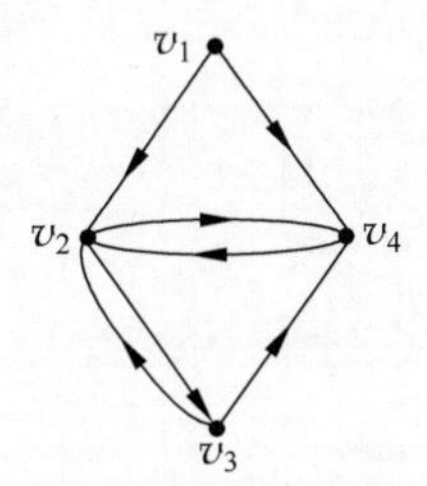

图 5.57　习题 18 图

19. 求图 5.58 的带权图中最优投递路线，邮局在 D 点。

20. 某次会议有 20 个人参加，其中每人至少有 10 个朋友，这 20 人围成一圆桌吃饭，要想使每人的相邻两位都是他的朋友是否可能？

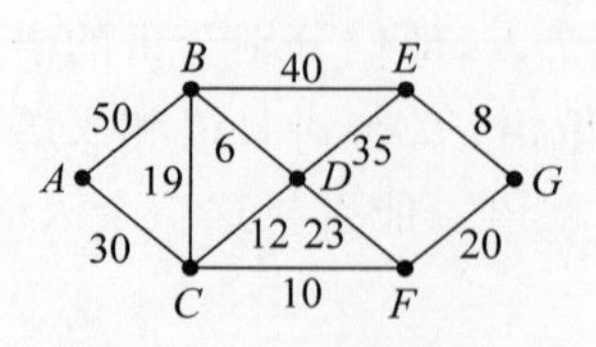

图 5.58 习题 19 图

21. 图 5.59(a)和图 5.59(b)所示的平面图各有几个面？写出它们各面的边界及次数。

习题答案

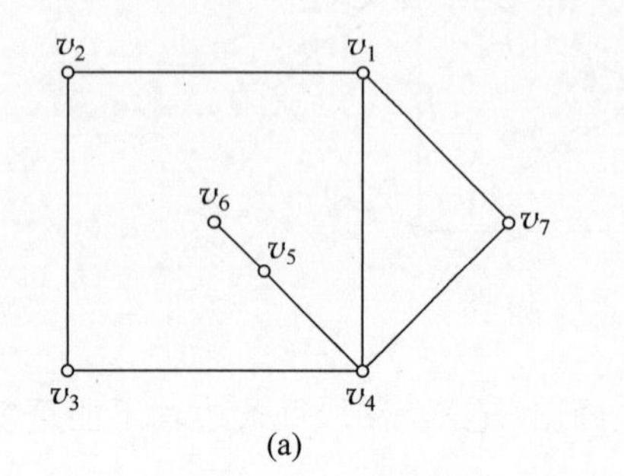

(a)

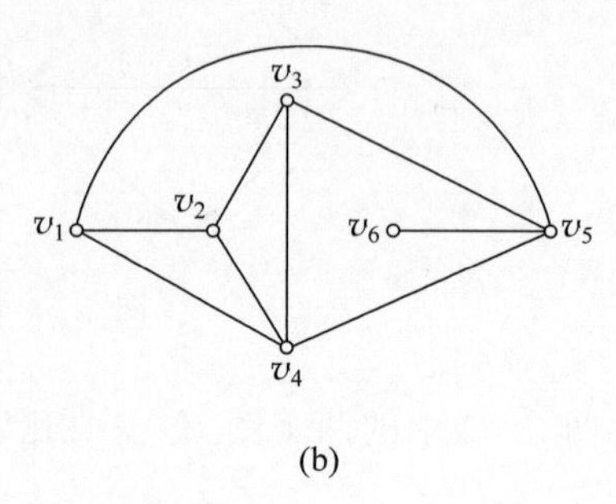

(b)

图 5.59 习题 21 图

22. 一只蚂蚁可否从立方体的一个顶点出发，沿着棱爬行，爬过每一个顶点一次且仅一次，最后回到原出发点？利用图作解释。

23. 分别画出满足下列条件的无向图。

(1) 既是欧拉图又是哈密顿图；

(2) 是欧拉图，不是哈密顿图；

(3) 不是欧拉图，是哈密顿图；

(4) 既不是欧拉图又不是哈密顿图。

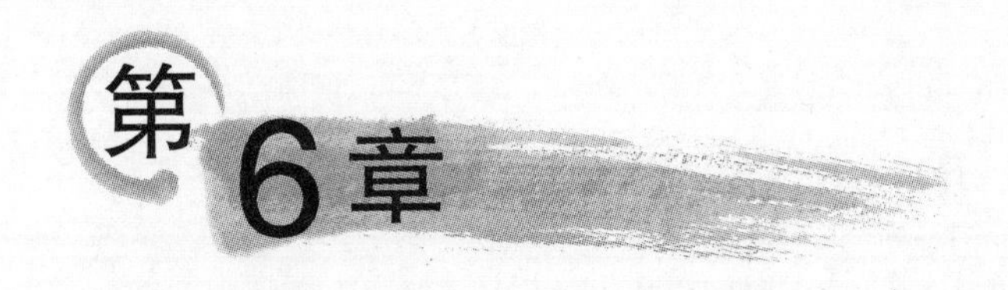

第6章 树

树是图论中非常重要的内容。早在1847年，克希霍夫(Kirchhoff)就用树的理论来研究电网络，1857年凯莱(Arthur Cayley)在研究饱和碳氢化合物的同分异构物数目时也用到了树的理论。最后由数学家约当(Jordan)给出准确的定义。树在计算机科学中有着非常广泛的应用。本章介绍树的基本知识和应用。本章所涉及的回路是简单回路或基本回路。

6.1 树的性质

定义6.1 一个连通且不含回路的无向图称为**无向树**，简称**树**，记作T。树中度为1的结点称为**树叶**，度大于1的结点称为**分支点**或**内部结点**。若无向图G至少有两个连通分支且每个连通分支都是树，则称G为**森林**。平凡图称为平凡树。

例6.1 图6.1中哪些是树和森林？为什么？

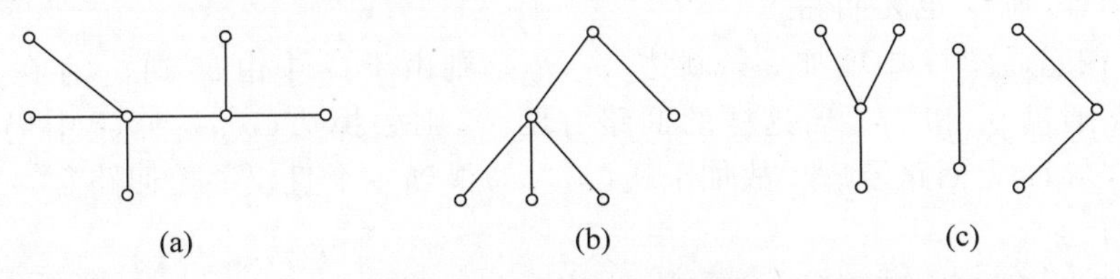

图6.1 树和森林示意图

解 判断无向图是否是树，根据树的定义，首先看它是否连通，然后看它是否有回路。图6.1(a)和图6.1(b)连通且不含回路，所以是树；图6.1(c)不连通，因此不是树，但由于不含回路，因此是森林。

树有许多性质，并且有些还可以作为树的等价定义，下面用定理给出。

定理6.1 设无向图$G=(V,E)$，$|V|=n$，$|E|=m$，下列命题是等价的。

(1) G连通且不含回路(即G是树)；

(2) G中无回路且$m=n-1$；

(3) G是连通的且$m=n-1$；

(4) G中无回路，但在任意两个结点之间增加一新边，就会得到唯一的一条基本回路；

(5) G是连通的，但删去任一边便不连通($n\geqslant 2$)；

(6) G中每一对结点间有唯一的一条基本通路($n\geqslant 2$)。

证明

(1)⇒(2)

由树的定义可知 G 中无回路。下证 $m=n-1$。对 n 进行归纳证明。

当 $n=1$ 时,$m=0$,显然 $m=n-1$。

假设 $n=k$ 时结论成立,现证明 $n=k+1$ 时结论也成立。

由于 G 是连通的而无回路,所以 G 至少有一个度为 1 的结点 v,在 G 中删去 v 及其关联边,便得到具有 k 个结点的连通无回路的图。由归纳假设它有 $k-1$ 条边。再将结点 v 及其关联边加回得到原图 G,所以 G 中含有 $k+1$ 个顶点和 k 条边,故结论 $m=n-1$ 成立。

所以 G 中无回路且 $m=n-1$。

(2)⇒(3)

用反证法。若 G 不连通,设 G 有 k 个连通分支($k\geqslant 2$)$G_1,G_2,\cdots,G_k$,其结点数分别是 $n_1,n_2,\cdots,n_k$,边数分别为 $m_1,m_2,\cdots,m_k$,因此,$\sum_{i=1}^{k}n_i=n$,$\sum_{i=1}^{k}m_i=m$。由于 G 中无回路,所以每个 $G_i(i=1,\cdots,k)$ 均为树,因此 $m_i=n_i-1(i=1,\cdots,k)$,有

$$m=\sum_{i=1}^{k}m_i=\sum_{i=1}^{k}(n_i-1)=n-k<n-1$$

得出矛盾。所以 G 是连通且 $m=n-1$ 的图。

(3)⇒(4)

首先证明 G 无回路。对 n 进行归纳证明。

当 $n=1$ 时,$m=n-1=0$,显然无回路。

假设结点数为 $n-1$ 时无回路,考虑结点数为 n 时的情况。此时至少有一个结点 v 其度 $\deg(v)=1$。删去 v 及其关联边得到新图 G',根据归纳假设 G' 无回路,再加回 v 及其关联边又得到图 G,则 G 也无回路。

其次,若在连通图 G 中增加一条新边 (v_i,v_j),则由于 G 中由 v_i 到 v_j 存在一条通路,故必有一个回路通过 v_i 和 v_j。若这样的回路有两个,则去掉边 (v_i,v_j),G 中仍存在通过 v_i 和 v_j 的回路,与 G 无回路矛盾。故加上边 (v_i,v_j) 得到一个且仅一个回路。

(4)⇒(5)

若 G 不连通,则存在两个结点 v_i 和 v_j,在 v_i 和 v_j 之间没有通路,若加边 (v_i,v_j) 不会产生回路,但这与假设矛盾,故 G 是连通的。又由于 G 无回路,所以删去任一边,图便不连通。

(5)⇒(6)

由连通性知,G 中任意两点间有一条路径,于是有一条通路。若此通路不唯一,则 G 中含有回路,删去此回路上任一边,图仍连通,这与假设不符,所以通路是唯一的。

(6)⇒(1)

显然 G 连通。下证 G 无回路。用反证法。若 G 有回路,则回路上任意两点间有两条通路,此与通路的唯一性矛盾。故 G 是连通无回路图,即 G 是树。

定理 6.2 任一棵非平凡树 T 中,至少有两片树叶(当结点数 $n\geqslant 2$ 时)。

证明 设 T 是一棵 (n,m) 树($n\geqslant 2$),由定理 6.1,有

$$\sum_{i=1}^{n}\deg(v_i)=2m=2(n-1)=2n-2 \tag{6.1}$$

若 T 中无树叶，则 T 中每个结点的度≥2，则

$$\sum_{i=1}^{n}\deg(v_i) \geqslant 2n \tag{6.2}$$

若 T 中只有一片树叶，则 T 中只有一个结点的度为 1，其他结点的度≥2，所以

$$\sum_{i=1}^{n}\deg(v_i) > 2(n-1) = 2n-2 \tag{6.3}$$

式(6.2)、式(6.3)都与式(6.1)矛盾。所以 T 中至少有两片树叶。

由定理 6.1 所刻画的树的特征可见：在结点数给定的所有图中，树是边数最少的连通图，也是边数最多的无回路的图。由此可知，在一个(n,m)图 G 中，若 $m<n-1$，则 G 是不连通的；若 $m>n-1$，则 G 必定有回路。

例 6.2 设 T 是一棵树，它有两个 2 度结点，一个 3 度结点，三个 4 度结点，求 T 的树叶数。

解 设树 T 有 x 片树叶，则 T 的结点数

$$n = 2+1+3+x$$

T 的边数

$$m = n-1 = 5+x$$

又由

$$2m = \sum_{i=1}^{n}\deg(v_i)$$

得

$$2(5+x) = 2\times 2+3\times 1+4\times 3+x$$

所以 $x=9$，即树 T 有 9 片树叶。

6.2 生成树与最小生成树

有些图本身不是树，但它的一些子图是树，其中包括生成树。

6.2.1 生成树

定义 6.2 若无向连通图 G 的某个生成子图是一棵树，则称该树是 G 的**生成树**，记为 T_G。生成树 T_G 中的边称为**树枝**。图 G 中其他边称为 T_G 的弦。T_G 的所有弦的集合称为 T_G 的补。T_G 的所有弦的集合的导出子图称为 T_G 的**余树**。

例 6.3 判断图 6.2(b)、(c)、(d)是否是图 6.2(a)的生成树？判断图 6.2(f)、(g)是否是图 6.2(e)的生成树？

解 判断是否为生成树，根据生成树定义，首先看它是否为树，然后看它是否为生成子图。因此，图 6.2(b)、图 6.2(c)所示的树 T_1、T_2 是图 6.2(a)的生成树，而图 6.2(d)所示的树 T_3 不是图 6.2(a)的生成树。图 6.2(f)、图 6.2(g)所示的树是图 6.2(e)的生成树。

一般地，一个无向连通图 G，如果 G 是树，则它的生成树是唯一的，就是它本身；如果 G 不是树，那么它的生成树不唯一。

考虑生成树 T_1，可知 e_1、e_2、e_3、e_4 是 T_1 的树枝，e_5、e_6、e_7 是 T_1 的弦，集合$\{e_5,e_6,e_7\}$

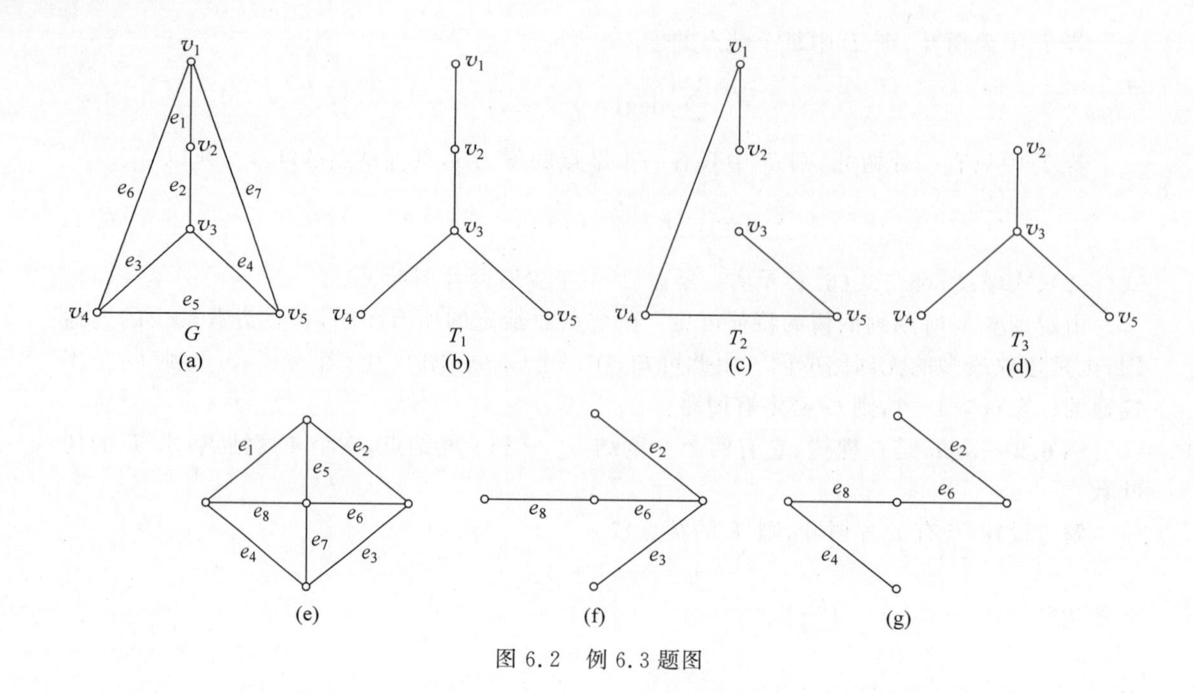

图 6.2 例 6.3 题图

是 T_1 的补。

由图 6.2 可见,要在一个连通图 G 中找到一棵生成树,只要不断地从 G 的回路上删去一条边,最后所得无回路的子图就是 G 的一棵生成树。于是有以下定理。

定理 6.3 无向图 G 有生成树的充分必要条件是 G 为连通图。

证明 先采用反证法来证明充分性。

若 G 不连通,则它的任何生成子图也不连通,因此不可能有生成树,与 G 有生成树矛盾,故 G 是连通图。

再证必要性。

设 G 连通,则 G 必有连通的生成子图,令 T 是 G 的含有边数最少的生成子图,于是 T 中必无回路(否则删去回路上的一条边不影响连通性,与 T 含边数最少矛盾),故 T 是一棵树,即生成树。

6.2.2 最小生成树

定义 6.3 设 $G=(V,E)$是一连通的带权图,则 G 的生成树 T_G 为带权生成树,T_G 的树枝所带权之和称为生成树 T_G 的**权**,记为 $W(T_G)$。G 中具有最小权的生成树 T_G 称为 G 的**最小生成树**。

最小生成树有很广泛的应用。例如要建造一个连接若干城市的通信网络,已知城市 v_i 和 v_j 之间通信线路的造价,设计一个总造价为最小的通信网络,就是求最小生成树 T_G。如何求出最小生成树呢?

下面介绍求最小生成树 T_G 的**克鲁斯克尔**(Kruskal)**算法**。算法的思想是每次取与已选取的边不成圈(回路)的边中权值最小者,直到取得一棵生成树为止,此方法又称为"**避圈法**"。

具体步骤如下：设图 $G=(V,E)$，$|V|=n$，$|E|=m$。

(1) 把图 G 按权从小到大排列边，在 G 中选取最小权边，置边数 $i=1$。

(2) 当 $i=n-1$ 时，结束；否则，转步骤(3)。

(3) 设已选择边为 $e_1,e_2,\cdots,e_i$，在 G 中选取不同于 $e_1,e_2,\cdots,e_i$ 的边 e_{i+1}，使 $\{e_1,e_2,\cdots,e_i,e_{i+1}\}$ 无圈(回路)且 e_{i+1} 是满足此条件的最小权边。

(4) 置 i 为 $i+1$，转步骤(2)。

例 6.4 求图 6.3(a)所示有权图的最小生成树。

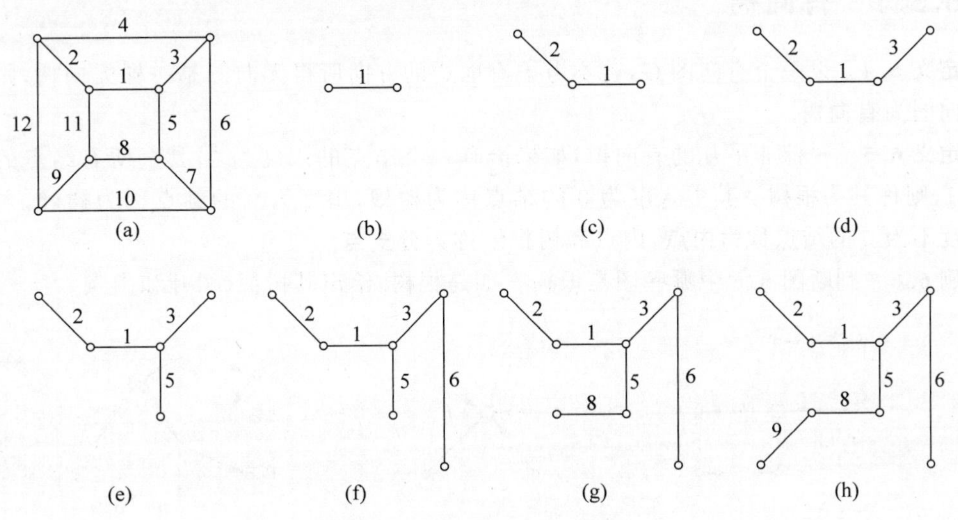

图 6.3 求最小生成树的过程

解 用避圈法。

图 6.3(a)的计算过程如下：因为 $n=8$，所以按算法要执行 $n-1=7$ 次，首先按权从小到大排列边：1,2,3,4,5,6,7,8,9,10,11,12。然后依次取权最小的边且不能与已取得边构成圈：取 1,2,3，去掉 4；取 5,6，去掉 7；取 8,9，去掉 10；去掉 11，去掉 12，计算结束。所求得的最小生成树如图 6.3(h)所示。

生成树的权 $W(T_G)=1+2+3+5+6+8+9=34$。

其过程如图 6.3(b)～图 6.3(h)所示。

例 6.5 图 6.4 所示的赋权图 G 表示 7 个城市 a、b、c、d、e、f、g 及架起城市间直接通信线路的预测造价。试给出一个设计方案使得各城市间能够通信且总造价最小，并计算出最小造价。

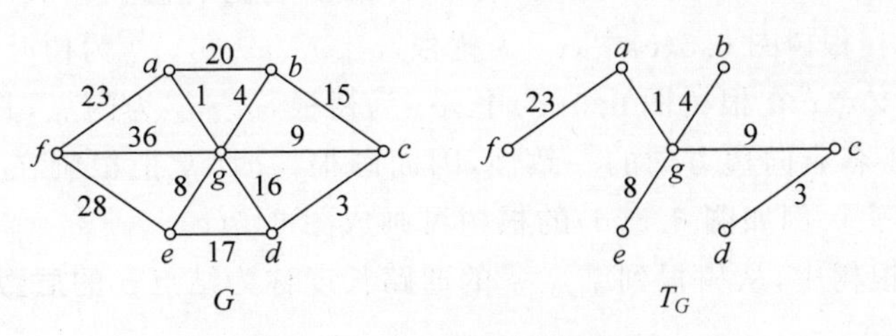

图 6.4 城市间的通信线路

解 该问题相当于求图 G 的最小生成树问题,此图的最小生成树为图 6.4 中的 T_G,因此图 T_G 架线使各城市间能够通信,且总造价最小,最小造价为

$$W(T_G)=1+3+4+8+9+23=48$$

6.3 根树及其应用

6.3.1 有向树

定义 6.4 设一个有向图 G,若不考虑有向边的方向所得无向图是一棵无向树,则称这个有向图为**有向树**。

定义 6.5 一棵非平凡的有向树,如果恰有一个结点的入度为 0,其余所有结点的入度都为 1,则称其为**根树**。其中入度为 0 的结点称为**树根**,出度为 0 的结点称为**树叶**,入度为 1,出度不为 0 的结点称为**内点**,内点和树根统称为**分支点**。

例 6.6 判断图 6.5 中哪些图是根树?如是根树,给出其树根、树叶和内点。

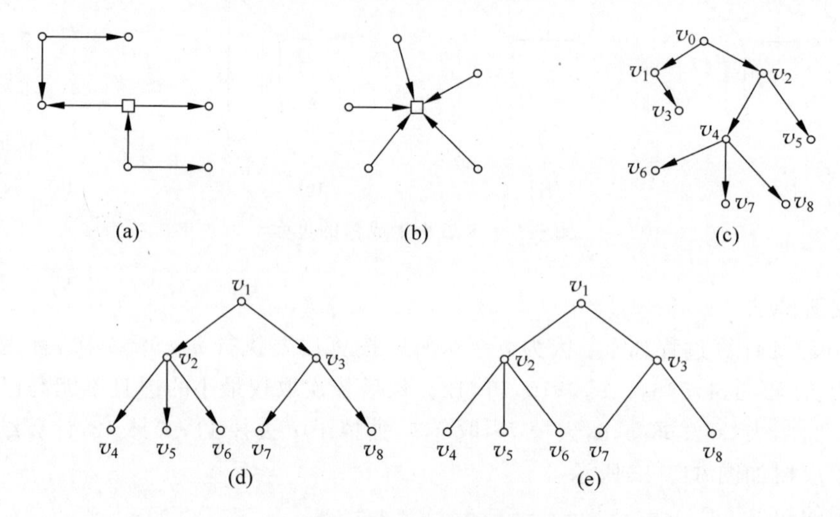

图 6.5 例 6.6 题图

解 判断是否是根树,根据根树定义,首先看是否是有向树,然后看结点的度是否恰有一个入度为 0,其余所有入度均为 1。

可见图 6.5(a)、图 6.5(b)、图 6.5(c)和图 6.5(d)均为有向树。其中只有图 6.5(c)和图 6.5(d)为根树。在根树图 6.5(c)中,v_0 为树根,v_3、v_5、v_6、v_7、v_8 为树叶,v_1、v_2、v_4 为内点,v_1、v_2、v_4、v_0 为分支点;在根树图 6.5(d)中,v_1 为树根,v_2、v_3 为内点,其余结点为树叶。

在根树中,由于各有向边方向的一致性,因而画根树时,常把根画在上方,叶画在下方,省去方向的全部箭头。例如图 6.5(d)的根树可画成图 6.5(e)。

定义 6.6 在根树中,从树根到结点 v 的通路长度称为结点 v 的**层数**;层数最大的结点的层数称为根树的高。

注意:根树中的树根为第 0 层。

例 6.7 计算图 6.5 中根树图 6.5(c)、图 6.5(d)的各个结点的层数和树高。

解 按定义 6.5,根树图 6.5(c)中,树根 v_0 为第 0 层,结点 v_1、v_2 为第 1 层,v_3、v_4、v_5 为第 2 层,v_6、v_7、v_8 为第 3 层,所以树高为 3。根树图 6.5(d)中,v_1 的层数为 0,v_2、v_3 的层数为 1,其余结点的层数均为 2,所以树高为 2。

定义 6.7 在根树中,若从结点 v_i 到 v_j 可达,则称 v_i 是 v_j 的**祖先**,称 v_j 是 v_i 的**后代**;又若 $<v_i,v_j>$ 是根树中的有向边,则称结点 v_i 是 v_j 的**父亲**,称 v_j 是 v_i 的**儿子**;如果两个结点是同一个结点的儿子,则称这两个结点是**兄弟**。

定义 6.8 在根树中,任一结点 v 及其 v 的所有后代的导出子图称为以 v 为根的子树,简称**根子树**。

所以,一棵根树可以被看作一棵家族树。在现实的家族关系中,兄弟之间是有大小顺序的,为此引入有序树的概念。

定义 6.9 如果对根树中每一层上的结点规定次序,称这样的根树为**有序树**。

次序可以标在结点处,也可以标在边上,一般在有序树中规定同一层结点的次序是从左至右由小到大排列。

定义 6.10 在一个有向图中,如果它的每个连通分支是有向树,则称该有向图为**有向森林**,也简称**森林**;在森林中,如果所有树都是有序树且给树指定了次序,则称此森林是**有序森林**。

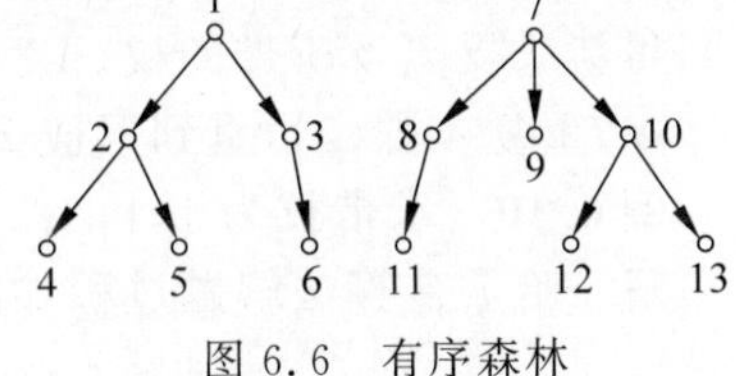

图 6.6 有序森林

例如,图 6.6 所示是一个有序森林。

6.3.2 根树的分类

在根树的实际应用中,经常会用到 k 叉树。

定义 6.11 在根树 T 中,若每个分支点最多有 k 个儿子,则称 T 为 ***k* 叉树**。如果 T 的每个分支点都恰好有 k 个儿子,则称 T 为**正则 *k* 叉树**。若 k 叉树的所有叶结点的层数都等于树高,则称它为**完全 *k* 叉树**。若 T 为正则 k 叉树,且 k 叉树的所有叶结点的层数都等于树高,则称 T 为 ***k* 叉完全正则树**。若二叉树的每个结点 v 至多有两棵子树,分别称为 v 的**左子树**和**右子树**。若 T 是正则 k 叉树,并且是有序树,则称 T 为正则 k 叉有序树。

例 6.8 图 6.7(a)所示是一棵二叉树,而且是正则二叉树;图 6.7(b)所示是一棵正则二叉树;图 6.7(c)所示是一棵三叉树,而且是完全三叉树;图 6.7(d)所示是一棵正则三叉树。

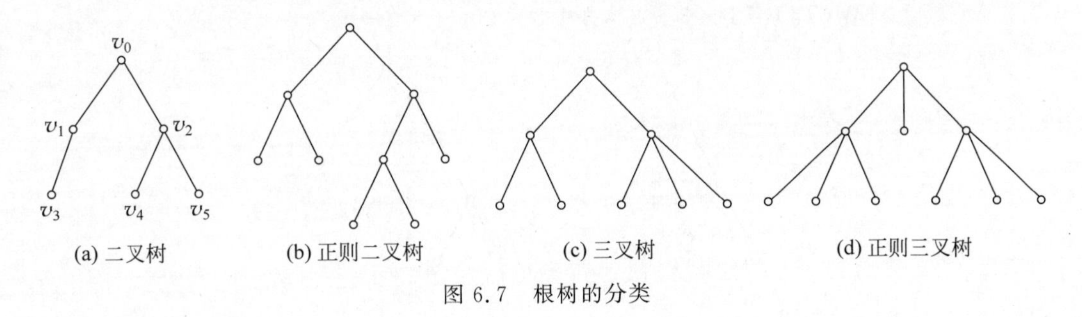

图 6.7 根树的分类

有很多实际问题可用二叉树或 k 叉树表示。

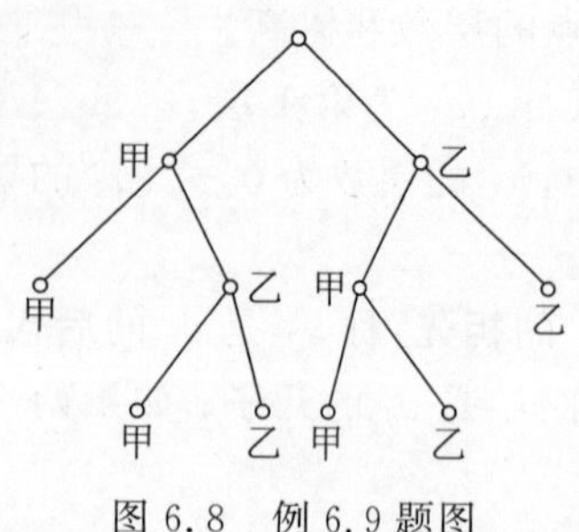

图 6.8 例 6.9 题图

例 6.9 甲、乙两人进行球赛,规定三局两胜。图 6.8 表示了比赛可能出现的各种情况(图 6.8 中结点标甲者表示甲胜,标乙者表示乙胜),这是一棵完全二叉树。

在所有的 k 叉树中,应用最广泛的是二叉树。对于多叉树及森林如何转换为二叉树,数据结构中会详细介绍。

定义 6.12 设二叉树 T 有 t 片树叶 $v_1,v_2,\cdots,v_t$,使其树叶分别带权 $w_1,w_2,\cdots,w_t$ 的二叉树称为带权二叉树。其权为 w_i 的树叶 v_i 的层数为 $l(v_i)$,则称 $W(T)=\sum_{i=1}^{t} w_i \cdot l(v_i)$ 为**二叉树 T 的权**。在所有带权 $w_1,w_2,\cdots,w_t$ 的二叉树中,$W(T)$最小的二叉树称为**最优二叉树**。

如何获得最优二叉树呢? 1952 年哈夫曼(Huffman)给出了带权 $w_1,w_2,\cdots,w_t$ 的最优二叉树的算法,即著名的 Huffman 算法。算法如下。

给定实数 $w_1,w_2,\cdots,w_t$,且 $w_1\leqslant w_2\leqslant\cdots\leqslant w_t$。

(1) 连接权为 w_1、w_2 的两片树叶,得一个分支点,其权为 w_1+w_2。

(2) 在 $w_1+w_2,w_3,\cdots,w_t$ 中选出两个最小的权,连接它们对应的顶点(不一定是树叶),得新分支点及所带的权。

(3)重复步骤(2),直到形成 $t-1$ 个分支点、t 片树叶为止。

例 6.10 求带权为 1,1,2,3,4,5 的最优二叉树。

解 哈夫曼算法解题过程如图 6.9 所示。

$$W(T)=1\times 4+1\times 4+2\times 3+3\times 2+4\times 2+5\times 2=38$$

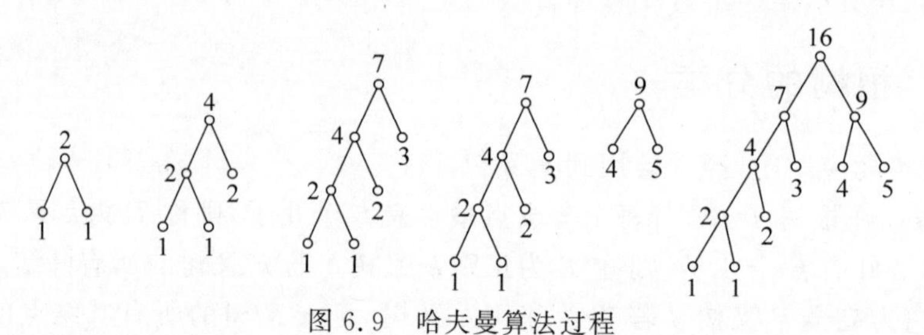
图 6.9 哈夫曼算法过程

注意:最优二叉树不是唯一的。

图 6.10 中的两个图都是带权 1,2,3,4,6 的最优二叉树。

$$W(T_1)=1\times 4+2\times 4+3\times 3+4\times 2+6\times 1=35$$

$$W(T_2)=1\times 3+2\times 3+3\times 2+4\times 2+6\times 2=35$$

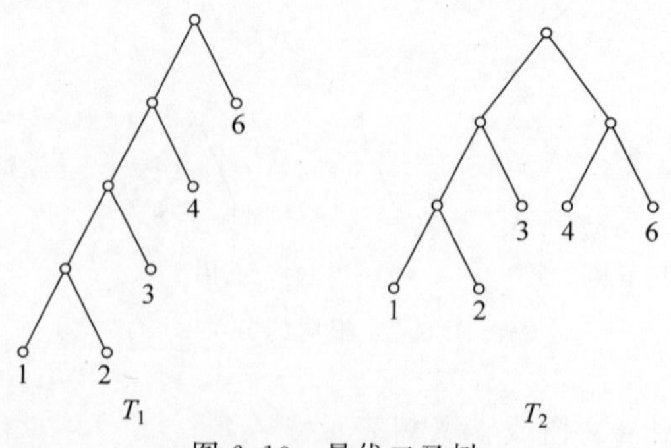

图 6.10 最优二叉树

6.3.3 根树的应用

1. 前缀码的设计

最优树的一个直接应用就是前缀码的设计。

在远程通信中，常用 5 位二进制码来表示一个英文字母(因为英文有 26 个字母，而 $26<2^5$)。发送端只要发送一条由 0 和 1 组成的字符串，它正好是信息中字母对应的字符序列。在接收端，将这一长串字符分成长度为 5 的序列就得到了相应的信息。这种传输信息的方法称为等长码方法。若在传输过程中，所有字母出现的频率大致相等，等长码方法是一种好方法。但是字母在信息中出现的频率是不一样的，例如字母 e 和 t 在单词中出现的频率要远远大于字母 q 和 z 在单词中出现的频率。因此，希望能用较短的字符串表示出现较频繁的字母，这样就可缩短信息字符串的总长度，提高信息传输的效率。对于发送端来说，发送长度不同的字符串并无困难，但在接收端，怎样才能准确无误地将收到的一长串字符分割成长度不一的序列，即接收端如何译码呢？例如若用 00 表示 t，用 01 表示 e，用 0001 表示 y，那么当接收到字符串 0001 时，如何判断信息是 t、e 还是 y 呢？为了解决这个问题，常常使用前缀码。

定义 6.13 设 $a_1a_2\cdots a_n$ 是长度为 n 的符号串，称其子串 $a_1, a_1a_2, \cdots, a_1a_2\cdots a_{n-1}$ 分别为该符号串的长度为 $1,2,\cdots,n-1$ 的**前缀**。

设 $A=\{\beta_1,\beta_2,\cdots,\beta_n\}$ 为一个符号串集合，若 A 中任意两个不同的符号串 β_i 和 β_j 互不为前缀，则称 A 为**前缀码**。若符号串 $\beta_i(i=1,2,\cdots,n)$ 中，只出现 0 和 1 两个符号，则称 A 为**二元前缀码**。

例如{0,10,110,1110,1111}是前缀码，而{00,001,011}不是前缀码。

如何产生前缀码呢？可以用一棵二叉树来产生一个二元前缀码。

具体方法如下：给定一棵二叉树 T，假设它有 t 片树叶。设 v 是 T 的任意一个分支点，则 v 至少有一个儿子，最多有两个儿子。若 v 有两个儿子，则与 v 关联的两条边，左边标 0，右边标 1。若 v 只有一个儿子，则与 v 关联的这条边可以标 0 也可以标 1。设 v_i 是 T 的任意一片树叶，由从树根到 v_i 通路上各边的标号组成的符号串记在 v_i 处。由 t 片树叶处的 t 个二进制符号串组成的集合构成一个二元前缀码。

注意：如果 T 存在带一个儿子的分支点，则由 T 产生的前缀码不唯一；若 T 为完全二叉树，则由 T 产生的前缀码是唯一的。

例 6.11 图 6.11(a)所示的二叉树对应的前缀码是{00,11,011,0100,0101}。

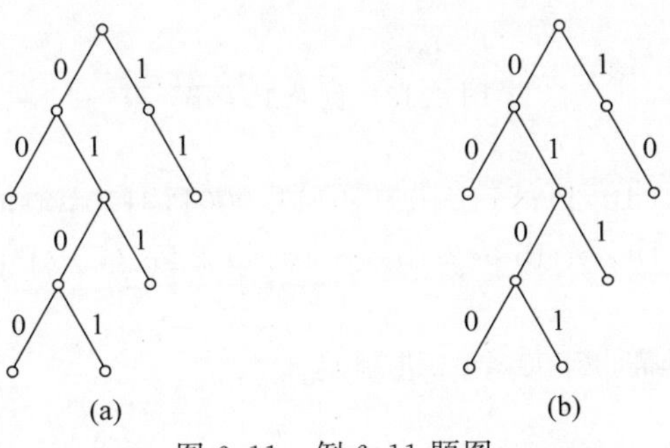

图 6.11 例 6.11 题图

由于这棵树不是完全二叉树,根树的右儿子只有一个儿子,在这条边上也可标 0,如图 6.11(b)所示。这样产生的前缀码为{00,10,011,0100,0101},产生的前缀码不唯一。

当已知传输的符号出现的频率时,如何选择前缀码使传输的二进制位尽可能地少呢?这就是**最佳二元前缀码问题**。

如设 26 个英文字母出现的概率分别为 $p_1, p_2, \cdots, p_{26}$,l_i 是第 i 个字母的码的长度,使得码的长度的数学期望值 $L=\sum_{i=1}^{26} p_i l_i$ 最小的二元前缀码为**最佳二元前缀码**。这个问题实际上就是给定一棵有 26 片叶子,其权为 $p_1, p_2, \cdots, p_{26}$,寻求一棵带权 $p_1, p_2, \cdots, p_{26}$ 的最优树问题。

例 6.12 设字母 A、B、C、D、E、F、G、H、I、J 出现的频率分别是:

A:20%; B:15%; C:10%; D:10%; E:10%;
F:5%; G:10%; H:5%; I:10%; J:5%

(1) 求它们的最佳前缀码。

(2) 用最佳前缀码传输 10000 个按上述频率出现的字母需要多少个二进制码?

解

(1) 令第 i 个字母对应的树叶的权 $w_i=100p_i$,则

$$w_0=20;\quad w_1=15;\quad w_2=10;\quad w_3=10;\quad w_4=10;$$
$$w_5=5;\quad w_6=10;\quad w_7=5;\quad w_8=10;\quad w_9=5$$

构造一棵带权 5,5,5,10,10,10,10,10,15,20 的最优二叉树(如图 6.12(a)所示),字母与前缀码的对应关系如图 6.12(b)所示。

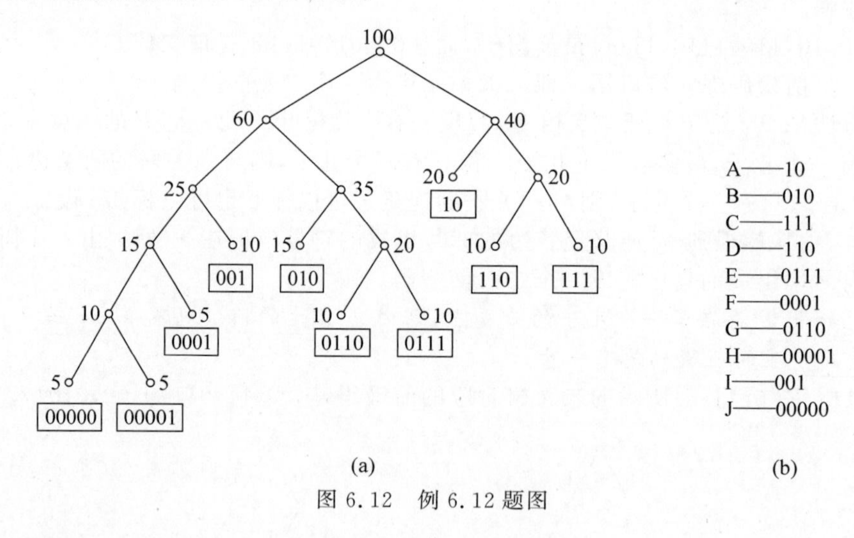

图 6.12 例 6.12 题图

即最佳前缀码为{10,010,111,110,001,0111,0001,0110,00000,00001}。

(2) (2×20%+3×(10%+15%+10%+10%)+4×(5%+10%+10%)+5×(5%+5%))×10000=32500

即传输 10000 个字母需 32500 个二进制码。

2. 二叉树的遍历

数据结构中,在使用树作为数据结构时,经常需要遍历有序树的每一个结点,就是检查

存储于树中的每一数据项。对于一棵根树的每一个结点都访问一次且仅访问一次称为**遍历**或**周游**一棵树。二叉树的遍历算法主要有下列 3 种。

1）前序遍历算法

前序遍历算法的访问次序：

（1）访问根；

（2）访问左子树；

（3）访问右子树。

2）中序遍历算法

中序遍历算法的访问次序：

（1）访问左子树；

（2）访问根；

（3）访问右子树。

3）后序遍历算法

后序遍历算法的访问次序：

（1）访问左子树；

（2）访问右子树；

（3）访问根。

例 6.13　写出图 6.13 所示的根树按前序、中序、后序遍历法的遍历结果。

解　对图 6.13 所示的根树按前序遍历的结果为 $\underline{a}\ b(\underline{c}(\underline{d}\ f\ g)\ e)$。

中序遍历的结果为 $b\ \underline{a}(f\ \underline{d}\ g)\ \underline{c}\ e$。

后序遍历的结果为 $b((f\ g\ \underline{d})\ e\ \underline{c})\ \underline{a}$。

带下画线的是(子)树根，一对括号内是一棵子树。

3. 前缀符号法与后缀符号法

可以利用二叉有序正则树存放算式，根据上述 3 种不同的遍历方法产生不同的算式表达式。用二叉有序正则树存放算式的方法如下：最高层次运算放在树根上，然后依次将运算符放在根子树的根上，数放在树叶上，规定被除数、被减数放在左子树树叶上。

如图 6.14 所示的二叉有序正则树表示的算式：$((b+(c+d))*a)\div((e*f)-(g+h)*(i*j))$。

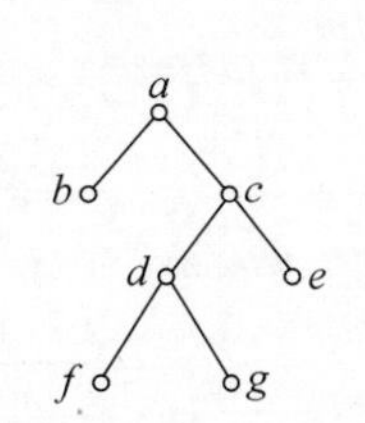

图 6.13　例 6.13 题图

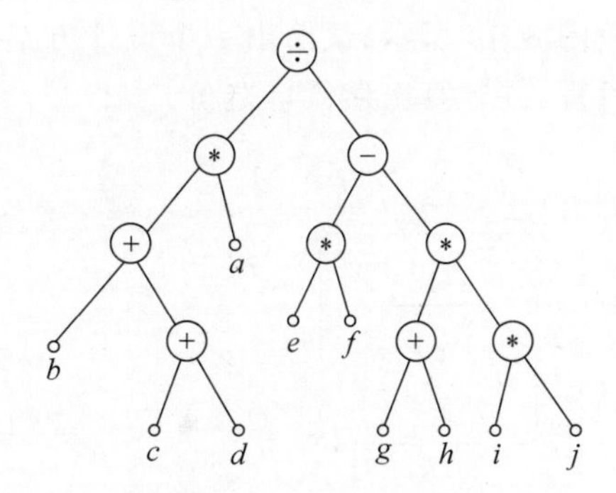

图 6.14　算式的存放

1）前缀符号法

按前序遍历法访问存放算式的二叉有序正则树，其结果不加括号，规定每个运算符号与其后面紧邻两个数进行运算，运算结果正确。称此算法为**前缀符号法或波兰符号法**。对图 6.14 的访问结果为$\div * + b + cda - * ef * + gh * ij$。

2）后缀符号法

按后序遍历法访问，规定每个运算符与前面紧邻两数运算，称为后缀符号法或逆波兰符号法。对图 6.14 的访问结果为 $bcd + + a * ef * gh + ij * * - \div$。

习题 6

1. 一棵树 T 有 5 个度为 2 的结点，3 个度为 3 的结点，4 个度为 4 的结点，2 个度为 5 的结点，其余均是度为 1 的结点。问：T 有几个叶子结点？

2. 已知无向树 T 有 5 片树叶，2 度与 3 度顶点各 1 个，其余顶点的度均为 4，求 T 的阶数 n，并画出满足要求的所有非同构的无向树。

3. 对于图 6.15 所示的树，利用克鲁斯克尔算法求一棵最小生成树，计算权。

4. 证明在完全二叉树中，边的总数等于 $2(n-1)$，这里 n 是叶子数。

5. 无向树 T 有 n_i 个 i 度顶点，$i=2,3,\cdots,k$，其余顶点全是树叶，求 T 的树叶数。

6. 构造一棵带权 2,3,5,7,10,13 的最优二元树，并求其权 $W(T)$。

7. 对图 6.16 给出的二元有序树进行三种方式的遍历，并写出遍历结果。

8. 通信中 a、b、c、d、e、f、g、h 出现的频率分别为

a：25 %；b：20 % c：15 %；d：15 %；e：10 %；f：5 %；g：5 %；h：5 %

通过画出相应的最优二叉树，求传输它们的最佳前缀码，并计算传输 10000 个按上述频率出现的字母需要多少个二进制码。

9. 用二叉有序树表示下述命题公式，并写出它的波兰符号法和逆波兰符号法表达式。

$$(p \neg \vee q) \to ((\neg p \wedge r) \to (q \vee r))$$

10. 下面给出的各符号串集合哪些是前缀码？

$A_1=\{0,10,110,1111\}$　$A_2=\{1,01,001,000\}$　$A_3=\{1,11,101,001,0011\}$

$A_4=\{b,c,aa,ac,aba,abb,abc\}$　$A_5=\{b,c,a,aa,ac,abc,abb,aba\}$

11. 设有 7 个城市 $v_1,v_2,\cdots,v_7$，任意两个城市之间直接通信线路及通信线路预算造价如带权图 6.17 所示，试给出一个设计方案，使得各城市间能够通信，而且总造价最低。写出求解过程，并计算出最低总造价。

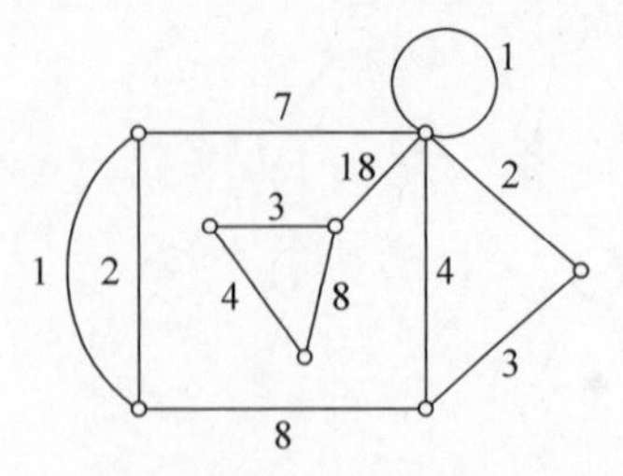

图 6.15　习题 3 图

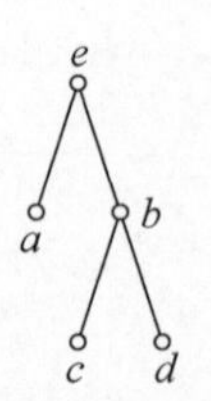

图 6.16　习题 7 图

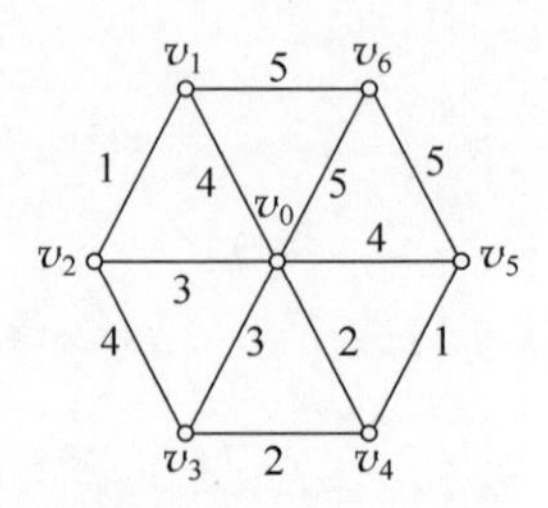

图 6.17　习题 11 图

12. 学校有 n 台计算机，为了方便数据传输，现要将它们用数据线连接起来。两台计算机被连接是指它们之间有数据线连接。由于计算机所处的位置不同，因此不同的两台计算机的连接费用往往是不同的。当然，如果将任意两台计算机都用数据线连接，费用将是相当庞大的。为了节省费用，我们采用数据的间接传输手段，即一台计算机可以间接通过若干计算机（作为中转）来实现与另一台计算机的连接。现在由你负责连接这些计算机，你的任务是使任意两台计算机都连通（不管是直接的或间接的）。

习题答案

13. 画出所有不同构的 4 阶根树。

第四部分 组合与代数

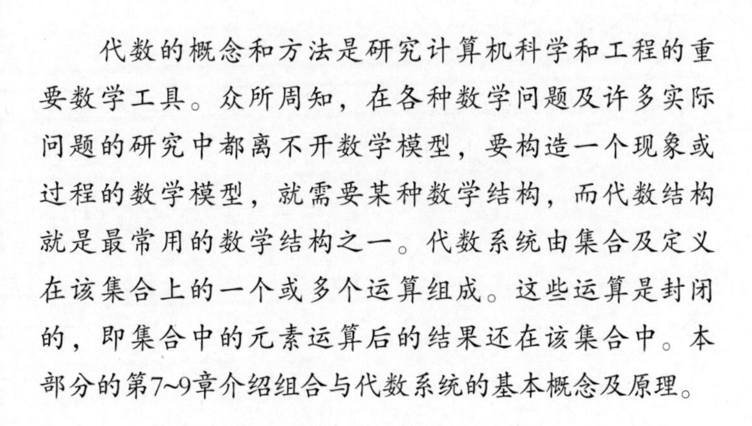

代数的概念和方法是研究计算机科学和工程的重要数学工具。众所周知，在各种数学问题及许多实际问题的研究中都离不开数学模型，要构造一个现象或过程的数学模型，就需要某种数学结构，而代数结构就是最常用的数学结构之一。代数系统由集合及定义在该集合上的一个或多个运算组成。这些运算是封闭的，即集合中的元素运算后的结果还在该集合中。本部分的第7~9章介绍组合与代数系统的基本概念及原理。

第7章 排列组合

排列组合是组合学最基本的概念。排列是指从给定个数的元素中取出指定个数的元素进行排序，而组合则是指从给定个数的元素中仅取出指定个数的元素，不考虑排序。排列组合的中心问题是研究给定要求的排列和组合可能出现的情况总数。图论曾经是组合数学的一个组成部分，现在已独立出去，但组合数学仍含有极其丰富的内容。限于篇幅，本章只能就组合分析中有关排列组合的计数方法作一点介绍。

7.1 两个基本法则

1. 加法法则

(1) 常规描述：如果完成一件事情有两个方案，而第一个方案有 m 种方法，第二个方案有 n 种方法可以实现，只要选择任何方案中的某一种方法，就可以完成这件事情，并且这些方法两两互不相同，则完成这件事情共有 $m+n$ 种方法。

(2) 集合描述：设有限集合 A 有 m 个元素，B 有 n 个元素，且 A 与 B 不相交，则 A 与 B 的并共有 $m+n$ 个元素。

(3) 概率角度描述：设事件 A 有 m 种产生方式，事件 B 有 n 种产生方式，则事件"A 或 B"有 $m+n$ 种产生方式。当然 A 与 B 各自所含的基本事件是互不相同的。

2. 应用

例 7.1 某班有男生 18 人，女生 12 人，从中选出一名代表参加会议，共有多少种选法？

解

(1) 两个选择方案：选男生(18 种选法)或女生(12 种选法)。由加法法则，全班共有 $18+12=30$ 种选法。

(2) 设集合：A 表示男生，B 表示女生。该班中的学生要么属于 A，要么属于 B，且 $AB=\varnothing$，故 $|A+B|=18+12=30$。

(3) 事件 A——选男生(18 种可能)，事件 B——选女生(12 种可能)。事件"A 或 B"——选男生或女生，由加法法则，有 $18+12=30$ 种可能。

例 7.2 用一个小写英文字母或一个阿拉伯数字给一批机器编号，总共可能编出多少种号码？

解 $26+10=36$ 个。

其中小写英文字母共有26个,数字0~9共10个。

3. 乘法法则

(1) 常规描述:如果完成一件事情需要两个步骤,而第一步有m种方法,第二步有n种方法去实现,则完成该件事情共有$m \cdot n$种方法。

(2) 集合描述:设有限集合A有m个元素,B有n个元素,且A与B不相交,$a \in A$,$b \in B$,记(a,b)为一有序对。所有有序对构成的集合称为A和B的积集(或笛卡儿乘积),记作$A \times B$。那么,$A \times B$共有$m \cdot n$个元素。

$$A \times B = \{(a,b) \mid a \in A, \quad b \in B\}$$

(3) 概率角度描述:设离散型随机变量X有m个取值,Y有n个取值,则离散型随机变量(X,Y)有$m \cdot n$种可能的取值。

例7.3 仍设某班有男生18人,女生12人,现要求从中分别选出男女生各一名代表全班参加比赛,共有多少种选法?

解

(1) 分两步挑选,先选女生(12种选法),再选男生(18种选法)。由乘法法则,全班共有$12 \times 18 = 216$种选法。

(2) 设集合:A表示男生,B表示女生。由乘法法则,$A \times B = 18 \times 12 = 216$。

(3) 变量X表示男生(18种取值),变量Y表示女生(12种取值)。由乘法法则,随机变量(X,Y),有$18 \times 12 = 216$种可能的值。

例7.4 给程序模块命名,需要用3个字符,其中首字符要求用大写英文字母$A \sim G$或$U \sim Z$,后两个要求用数字1~9(数字可重复使用),最多可以给出多少种程序命名?

解

首字符选法:$7+6=13$种(加法法则)。

总数:$13 \times 9 \times 9 = 1053$种(乘法法则)。

例7.5 从A地到B地有n_1条不同的道路,从A地到C地有n_2条不同的道路,从B地到D地有m_1条不同的道路,从C地到D地有m_2条不同的道路,那么,从A地经B地或C地到达目的地D地共有多少种不同的走法?

解

路线A→B→D:$n_1 \times m_1$种走法(乘法法则)

路线A→C→D:$n_2 \times m_2$种走法(乘法法则)

总数:$n_1 m_1 + n_2 m_2$种走法(加法法则)

7.2 排列与组合

7.2.1 相异元素不允许重复的排列数和组合数

1. 计算公式

从n个相异元素中不重复地取r个元素的排列数和组合数如下。

（1）排列。

$$P_n^r = n(n-1)\cdots(n-r+1) = \frac{n!}{(n-r)!}$$

推导：反复利用加法法则与乘法法则。

（2）组合。

$$C_n^r = \binom{n}{r} = \frac{P_n^r}{r!} = \frac{n!}{(n-r)!r!}$$

推导：利用组合与排列的异同。

（3）例如 $n=5, r=3$，即元素为1，2，3，4，5。

排列：134，143，314，341，413，431；254，425，…

组合：134，245，…

（4）特点：排列考虑顺序，组合不然。

2. 数学模型

（1）排列问题：将 r 个有区别的球放入 n 个不同的盒子，每盒不超过一个，则总的放法数为 P_n^r。

（2）组合问题：将 r 个无区别的球放入 n 个不同的盒子，每盒不超过一个，则总的放法数为 C_n^r。C_5^3 的模型情况如表7.1所示。

表7.1 相异元素不重复的排列与组合

对应关系	元素↔盒子					位置↔球
元素和位置编号	1	2	3	4	5	A B C
排列1	A		B	C		1 3 4
排列2	C		B	A		4 3 1
排列3	A		C	B		1 4 3
排列4		A		C	B	2 5 4
排列5		B		A	C	4 2 5
组合1	•		•	•		1 3 4
组合2		•		•	•	2 4 5

7.2.2 相异元素允许重复的排列问题

问题 从 n 个不同元素中允许重复地选 r 个元素的排列，简称 r 元重复排列，排列数记为 $RP(\infty, r)$。

模型 将 r 个不相同的球放入 n 个有区别的盒子，每个盒子中的球数不加限制而且同盒的球不分次序。RP(5，3)的模型情况如表7.2所示。

表7.2 相异元素允许重复排列问题

对应关系	元素↔盒子					位置↔球
元素和位置编号	1	2	3	4	5	A B C
排列1	A B			C		1 1 4
排列2			C B	A		4 3 3

续表

对应关系	元素↔盒子					位置↔球
元素和位置编号	1	2	3	4	5	A B C
排列 3			A C	B		3 4 3
排列 4		A B C				2 2 2
排列 5		B		A	C	4 2 5

计算公式

$$RP(\infty, r) = n^r$$

集合描述方式：设无穷集合 $S=\{\infty \cdot e_1, \infty \cdot e_2, \cdots, \infty \cdot e_n\}$，从 S 中取 r 个元素的排列数即为 $RP(\infty, r)$。

不重复排列：$S=\{1 \cdot e_1, 1 \cdot e_2, \cdots, 1 \cdot e_n\}=\{e_1, e_2, \cdots, e_n\}$。

7.2.3 不尽相异元素的全排列

问题 有限重复排列(或部分排列)。设 $S=\{n_1 \cdot e_1, n_2 \cdot e_2, \cdots, n_t \cdot e_t\}(n_1+n_2+\cdots+n_t=n)$，从 S 中任取 r 个元素，求其排列数 $RP(n, r)$。

模型 将 r 个有区别的球放入 t 个不同的盒子，每个盒子的容量有限，其中第 i 个盒子最多只能放入 n_i 个球，求分配方案数。

例如 $S=\{2 \cdot 1, 4 \cdot 2, 1 \cdot 3, 3 \cdot 4, 2 \cdot 5\}=\{1,1,2,2,2,2,3,4,4,4,5,5\}$。分配方案如表 7.3 所示。

表 7.3 3 个有区别的球放入 5 个盒子的排列问题

对应关系	元素↔盒子					位置↔球
元素和位置编号	1	2	3	4	5	A B C
排列 1	A B			C		1 1 4
排列 2			B C	A		4 3 3
排列 3			A C	B		3 4 3
排列 4		A B C				2 2 2
排列 5		B		A	C	4 2 5

说明：

(1) 极端情形：相异元素不重复排列强调的是不重复，即盒子的容量为 1；

(2) 极端情形：相异元素允许重复排列强调的是无限重复，即盒子的容量无限；

(3) 一般情形：不尽相异元素的排列强调的是有限重复，即盒子的容量有限，介于两者之间。

特例

$$r=1\text{：} RP(n,1)=t$$

$$r=n\text{(全排列)}$$

$$RP(n,n)=\frac{n!}{n_1!\,n_2!\cdots n_t!}$$

即 n 个不同元素的全排列($n!$种)，但每个排列实际重复统计了 $n_1!\,n_2!\cdots n_t!$次。

例

$$a_1a_2a_3b_1b_2c_1c_2 \text{ 与 } a_1a_2a_3b_2b_1c_1c_2$$

$$a_1b_1a_2b_2c_1a_3c_2 \text{ 与 } a_2b_1a_1b_2c_1a_3c_2$$

$$t=2, \mathrm{RP}(n,n)=\frac{n!}{n_1!n_2!}=\binom{n}{n_1}$$

$n_i=1$，即不重复的排列；$n_i=\infty$，即重复排列。

7.2.4　相异元素不允许重复的圆排列

例 7.6　把 n 个有标号的珠子排成一个圆圈，共有多少种不同的排法？

简称为圆排列（相对于线排列）。

条件：元素同时按同一方向旋转，绝对位置变化，相对位置未变，即元素间的相邻关系未变，视为同一圆排列。

结论：1 个圆排列对应 n 个线排列。如图 7.1 中，圆中 5 个珠子排列对应 5 条线排列。

$$\mathrm{CP}(n,n)=\frac{\mathrm{P}_n^n}{n}=(n-1)!$$

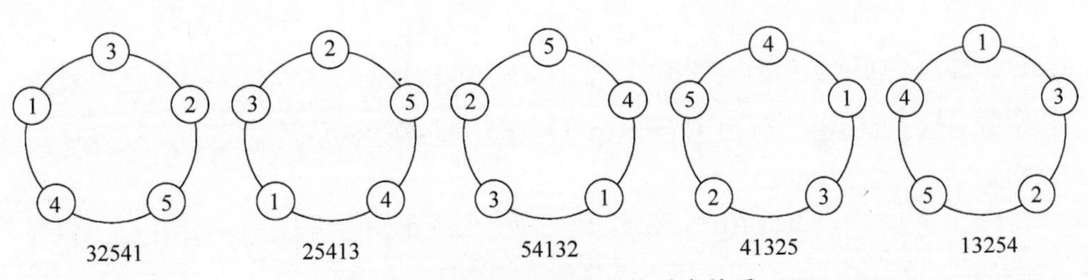

图 7.1　圆排列与线排列的对应关系

例 7.7　从 n 个相异元素中不重复地取 r 个围成圆排列，求不同的排列总数 $\mathrm{CP}(n,r)$。

解

$$\mathrm{CP}(n,r)=\frac{\mathrm{P}_n^r}{r}=\frac{n!}{r(n-r)!}$$

例 7.8　将 5 个标有不同序号的珠子穿成一环，共有多少种不同的穿法？

简称为项链排列。

条件：可以翻转的圆排列。即同一项链不用剪断重穿，翻过来仍是原项链，如图 7.2 所示。

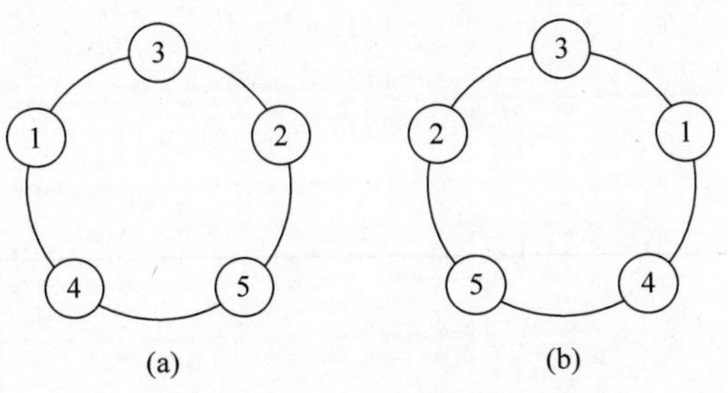

图 7.2　项链排列

结论：两个圆排列对应一个项链排列，故有 24/2=12 种。

一般情形，从 n 个相异珠子中取 r 个的项链排列数：

$$\frac{P_n^r}{2r}=\frac{n!}{2r(n-r)!}$$

7.2.5 相异元素允许重复的组合问题

设 $S=\{\infty\cdot e_1,\infty\cdot e_2,\cdots,\infty\cdot e_n\}$，从 S 中允许重复地取 r 个元素构成组合，称为 r 可重组合，其组合数记为 $\mathrm{RC}(\infty,r)$。

1. 抽象

记 $S=\{\infty\cdot 1,\infty\cdot 2,\cdots,\infty\cdot n\}$。

例 $n=5,r=4$：1111,1122,1345,5555,…。

2. 计算公式

设所选 r 个元素为

$$1\leqslant a_1\leqslant a_2\leqslant\cdots\leqslant a_r\leqslant n$$

令

$$b_i=a_i+(i-1),\quad i=1,2,\cdots,r$$

则

$$1\leqslant b_1<b_2<\cdots<b_r\leqslant n+(r-1)$$

反之

$$a_i=b_i-(i-1)$$

结论：与从 $n+r-1$ 个相异元素中不重复地取 r 个元素的组合方案一一对应。

所以

$$\mathrm{RC}(\infty,r)=C_{n+r-1}^r=\frac{(n+r-1)!}{r!(n-1)!}$$

例如 $n=5$ 或 8，$r=4$，重复组合和不重复组合情况如表 7.4 所示。

表 7.4 重复组合和不重复组合情况

分类	重复组合	不重复组合
元素	1,2,3,4,5	1,2,3,4,5,6,7,8
	1111	1234
	1122	1245
	2245	2368
	5555	5678
	⋮	⋮

3. 模型

将 r 个无区别的球放入 n 个不同的盒子，每个盒子的球数不受限制。

例 7.9　不同的 5 个字母通过通信线路被传送，每两个相邻字母之间至少插入 3 个空格，但要求空格的总数必须等于 15，问共有多少种不同的传送方式。

解

(1) 先排列 5 个字母，排列数 $P_5^5=5!$。

(2) 两个字母间各插入 3 个空格，将 12 个空格均匀地放入 4 个间隔内，有 1 种方案。

c △△△ b △△△ d △△△ e △△△ a

(3) 将余下的 3 个空格插入 4 个间隔。

分析：将 3 个相同的球放入 4 个不同的盒子，盒子的容量不限。

方案 1：　c△△△▲▲ b △△△ d △△△▲ e △△△ a

方案 2：　c△△△b △△△ d △△△e △△△▲▲▲ a

归纳：从 4 个相异元素中可重复地取 3 个元素的组合数 $\mathrm{RC}(\infty,3)=C_{4+3-1}^3=20$。

(4) 总方案数：$L=5!\cdot 1\cdot 20=2400$。

7.2.6　不尽相异元素任取 *r* 个的组合问题

设集合 $S=\{n_1\cdot e_1,n_2\cdot e_2,\cdots,n_t\cdot e_t\}(n_1+n_2+\cdots+n_t=n)$，从 S 中任取 r 个，求其组合数 $\mathrm{RC}(n,r)$。

组合数

$$\prod_{i=1}^{t}\sum_{j=0}^{n_i}x^j=\prod_{i=1}^{t}(1+x+x^2+\cdots+x^{n_i})=\sum_{r=0}^{n}a_r x^r$$

答案：$\mathrm{RC}(n,r)=a_r$。

例 7.10　整数 360 有几个正约数？

解

(1) 标准素因数分解：$360=2^3\times 3^2\times 5$。

(2) 正约数及其条件：

$$1=2^0\times 3^0\times 5^0,\quad 2=2\times 3^0\times 5^0,\quad 3=2^0\times 3\times 5^0,$$
$$5=2^0\times 3^0\times 5,\quad 2^2=2^2\times 3^0\times 5^0,\quad 6=2\times 3\times 5^0=3\times 2,$$
$$\cdots$$
$$90=2\times 3^2\times 5,\quad 180=2^2\times 3^2\times 5,\quad 360=2^3\times 3^2\times 5$$

结论：正整数 d 是 360 的正约数$\Leftrightarrow d=2^a3^b5^c$ 且 $0\leqslant a\leqslant 3,0\leqslant b\leqslant 2,0\leqslant c\leqslant 1$。故 14 不是约数，$16=2^4$ 也不是约数。

(3) 问题转化：求集合 $S=\{3\cdot 2,2\cdot 3,1\cdot 5\}$ 的所有组合数之和。

(4) 求解：构造多项式

$$\begin{aligned}P_6(x)&=(1+x+x^2+x^3)(1+x+x^2)(1+x)\\&=1+3x+5x^2+6x^3+5x^4+3x^5+x^6\end{aligned}$$

系数求和：$L=\sum_{i=0}^{6}\mathrm{RC}(6,i)=1+3+5+6+5+3+1=24$。

方法化简：求 $P_6(1)=\sum_{i=0}^{6}\mathrm{RC}(6,i)=4\times 3\times 2=24$。

(5) 一般规律：设正整数 n 分解为 $n=p_1^{\alpha_1}p_2^{\alpha_2}\cdots p_k^{\alpha_k}$，则

$$L=(\alpha_1+1)\cdots(\alpha_2+1)(\alpha_k+1)$$

例 7.11 试确定由 1,2,3,4,5 这 5 个数字能组成多少个大于 43500 的 5 位数。

解 有限制条件的 RP(∞,5)的问题。分类统计：

(1) 万位上数字是 5，有 1×5^4 个符合要求的数；

(2) 万位上数字为 4，千位上数字为 4，5，有 $1\times2\times5^3$ 个；

(3) 万位、千位、百位分别为 4、3、5，有 $1\times1\times1\times5^2$ 个。

总数：$5^4+2\times5^3+5^2=900$（个）。

例 7.12 从 $-2,-1,0,1,2,3$ 共 6 个数中不重复地选 3 个数作为二次函数 $y=ax^2+bx+c$ 的系数，使得抛物线 $y=ax^2+bx+c$ 的开口方向向下，共可作出多少个二次函数？

解 （不重复排列）抛物线的开口方向向下，必有 $a<0$。

第一步：a 从 -2、-1 中选一个，有 P_2^1 种方法；

第二步：在余下的 5 个数中选 b 和 c，有 P_5^2 种方法。

函数个数：$P_2^1P_5^2=40$(个)。

例 7.13 满足 $x_1+x_2+x_3+x_4=100$ 的正整数解有多少组？

解 （组合问题）方法Ⅰ

思路：长度为 100 的线段被分为 4 段，每段的长度均为正整数，记为 x_1,x_2,x_3,x_4。

例如 $x_1=10,x_2=35,x_3=40,x_4=15$，$10+35+40+15=100$。

— — … —+ — — … — +— …— — —+ — … —

问题转化：在 99 个空位置上放 3 个“+”号，未放“+”号的线段合成一条线段，求放法总数。首尾和两“+”之间至少一段。

模型：将 3 个相同的球放入 99 个相异的盒子，每盒最多放一个球。

排列组合问题：从 99 个相异元素中不重复地选 3 个。

$$C_{99}^3=\frac{99\times98\times97}{3\times2\times1}=156849(\text{组})$$

方法Ⅱ

模型：将 100 个相同的“1”放入 4 个不同的盒子，每个盒子至少放一个。求不同的放法数。

排列组合问题：从 4 种相异元素中可重复地选 100 个，每种元素至少选一个。

第一步：每个盒子先放一个，共有一种放法。

第二步：将余下的 96 个 1 放入，有 $C_{4+96-1}^{96}=C_{99}^{96}=C_{99}^3$。

变异一：求非负整数解(即 $x_i\geqslant0$)。

用方法Ⅰ求解：

— — … — — … —+ — — … — — + — — … —+

— — … — — … —++ — — … — — + — — … —

答：$C_{101+3-1}^3=C_{103}^3=176851$。

用方法Ⅱ求解：将 100 个相同的球放入 4 个不同的盒子，每个盒子的容量无限。求不同的放法数。

答：$C_{4+100-1}^{100}=C_{103}^{100}=C_{103}^3=176851$。

变异二：求解。$x_1 \geqslant -3, x_2 \geqslant 5, x_3 \geqslant 0, x_4 \geqslant 0$。

思路：将问题转化为变异一。

原方程

$$(x_1+3)+(x_2-5)+x_3+x_4=98$$

变换

$$y_1=x_1+3, y_2=x_2-5, \quad y_3=x_3, \quad y_4=x_4$$

转化

$$y_1+y_2+y_3+y_4=98 \quad (y_i \geqslant 0)$$

答：解数为

$$C_{4+98-1}^{98}=C_{101}^{98}=C_{101}^{3}=166650$$

问题：将原题用变异二的思路求解。

$$y_1+y_2+y_3+y_4=96$$

例 7.14　把 r 个相异物体放入 n 个不同的盒子里，每个盒子允许放任意个物体，而且要考虑放入同一盒中的物体的次序，求这种分配方案有多少种。

解　特点：既不是相异元素的不重复排列，也不是简单的重复排列。

思路：放一个物体增加一个隔板（盒子）。

方案数：

$$n(n+1)(n+2)\cdots(n+r-1)=\frac{(n+r-1)!}{(n-1)!}=P_{n+r-1}^{r}$$

说明：不考虑盒中相异物体的次序，方案数为 $\underbrace{n \cdot n \cdot \cdots \cdot n}_{r个}=n^r$。

应用：A、B、C、D、E 共 5 位同学由两个门排队进入教室，每个门每次只能同时进一人，问有多少种进法。解法如表 7.5 所示。

表 7.5　前后两个门进入教室的进法

前门人数	后门人数	方　法	备　注
0	5	$1\times5!=120$	$C_5^0\times0!\times5!$
1	4	$C_5^1\times1\times4!=120$	$C_5^1\times1!\times4!$
2	3	$C_5^2\times2!\times3!=120$	
3	2	$C_5^3\times3!\times2!=120$	
4	1	$C_5^4\times4!\times1!=120$	
5	0	$C_5^5\times5!\times0!=120$	

答：$2\times3\times4\times5\times6=720$ 种。

若不考虑次序，总数为 $2^5=32$。

问题：设前门宽大，可以同时进 2 人，那么又有多少种不同的进法？

答：有 $3\times4\times5\times6\times7=2520$ 种。

例 7.15　把 n 元集 S 划分成 $n-3$ 个无序非空子集（$n\geqslant4$），共有多少种分法？

解　（不同盒子中球相同）模型。分配问题：将 n 个不同的球放入 $n-3$ 个相同的盒子，每个盒子最少一个球。

求解：分三类情况。

(1) 一个子集为4元集，其余子集为1元集，等于 n 元集的不重复的4组合数 C_n^4。

(2) 一个子集为3元集，一个子集为2元集，其余子集为1元集：n 元集 S 的5组合数为 C_n^5，把5元集划分成一个3元子集和一个2元子集的方法有 $C_5^3=10$ 种，由乘法法则，此类划分方法有 $10C_n^5$ 种。

(3) 3个子集为2元集，其余子集为1元集：n 元集的6组合数为 C_n^6，把6元子集划分成3个2元子集的方法有

$$\frac{1}{3!}\binom{6}{2\quad 2\quad 2}=\frac{1}{3!}\frac{6!}{2!\ 2!\ 2!}=15$$

属于此类的划分方法有 $15\cdot\binom{n}{6}$ 种。

总数

$$L=\binom{n}{4}+10\binom{n}{5}+15\binom{n}{6}$$

例 7.16 有7位科学家从事一项机密工作，他们的工作室装有电子锁，每位科学家都有打开电子锁的“钥匙”。为了安全起见，必须同时有4人在场时才能打开大门。试问：该电子锁至少应具备多少个特征？每位科学家的“钥匙”至少应有多少种特征？

解 (秘密共享)分析：任意3个人在一起，至少缺一种特征，不能打开电子锁。

结论1：电子锁最少特征数

$$C_7^3=\frac{7\times 6\times 5}{3\times 2}=35$$

原因：每一组合所形成的3人小组缺少的特征必须是不一样的。组合数如表7.6所示。

表 7.6 3人小组组合数

组合序号	组合情况	组合序号	组合情况	组合序号	组合情况	组合序号	组合情况	组合序号	组合情况
1	ABC	**8**	ACF	**15**	AFG	**22**	BDG	**29**	CEF
2	ABD	**9**	ACG	**16**	BCD	**23**	BEF	**30**	CEG
3	ABE	**10**	ADE	**17**	BCE	**24**	BEG	**31**	CFG
4	ABF	**11**	ADF	**18**	BCF	**25**	BFG	**32**	DEF
5	ABG	**12**	ADG	**19**	BCG	**26**	CDE	**33**	DEG
6	ACD	**13**	AEF	**20**	BDE	**27**	CDF	**34**	DFG
7	ACE	**14**	AEG	**21**	BDF	**28**	CDG	**35**	EFG

结论2：某位科学家A的“钥匙”的特征个数至少为

$$C_6^3=\frac{6\times 5\times 4}{3\times 2}=20$$

原因：A必须有其余6人缺的钥匙。

例如 A={16～35}；B={6～15,26～35}；C={2～5,10～15,20～25,32～35}。

习题 7

1. 在 1～9999 之间，有多少个每位上数字全不相同而且由奇数构成的整数？

比 5400 小并具有下列性质的正整数有多少个？

(1) 每位的数字全不同；

(2) 每位数字不同且不出现数字 2 与 7。

2. 一教室有两排，每排 8 个座位，今有 14 名学生，问按下列不同的方式入座，各有多少种坐法。

(1) 规定某 5 人总坐在前排，某 4 人总坐在后排，但每人的具体座位不指定；

(2) 要求前排至少坐 5 人，后排至少坐 4 人。

3. 一位学者要在一周内安排 50 小时的工作时间，而且每天至少工作 5 小时，问共有多少种安排方案。

4. 若某两人拒绝相邻而坐，问 12 个人围圆桌就座有多少种方式。

5. 有 15 名选手，其中 5 名只能打后卫，8 名只能打前锋，2 名能打前锋或后卫，今欲选出 11 人组成一支球队，而且需要 7 人打前锋，4 人打后卫，试问有多少种选法。

6. 有 n 个不同的整数，从中取出两组，要求第一组数中的最小数大于第二组的最大数，问有多少种方案。

7. 6 个引擎分列两排，要求引擎的点火次序两排交错开来，试求从某一特定引擎开始点火有多少种方案。

8. n 个男 n 个女排成一男女相间的队伍。试问：有多少种不同的方案？若围成一圆桌坐下，又有多少种不同的方案？

9. 凸十边形的任意三条对角线不共点。试求：这个凸十边形的对角线交于多少个点？又把所有的对角线分割成多少段？

10. 从 26 个英文字母中取出 6 个字母组成一词，若其中有 2 或 3 个母音，问分别可构成多少个词(不允许重复)。

11. (1) 在 $2n$ 个球中，有 n 个相同。求从这 $2n$ 个球中选取 n 个的方案数。

(2) 在 $3n+1$ 个球中，有 n 个相同。求从这 $3n+1$ 个球中选取 n 个的方案数。

12. 5 台教学仪器供 m 个学生使用，要求使用第 1 台和第 2 台的人数相等，有多少种分配方案？

第8章 代数系统

实践中存在大量的代数系统，如中学学过的实数及其加法与乘法构成的实数域，实数矩阵的加法和乘法构成的矩阵环，还有集合代数、向量代数等。本章首先简要给出代数系统的一般概念，下章对某些典型的代数系统加以讨论。

8.1 二元运算及其性质

定义 8.1 设 S 为集合，函数 $f: S\times S\rightarrow S$ 称为 S 上的二元运算，简称为**二元运算**。

例 8.1 $f: \mathbf{N}\times\mathbf{N}\rightarrow\mathbf{N}, f(<x,y>)=x+y$ 是自然数集合 $\mathbf{N}$ 上的二元运算；

$f: \mathbf{N}\times\mathbf{N}\rightarrow\mathbf{N}, f(<x,y>)=x-y$ 不是自然数集合 $\mathbf{N}$ 上的二元运算，称 **N 对减法不封闭**。

注：集合 S 上的二元运算满足两点。

S 中任何两个元素都可以进行这种运算，且运算的结果是唯一的。

S 中任何两个元素的运算结果都属于 S，即 S 对该运算是封闭的。

例 8.2

(1) 自然数集合 $\mathbf{N}$ 上的加法和乘法是 $\mathbf{N}$ 上的二元运算，但减法和除法不是。

(2) 整数集合 $\mathbf{Z}$ 上的加法、减法和乘法都是 $\mathbf{Z}$ 上的二元运算，而除法不是。

(3) 非零实数集 $\mathbf{R}^*$ 上的乘法和除法都是 $\mathbf{R}^*$ 上的二元运算，加法、减法不是。

(4) 设 $\boldsymbol{M}_n(R)$表示所有 n 阶($n\geqslant 2$)实矩阵的集合，即

$$\boldsymbol{M}_n(R)=\left\{\left.\begin{bmatrix} a_{11} & \cdots & a_{1n} \\ \vdots & & \vdots \\ a_{n1} & \cdots & a_{nn}\end{bmatrix}\right| a_{ij}\in\mathbf{R};\ i,j=1,2,\cdots,n\right\}$$

则矩阵加法和乘法都是 $\boldsymbol{M}_n(R)$上的二元运算。

(5) S 为任意集合，则 $\cup$、$\cap$、$-$、$\oplus$ 为 $P(S)$上的二元运算。

(6) S^S 为 S 上的所有函数的集合，则函数的复合运算$\circ$为 S^S 上的二元运算。

定义 8.2 设 S 为集合，函数 $f: S\rightarrow S$ 称为 S 上的一元运算，简称为**一元运算**。

例 8.3

(1) 求一个数的相反数是整数集合 $\mathbf{Z}$、有理数集合 $\mathbf{Q}$ 和实数集合 $\mathbf{R}$ 上的一元运算。

(2) 求一个数的倒数是非零有理数集合 $\mathbf{Q}^*$、非零实数集合 $\mathbf{R}^*$ 上的一元运算。

(3) 求一个复数的共轭复数是复数集合 $\mathbf{C}$ 上的一元运算。

(4) 在幂集 $P(S)$上，如果规定全集为 S，则求集合的绝对补运算～是 $P(S)$上的一元运算。

(5) 设 S 为集合，令 A 为 S 上所有双射函数的集合，$A \subseteq S^S$，求一个双射函数的反函数为 A 上的一元运算。

(6) 在 $n(n \geqslant 2)$阶实矩阵的集合 $\boldsymbol{M}_n(R)$上，求一个矩阵的转置矩阵是 $\boldsymbol{M}_n(R)$上的一元运算。

1. 二元与一元运算的算符

可以用∘、∗、·、⊕、⊗、Δ 等符号表示二元或一元运算，称为**算符**。

(1) 设 $f: S \times S \rightarrow S$ 是 S 上的二元运算∘，对任意的 $x, y \in S$，如果 x 与 y 的运算结果为 z，即 $f(<x, y>)=z$，可以利用算符∘简记为 $x \circ y=z$。

(2) 对一元运算 Δ，x 的运算结果记作 Δx。

例 8.4　设 $\mathbf{R}$ 为实数集合，如下定义 $\mathbf{R}$ 上的二元运算 ∗ ：$\forall x, y \in \mathbf{R}, x * y=x$。

那么 $3 * 4=3, 0.5 *(-3)=0.5$。

一元和二元(有穷集合)运算表如表 8.1 所示。

表 8.1　二元运算的运算表和一元运算的运算表

∘	a_1	a_2	…	a_n	a_i	$\circ a_i$
a_1	$a_1 \circ a_1$	$a_1 \circ a_2$		$a_1 \circ a_n$	a_1	$\circ a_1$
a_2	$a_2 \circ a_1$	$a_2 \circ a_2$		$a_2 \circ a_n$	a_2	$\circ a_2$
⋮					a_n	$\circ a_n$
a_n	$a_n \circ a_1$	$a_n \circ a_2$		$a_n \circ a_n$		

2. 二元运算的性质

定义 8.3　设∘为 S 上的二元运算。

(1) 如果 $\forall x, y \in S$ 有 $x \circ y=y \circ x$，则称运算在 S 上满足交换律。

(2) 如果 $\forall x, y, z \in S$ 有$(x \circ y) \circ z=x \circ(y \circ z)$，则称运算在 S 上满足结合律。

(3) 如果 $\forall x \in S$ 有 $x \circ x=x$，则称运算在 S 上满足**幂等律**。各运算性质如表 8.2 所示。

表 8.2　二元运算的性质

集　合	运　算	交 换 律	结 合 律	幂 等 律
$\mathbf{Z}, \mathbf{Q}, \mathbf{R}$	普通加法＋	有	有	无
	普通乘法×	有	有	无
$\boldsymbol{M}_n(R)(n \geqslant 2)$	矩阵加法＋	有	有	无
	矩阵乘法×	无	有	无

续表

集　合	运　算	交换律	结合律	幂等律
$P(B)$	并$\cup$	有	有	有
	交$\cap$	有	有	有
	相对补$-$	无	无	无
	对称差$\oplus$	有	有	无
$AA(\lvert A\rvert \geqslant 2)$	函数符合$\circ$	无	有	无

注：A^A 上的函数的复合运算是不可以交换的，一般 $f\circ g \neq g\circ f$。

定义 8.4　设$\circ$和$*$为 S 上两个不同的二元运算。

(1) 如果$\forall x,y,z\in S$ 有

$$(x * y)\circ z=(x\circ z) * (y\circ z);\quad z\circ(x * y)=(z\circ x) * (z\circ y)$$

则称$\circ$运算对 $*$ 运算满足**分配律**。

(2) 如果$\circ$和 $*$ 都可交换，并且$\forall x,y\in S$ 有

$$x\circ(x * y)=x;\ x * (x\circ y)=x$$

则称$\circ$和 $*$ 运算满足**吸收律**，如表 8.3 所示。

表 8.3　满足分配律与吸收律的运算

集　合	运　算	分配律	吸收律
$\mathbf{Z},\mathbf{Q},\mathbf{R}$	普通加法 $+$ 与乘法 $\times$	$\times$ 对 $+$ 可分配	无
		$+$对 $\times$ 不分配	
$\boldsymbol{M}_n(R)$	矩阵加法 $+$ 与乘法 $\times$	$\times$ 对 $+$ 可分配	无
		$+$对 $\times$ 不分配	
$P(B)$	并 $\cup$ 与交 $\cap$	$\cup$ 对 $\cap$ 可分配	有
		$\cap$ 对 $\cup$ 可分配	
	交 $\cap$ 与对称差 $\oplus$	$\cap$ 对 $\oplus$ 可分配	无
		$\oplus$ 对 $\cap$ 不分配	

幂集 $P(B)$上的$\cup$和$\cap$满足吸收律，即 $A\cup(A\cap B)=A, A\cap(A\cap B)=A$。

$$A\cap(B\oplus C)=(A\cap B)\oplus(A\cap C)$$

即

$$\begin{aligned}(A\cap B)\oplus(A\cap C)&=((A\cap B)-(A\cap C))\cup((A\cap C)-(A\cap B))\\&=((A\cap B\sim C))\cup(A\cap C\sim B)=A\cap(B\oplus C)\end{aligned}$$

3. 二元运算的特异元素

定义 8.5　设$\circ$为 S 上的二元运算，如果存在 e_l(或 e_r)$\in S$，使得对任意 $x\in S$ 都有 $e_l\circ x=x$(或 $x\circ e_r=x$)，则称 e_l(或 e_r)是 S 中关于$\circ$运算的左(或右)**单位元**。

若 $e\in S$ 关于$\circ$运算既是左单位元又是右单位元，则称 e 为 S 上关于$\circ$运算的单位元。单位元也叫作幺元。

定义 8.6　设$\circ$为 S 上的二元运算，如果存在 θ_l(或 θ_r)$\in S$，使得对任意 $x\in S$ 都有 $\theta_l\circ x=\theta_l$(或 $x\circ\theta_r=\theta_r$)，则称 θ_l(或 θ_r)是 S 中关于$\circ$运算的左(或右)**零元**。

若 $\theta \in S$ 关于$\circ$运算既是左零元又是右零元，则称 θ 为 S 上关于运算$\circ$的**零元**。

定义 8.7　令 e 为 S 中关于运算$\circ$的单位元，对于 $x \in S$，如果存在 y_l（或 y_r）$\in S$ 使得 $y_l \circ x = e$（或 $x \circ y_r = e$），则称 y_l（或 y_r）是 x 的 **左逆元（右逆元）**。

关于$\circ$运算，若 $y \in S$ 既是 x 的左逆元又是 x 的右逆元，则称 y 为 x 的**逆元**。如果 x 的逆元存在，就称 x 是**可逆的**，如表 8.4 所示。

表 8.4　二元运算的特异元素

集　合	运　算	单 位 元	零　元	逆　元
$\mathbf{Z},\mathbf{Q},\mathbf{R}$	普通加法＋	0	无	x 的逆元为 $-x$
	普通乘法×	1	0	x 的逆元为 x^{-1}（x^{-1} 属于给定集合）
$\mathbf{M}_n(R)$	矩阵加法＋	n 阶全 0 矩阵	无	x 的逆元为 $-x$
	矩阵乘法×	n 阶单位矩阵	n 阶全 0 矩阵	x 的逆元为 x^{-1}（x 是可逆矩阵）
$P(B)$	并∪	$\varnothing$	B	$\varnothing$的逆元为$\varnothing$
	交∩	B	$\varnothing$	B 的逆元为 B
	对称差⊕	$\varnothing$	无	x 的逆元为 x

定理 8.1　设$\circ$为 S 上的二元运算，e_l 和 e_r 分别为 S 中关于运算的左和右单位元，则 $e_l = e_r = e$ 为 S 上关于$\circ$运算的唯一的单位元。

证明　$e_l = e_l \circ e_r = e_r$，所以 $e_l = e_r$，将这个单位元记作 e。

假设 e' 也是 S 中的单位元，则有 $e' = e \circ e' = e$。唯一性得证。

定理 8.2　设$\circ$为 S 上的二元运算，θ_l 和 θ_r 分别为 S 中关于运算的左和右零元，则 $\theta_l = \theta_r = \theta$ 为 S 上关于$\circ$运算的唯一的零元。

（证明同定理 8.1。）

定理 8.3　当 $|S| \geqslant 2$ 时，单位元与零元是不同的；当 $|S| = 1$ 时，这个元素既是单位元也是零元。

证明　假设 $e = \theta$，则 $\forall x = S$ 有 $x = x \circ e = x \circ \theta = \theta$，与 S 中至少含有两个元素矛盾。

例如，$\mathbf{Z}$ 上的普通乘法的单位元是 1，零元是 0。

定理 8.4　设$\circ$为 S 上可结合的二元运算，e 为该运算的单位元，对于 $x \in S$ 如果存在左逆元 y_l 和右逆元 y_r，则有 $y_l = y_r = y$，且 y 是 x 的唯一的逆元。

证明　由 $y_l \circ x = e$ 和 $x \circ y_r = e$ 得

$$y_l = y_l \circ e = y_l \circ (x \circ y_r) = (y_l \circ x) \circ y_r = e \circ y_r = y_r$$

令 $y_l = y_r = y$，则 y 是 x 的逆元。

假若 $y' \in S$ 也是 x 的逆元，则

$$y' = y' \circ e = y' \circ (x \circ y) = (y' \circ x) \circ y = e \circ y = y$$

所以 y 是 x 唯一的逆元。

说明：对于可结合的二元运算，可逆元素 x 只有唯一的逆元，记作 x^{-1}。

定义 8.8　设$\circ$为 V 上的二元运算，如果 $\forall x, y, z \in V$，若 $x \circ y = x \circ z$，且 x 不是零元，则 $y = z$；若 $y \circ x = z \circ x$，且 x 不是零元，则 $y = z$。则称$\circ$运算满足**消去律**。

例如:

(1) $\mathbf{Z},\mathbf{Q},\mathbf{R}$ 关于普通加法和乘法满足消去律;

(2) $\boldsymbol{M}_n(R)$ 关于矩阵加法满足消去律,但是关于乘法不满足消去律;

(3) 幂集 $P(S)$ 上的并和交运算不满足消去律,$\forall A,B,C\in P(S)$,$A\cup B=A\cup C\nRightarrow B=C$;

(4) $\oplus$运算不存在零元,$\forall A,B,C\in P(S)$,$A\oplus B=A\oplus C\Rightarrow B=C$,$B\oplus A=C\Rightarrow A\Rightarrow B=C$。

例 8.5 设$\circ$运算为 $\mathbf{Q}$ 上的二元运算,$\forall x,y\in Q$,$x\circ y=x+y-xy$。

(1) 指出$\circ$运算的性质。

(2) 求$\circ$运算的单位元、零元和所有可逆元。

解

(1) $\circ$运算可交换,可结合,不满足幂等律,满足消去律。

$$\forall x,y\in Q,\quad x\circ y=x+y-xy=y+x-yx=y\circ x$$

即有$\circ$运算可交换。

$$\begin{aligned}\forall x,y,z\in Q,(x\circ y)\circ z&=(x+y-xy)+z-(x+y-xy)\,z\\&=x+y+z-xy-xz-yz+xyz\end{aligned}$$

$$x\circ(y\circ z)=x+(y+z-yz)-x(y+z-yz)=x+y+z-xy-xz-yz+xyz$$

故$(x\circ y)\circ z=x\circ(y\circ z)$,即有$\circ$运算可结合。

$\circ$运算不满足幂等律:因为 $2\in\mathbf{Q}$,但 $2\circ2=2+2-2\times2=0\neq2$。

$\circ$运算满足消去律:$\forall x,y,z\in\mathbf{Q}$,$(x\neq1)$有

$$x\circ y=x\circ z\Rightarrow x+y-xy=x+z-xz\Rightarrow(y-z)=x(y-z)\Rightarrow y=z$$

故$\circ$运算满足左消去律。

(2) 设$\circ$运算的单位元和零元分别为 e 和 θ,则 $\forall x$ 有 $x\circ e=x$ 成立,即

$$x+e-xe=x\Rightarrow e=0$$

由于$\circ$运算可交换,所以 0 是幺元。

$\forall x$ 有 $x\circ\theta=\theta$ 成立,即

$$x+\theta-x\theta=\theta\Rightarrow x-x\theta=0\Rightarrow\theta=1$$

给定 x,设 x 的逆元为 y,则有 $x\circ y=0$ 成立,即

$$y=\frac{x}{x-1}$$

$$x+y-xy=0\Rightarrow(x\neq1)$$

因此当 $x\neq1$ 时,$y=\dfrac{x}{x-1}$是 x 的逆元。

例 8.6 (1) 说明在表 8.5 中 $*$、$\circ$运算是否满足交换律、结合律、消去律和幂等律。

(2) 求出关于 $*$、$\circ$运算的单位元、零元和所有可逆元素的逆元。

表 8.5 $*$和$\circ$运算

$*$	a	b	c	$\circ$	a	b	c
a	a	b	c	a	a	b	c
b	b	c	a	b	b	b	b
c	c	a	b	c	c	b	c

$*$运算满足交换律、结合律和消去律，不满足幂等律。单位元是 a，没有零元，且 $a-1=a$，$b-1=c$，$c-1=b$。

$\circ$运算满足交换律、结合律和幂等律，不满足消去律。单位元是 a，零元是 b，只有 a 逆元，$a-1=a$。

由运算表判别算律的一般方法如下。

交换律：运算表关于主对角线对称；

幂等律：主对角线元素排列与表头顺序一致；

消去律：所在的行与列中没有重复元素；

单位元：所在的行与列的元素排列都与表头一致；

零元：元素的行与列都由该元素自身构成；

A 的可逆元：a 所在的行中某列（例如第 j 列）元素为 e，且第 j 行 i 列的元素也是 e，那么 a 与第 j 个元素互逆；

结合律：除了单位元、零元之外，要对所有 3 个元素的组合验证表示结合律的等式是否成立。

8.2　代数系统概述

定义 8.9　非空集合 S 和 S 上 k 个一元或二元运算 $f_1,f_2,\cdots,f_k$ 组成的系统称为一个**代数系统**，简称**代数**，记作 $V=\langle S,f_1,f_2,\cdots,f_k\rangle$。

例 8.7　(1) $\langle \mathbf{N},+\rangle$，$\langle \mathbf{Z},+,\cdot\rangle$，$\langle \mathbf{R},+,\cdot\rangle$是代数系统，$+$和$\cdot$分别表示普通加法和乘法。

(2) $\langle \boldsymbol{M}_n(R),+,\cdot\rangle$是代数系统，$+$ 和 $\cdot$ 分别表示 n 阶（$n\geqslant 2$）实矩阵的加法和乘法。

(3) $\langle \mathbf{Z}_n,\oplus,\otimes\rangle$是代数系统，$\mathbf{Z}_n=\{0,1,\cdots,n-1\}$，$\oplus$和$\otimes$分别表示模 n 的加法和乘法，$\forall x,y\in\mathbf{Z}_n$，$x\oplus y=(x+y)\bmod n$，$x\otimes y=(xy)\bmod n$。

(4) $\langle P(S),\cup,\cap,\sim\rangle$也是代数系统，$\cup$和$\cap$为并和交，$\sim$为绝对补。

定义 8.10　(1) 如果两个代数系统中运算的个数相同，对应运算的元数相同，且代数常数的个数也相同，则称它们是**同类型的代数系统**。

(2) 如果两个同类型的代数系统规定的运算性质也相同，则称为**同种的代数系统**。

例 8.8　$V_1=\langle \mathbf{R},+,\cdot,-,0,1\rangle$和 $V_2=\langle P(B),\cup,\cap\sim,\varnothing,B\rangle$是同类型的代数系统，它们都含有两个二元运算、一个一元运算和两个代数常数。

定义 8.11　如果两个代数系统中运算的个数相同，对应运算的元数相同，且代数常数的个数也相同，则称这两个代数系统**具有相同的构成成分**，也称它们是**同类型的代数系统**。

例 8.9　$V_1=\langle \mathbf{R},+,\cdot,0,1\rangle$，$V_2=\langle \boldsymbol{M}_n(R),+,\cdot,\boldsymbol{\theta},\boldsymbol{E}\rangle$，$\boldsymbol{\theta}$ 为 n 阶全 0 矩阵，$\boldsymbol{E}$ 为 n 阶单位矩阵，$V_3=\langle P(B),\cup,\cap,\varnothing,B\rangle$。

表 8.6 是 V_1、V_2、V_3 代数系统的运算性质。

表 8.6 V_1、V_2、V_3 代数系统的运算性质

V_1	V_2	V_3
+可交换,可结合	+可交换,可结合	∪可交换,可结合
·可交换,可结合	·可交换,可结合	∩可交换,可结合
+满足消去律	+满足消去律	∪不满足消去律
·满足消去律	·满足消去律	∩不满足消去律
·对+可分配	·对+可分配	∩对∪可分配
+对·不可分配	+对·不可分配	∪对∩可分配
+与·没有吸收律	+与·没有吸收律	∪与∩满足吸收律

V_1、V_2、V_3 是同类型的代数系统；V_1、V_2 是同种的代数系统；V_1、V_2 与 V_3 不是同种的代数系统。

定义 8.12 设 $V=<S,f_1,f_2,\cdots,f_k>$是代数系统,B 是 S 的非空子集,如果 B 对 $f_1,f_2,\cdots,f_k$都是封闭的,且 B 和 S 含有相同的代数常数,则称$<B,f_1,f_2,\cdots,f_k>$是 V 的**子代数系统**,简称**子代数**。有时将子代数系统简记为 B。

例 8.10 $<\mathbf{N},+,0>$和$<\mathbf{Z},+,0>$的子代数；$<\mathbf{N}-\{0\},+>$不是$<\mathbf{Z},+,0>$的子代数。

(1) 最大的子代数就是 V 本身。

(2) 如果 V 中所有代数常数构成集合 B,且 B 对 V 中所有运算封闭,则 B 就构成了 V 的最小的子代数。

(3) 最大和最小子代数称为 V 的平凡的子代数。

(4) 若 B 是 S 的真子集,则 B 构成的子代数称为 V 的真子代数。

例 8.11 设 $V=<\mathbf{Z},+,0>$,令 $n_Z=\{n_z \mid z\in\mathbf{Z}\}$,$n$ 为自然数,则

(1) n_Z是 V 的子代数；

(2) 当 $n=1$ 和 0 时,n_Z是 V 的平凡的子代数；

(3) 其他的 n 都是 V 的非平凡的真子代数。

定义 8.13 设 $V_1=<S_1,\circ>$和 $V_2=<S_2,*>$是代数系统,其中 $\circ$ 和 $*$ 是二元运算。V_1 与 V_2 的积代数是 $V=<S_1\times S_2,\cdot>$,$\forall<x_1,y_1>,<x_2,y_2>\in S_1\times S_2$,$<x_1,y_1>\cdot<x_2,y_2>=<x_1\circ x_2,y_1*y_2>$。

例 8.12 $V_1=<\mathbf{Z},+>$,$V_2=<\boldsymbol{M}_2(R),\cdot>$,积代数$<\mathbf{Z}\times\boldsymbol{M}_2(R),\circ>$,$\forall<z_1,\boldsymbol{M}_1>$,$<z_2,\boldsymbol{M}_2>\in\mathbf{Z}\times\boldsymbol{M}_2(R)$,$<z_1,\boldsymbol{M}_1>\circ<z_2,\boldsymbol{M}_2>=<z_1+z_2,\boldsymbol{M}_1\cdot\boldsymbol{M}_2>$$<5,\begin{pmatrix}1&0\\1&1\end{pmatrix}>\circ<-2,\begin{pmatrix}2&-1\\0&1\end{pmatrix}>=<3,\begin{pmatrix}2&-1\\2&0\end{pmatrix}>$。

设 $V_1=<S_1,\circ>$和 $V_2=<S_2,*>$是代数系统,其中$\circ$和$*$是二元运算。V_1与 V_2的积代数是 $V=<S_1\times S_2,\cdot>$。

(1) 若 $\circ$ 和 $*$ 运算是可交换的,那么 · 运算也是可交换的；

(2) 若 $\circ$ 和 $*$ 运算是可结合的,那么 · 运算也是可结合的；

(3) 若 $\circ$ 和 $*$ 运算是幂等的,那么 · 运算也是幂等的；

(4) 若 $\circ$ 和 $*$ 运算分别具有单位元 e_1 和 e_2,那么 · 运算也具有单位元$<e_1,e_2>$；

(5) 若 $\circ$ 和 $*$ 运算分别具有零元 θ_1 和 θ_2，那么 $\cdot$ 运算也具有零元 $<\theta_1,\theta_2>$；

(6) 若 x 关于 $\circ$ 的逆元为 x^{-1}，y 关于 $*$ 的逆元为 y^{-1}，那么 $<x,y>$ 关于 $\cdot$ 运算也具有逆元 $<x^{-1},y^{-1}>$。

定义 8.14　设 $V_1=<S_1,\circ>$ 和 $V_2=<S_2,*>$ 是代数系统，其中 $\circ$ 和 $*$ 是二元运算。$f: S_1\to S_2$，且 $\forall x,y\in S_1$，$f(x\circ y)=f(x)*f(y)$，则称 f 为 V_1 到 V_2 的**同态映射**，简称**同态**。

定义 8.15　(1) 设 $V_1=<S_1,\circ,\cdot>$ 和 $V_2=<S_2,*,\diamond>$ 是代数系统，其中 $\circ$ 和 $*$ 是二元运算。$f: S_1\to S_2$，且 $\forall x,y\in S_1$，$f(x\circ y)=f(x)*f(y)$，$f(x\cdot y)=f(x)\diamond f(y)$ 则称 f 为 V_1 到 V_2 的**同态映射**，简称**同态**。

(2) 设 $V_1=<S_1,\circ,\cdot,\triangle>$ 和 $V_2=<S_2,*,\diamond,\triangledown>$ 是代数系统，其中 $\circ$ 和 $*$ 是二元运算。$\cdot$，$\diamond$，$\triangle$ 和 $\triangledown$ 是一元运算，$f: S_1\to S_2$，且 $\forall x,y\in S_1$，$f(x\circ y)=f(x)*f(y)$，$f(x\cdot y)=f(x)\diamond f(y)$，$f(\triangle x)=\triangledown f(x)$ 则称 f 为 V_1 到 V_2 的**同态映射**，简称**同态**。

例 8.13　$V=<\mathbf{R}*,\cdot>$，判断下面哪些函数是 V 的自同态？

(1) $f(x)=|x|$　　(2) $f(x)=2x$　　(3) $f(x)=x^2$

(4) $f(x)=1/x$　　(5) $f(x)=-x$　　(6) $f(x)=x+1$

解　(2)，(5)，(6) 不是自同态。

(1) 是同态，$f(x\cdot y)=|x\cdot y|=|x|\cdot|y|=f(x)\cdot f(y)$。

(3) 是同态，$f(x\cdot y)=(x\cdot y)^2=x^2\cdot y^2=f(x)\cdot f(y)$。

(4) 是同态，$f(x\cdot y)=1/(x\cdot y)=1/x\cdot 1/y=f(x)\cdot f(y)$。

1. 特殊同态映射的分类

定义 8.16　同态映射如果是单射，则称为**单同态**；如果是满射，则称为**满同态**，这时称 V_2 是 V_1 的**同态像**，记作 $V_1\sim V_2$；如果是双射，则称为**同构**，也称代数系统 V_1 同构于 V_2，记作 $V_1\cong V_2$。

对于代数系统 V，它到自身的同态称为**自同态**。

类似地，可以定义单自同态、满自同态和自同构。

2. 同态映射的实例

例 8.14　设 $V=<\mathbf{Z},+>$，$\forall a\in\mathbf{Z}$，令 $f_a: \mathbf{Z}\to\mathbf{Z}$，$f_a(x)=ax$，那么 f_a 是 V 的自同态。

因为 $\forall x,y\in\mathbf{Z}$，有

$$f_a(x+y)=a(x+y)=ax+ay=f_a(x)+f_a(y)$$

当 $a=0$ 时，称 f_0 为零同态；当 $a=\pm1$ 时，称 f_a 为自同构；除此之外其他的 f_a 都是单自同态。

例 8.15　设 $V_1=<\mathbf{Q},+>$，$V_2=<\mathbf{Q}^*,\cdot>$，其中 $\mathbf{Q}^*=\mathbf{Q}-\{0\}$，令

$$f: \mathbf{Q}\to\mathbf{Q}^*,\quad f(x)=e^x$$

那么 f 是 V_1 到 V_2 的同态映射，因为 $\forall x,y\in\mathbf{Q}$，有 $f(x+y)=e^{x+y}=e^x\cdot e^y=f(x)\cdot f(y)$。

不难看出 f 是单同态。

例 8.16　$V_1=<\mathbf{Z},+>$，$V_2=<\mathbf{Z}_n,\oplus>$，$\mathbf{Z}_n=\{0,1,\cdots,n-1\}$，$\oplus$ 是模 n 加。令

$$f: \mathbf{Z}\to\mathbf{Z}_n,\quad f(x)=(x)\bmod n$$

则 f 是 V_1 到 V_2 的满同态。

$\forall x,y\in \mathbf{Z}$有

$$f(x+y)=(x+y)\bmod n=(x)\bmod n\oplus(y)\bmod n=f(x)\oplus f(y)$$

例 8.17 设$V=\langle \mathbf{Z}_n,\oplus\rangle$,可以证明恰有 n 个G 的自同态。

$$f_p:\mathbf{Z}_n\rightarrow\mathbf{Z}_n,\quad f_p(x)=(p_x)\bmod n,\quad p=0,1,\cdots,n-1$$

例如 $n=6$,那么 f_0 为零同态;f_1 与 f_5 为同构;f_2与 f_4 的同态像是$\{0,2,4\}$;f_3的同态像是$\{0,3\}$。

3. 同态映射保持运算的算律

设V_1,V_2是代数系统,$\circ$,$*$是 V_1 上的二元运算,$\circ'$,$*'$是 V_2 上对应的二元运算,如果 $f:V_1\rightarrow V_2$ 是满同态,那么

(1) 若$\circ$运算是可交换的(可结合、幂等的),则$\circ'$运算也是可交换的(可结合、幂等的);

(2) 若$\circ$运算对$*$运算是可分配的,则$\circ'$运算对$*'$运算也是可分配的;若$\circ$和$*$运算是可吸收的,则$\circ'$和$*'$运算也是可吸收的;

(3) 若 e 为$\circ$运算的单位元,则 $f(e)$为$\circ'$运算的单位元;

(4) 若 θ 为$\circ$运算的零元,则 $f(\theta)$为$\circ'$运算的零元;

(5) 设 $u\in V_1$,若 u^{-1}是 u 关于$\circ$运算的逆元,则 $f(u^{-1})$是 $f(u)$关于$\circ'$运算的逆元。

习题 8

1. 判断下列集合对所给的二元运算是否封闭,判断二元运算是否适合交换律、结合律和分配律?

(1) 整数集合 $\mathbf{Z}$ 上普通的减法运算。

(2) 非零整数集合 $\mathbf{Z}^*$ 上普通的除法运算。

(3) 全体 $n\times n$ 实矩阵集合。$\mathbf{M}_n(R)$上矩阵加法及乘法运算,其中 $n\geqslant 2$。

(4) 正实数集合 $\mathbf{R}^+$和$\circ$运算,其中$\circ$运算定义为$\forall a,b\in\mathbf{R}^+$,$a\circ b=ab-a-b$。

(5) $n\in\mathbf{Z}^+$,$n\mathbf{Z}=\{nz,z\in\mathbf{Z}\}$,$n\mathbf{Z}$ 关于普通的加法和乘法运算。

(6) $A=\{a_1,a_2,\cdots,a_n\}$,$n\geqslant 2$。运算定义如下:$\forall a,b\in A$,$a\circ b=b$。

(7) $S=\{0,1\}$,S 是关于普通的加法和乘法运算。

(8) $S=\{x\mid x=2^n,n\in\mathbf{Z}^+\}$,$S$ 是关于普通的加法和乘法运算。

2. 设 $*$ 为$\mathbf{Z}^+$上的二元运算$\forall x,y\in\mathbf{Z}^+$,$X * Y=\min(x,y)$,即 x 和 y 之中较小的数。

(1) 求 $4*6$,$7*3$。

(2) $*$ 在 $\mathbf{Z}^+$上是否适合交换律、结合律和幂等律?

(3) 求$*$运算的单位元、零元及 $\mathbf{Z}^+$ 中所有可逆元素的逆元。

3. 设$\langle X,*\rangle$是代数系统,$*$是 X 上的二元运算。$\forall x,y\in X$,有 $x*y=x$。问$*$是否满足结合律?是否满足交换律?是否有幺元?是否有零元?每个元素是否有逆元?

4. 设 $V=\langle\mathbf{N},+,\cdot\rangle$,其中$+$,$\cdot$分别代表普通加法与乘法,对下面给定的每个集合确定它是否构成 V 的子代数,为什么?

（1）$S_1=\{2n|n\in\mathbf{Z}\}$

（2）$S_2=\{2n+1|n\in\mathbf{Z}\}$

（3）$S_3=\{-1,0,1\}$

5. 设$<X, * >$是代数系统，$*$是 X 上的二元运算，若有元素 $e_l\in X$，使 $\forall x\in X$，有 $e_l * x=x$，则称 e_l 是关于 $*$ 的左幺元。若有元素 $e_r X$，使 $\forall x\in X$，有 $x * e_l=x$，则称 e_r 是关于 $*$ 的右幺元。

（1）试举出含有左幺元的代数系统的例子。

（2）试举出仅含有左幺元的代数系统的例子。

（3）证明：在代数系统中，若关于 $*$ 有左幺元和右幺元，则左幺元等于右幺元。

6. 设$<X,*>$是代数系统，$*$是 X 上的二元运算。若有元素 $O_l\in X$，使 $\forall x\in X$，有 $O_l * x=O_l$ 是关于 $*$ 的左零元。若有元素 $O_r\in X$，使 $\forall x\in X$，有 $x * O_r=O_r$，则称 O_r 是关于 $*$ 的右零元。

（1）试举出含有左零元的代数系统的例子。

（2）试举出仅含有左零元的代数系统的例子。

（3）证明：在代数系统中，若关于 $*$ 有左零元和右零元，则左零元等于右零元。

7. 设$<X,*>$是代数系统，$*$是 X 上的二元运算，e 是关于 $*$ 的幺元。对于 X 中的元素 x，若存在 $y\in X$，使得 $y * x=e$，则称 y 是 x 的左逆元。若存在 $z\in X$，使得 $x * z=e$，则称 z 是 x 的右逆元。指出表 8.7 中各元素的左、右逆元的情况。

表 8.7 习题 7 表

*	*a*	*b*	*c*	*d*	*e*
a	*a*	*b*	*c*	*d*	*e*
b	*b*	*d*	*a*	*c*	*d*
c	*c*	*a*	*b*	*a*	*b*
d	*d*	*a*	*c*	*d*	*c*
e	*e*	*d*	*a*	*c*	*e*

典型代数系统

本章主要介绍半群与群、子群、循环群、格与环等内容。

9.1 半群与独异点

定义 9.1 (1) 设 $V=\langle S,\circ\rangle$ 是代数系统，$\circ$ 为二元运算，如果运算是可结合的，则称 V 为**半群**。

(2) 设 $V=\langle S,\circ\rangle$ 是半群，若 $e\in S$ 是关于 $\circ$ 运算的单位元，则称 V 是**含幺半群**，也称为**独异点**。有时也将独异点 V 记作 $V=\langle S,\circ,e\rangle$。

例 9.1 (1) $\langle \mathbf{Z}^+,+\rangle$，$\langle \mathbf{N},+\rangle$，$\langle \mathbf{Z},+\rangle$，$\langle \mathbf{Q},+\rangle$，$\langle \mathbf{R},+\rangle$ 都是半群，$+$ 是普通加法。这些半群中除 $\langle \mathbf{Z}^+,+\rangle$ 外都是独异点，单位元是 0。

(2) 设 n 是大于 1 的正整数，$\langle \boldsymbol{M}_n(R),+\rangle$ 和 $\langle \boldsymbol{M}_n(R),\cdot\rangle$ 都是半群，也都是独异点，其中 $+$ 和 $\cdot$ 分别表示矩阵加法和矩阵乘法，单位元是矩阵中所有元素都为 0 和单位矩阵。

(3) $\langle P(B),\oplus\rangle$ 为半群，也是独异点，其中 $\oplus$ 为集合的对称差运算，单位元为 $\varnothing$。

(4) $\langle \mathbf{Z}_n,\oplus\rangle$ 为半群，也是独异点，其中 $\mathbf{Z}_n=\{0,1,\cdots,n-1\}$，$\oplus$ 为模 n 加法，单位元为 0。

(5) $\langle A^A,\circ\rangle$ 为半群，也是独异点，其中 $\circ$ 为函数的复合运算，单位元是 I_A。

(6) $\langle \mathbf{R}^*,\circ\rangle$ 为半群，其中 $\mathbf{R}^*$ 为非零实数集合，$\circ$ 运算定义如下：

$$\forall x,y\in R^*,\quad x\circ y=y$$

例 9.2 在实数集 $\mathbf{R}$ 上定义二元运算 $*$ 为 $a*b=a+b+ab$，试判断下列论断是否正确，为什么？

(1) $\langle \mathbf{R},*\rangle$ 是一个代数系统。

(2) $\langle \mathbf{R},*\rangle$ 是一个半群。

(3) $\langle \mathbf{R},*\rangle$ 是一个独异点。

解

(1) 由 $a*b=a+b+ab\in\mathbf{R}$ 知，运算 $*$ 是封闭的，所以 $\langle \mathbf{R},*\rangle$ 是一个代数系统。

(2) 对任意的 $a,b,c\in\mathbf{R}$，有

$$\begin{aligned}(a*b)*c&=(a+b+ab)*c=a+b+ab+c+(a+b+ab)c\\&=a+b+c+ab+ac+bc+abc\end{aligned}$$

$$a*(b*c)=a*(b+c+bc)=a+b+c+bc+a(b+c+bc)$$
$$=a+b+c+ab+ac+bc+abc$$

所以运算 $*$ 满足结合率，故 $<\mathbf{R},*>$ 是一个半群。

(3) 对任意的 $a\in\mathbf{R}$，$a*0=a=0*a$，0 是关于运算 $*$ 的幺元，所以 $<\mathbf{R},*>$ 是一个独异点。

1. 半群中元素的幂

由于半群 $V=<S,\circ>$ 中的运算是可结合的，可以定义元素的幂，对任意 $x\in S$，规定：

$$x^1=x$$
$$x^{n+1}=x^n\circ x,\quad n\in\mathbf{Z}^+$$

用数学归纳法不难证明 x 的幂遵从以下运算规则：

$$x^n\circ x^m=x^{n+m}$$
$$(x^n)^m=x^{nm}\quad m,n\in\mathbf{Z}^+$$

普通乘法的幂、关系的幂、矩阵乘法的幂等都遵从这个幂运算规则。

2. 独异点中元素的幂

独异点是特殊的半群，可以把半群的幂运算推广到独异点中。

由于独异点 V 中含有单位元 e，对于任意的 $x\in S$，可以定义 x 的零次幂，即

$$x^0=e$$
$$x^{n+1}=x^n\circ x\quad n\in\mathbf{N}$$

独异点的幂运算也遵从半群的幂运算规则，只不过 m 和 n 不一定限于正整数，只要是自然数就成立。

定义 9.2 半群的子代数叫作**子半群**。独异点的子代数叫作**子独异点**。

说明：如果 $V=<S,\circ>$ 是半群，$T\subseteq S$，要 T 对 V 中的运算 $\circ$ 封闭，那么 $<T,\circ>$ 就是 V 的子半群。对独异点 $V=<S,\circ,e>$ 来说，$T\subseteq S$，不仅 T 要对 V 中的运算 $\circ$ 封闭，而且 $e\in T$，这时 $<T,\circ,e>$ 才构成 V 的子独异点。

例 9.3 设半群 $V_1=<S,\cdot>$，独异点 $V_2=<S,\cdot,\boldsymbol{e}>$。

其中 $S=\left\{\begin{pmatrix}a&0\\0&d\end{pmatrix}\middle|\,a,d\in\mathbf{R}\right\}$，$\cdot$ 为矩阵乘法，$\boldsymbol{e}$ 为 2 阶单位矩阵 $\begin{pmatrix}1&0\\0&1\end{pmatrix}$。

令 $T=\left\{\begin{pmatrix}a&0\\0&0\end{pmatrix}\middle|\,a\in\mathbf{R}\right\}$，则 $T\subseteq S$，且 T 对矩阵乘法 $\cdot$ 是封闭的，所以 $<T,\cdot>$ 是 $V_1=<S,\cdot>$ 的子半群。

易见在 $<T,\cdot>$ 中存在着自己的单位元 $\begin{pmatrix}1&0\\0&0\end{pmatrix}$，所以 $<T,\cdot,\begin{pmatrix}1&0\\0&0\end{pmatrix}>$ 也构成一个独异点。

但它不是 $V_2=<S,\cdot,e>$ 的子独异点，因为 V_2 中的单位元 $\boldsymbol{e}=\begin{pmatrix}1&0\\0&1\end{pmatrix}\notin T$。

3. 半群与独异点的直积

定义 9.3 设 $V_1=<S_1,\circ>$，$V_2=<S_2,*>$ 是半群（或独异点），令 $S=S_1\times S_2$，定义

S 上的・运算如下：

$$\forall <a,b>,<c,d>\in S, <a,b>\cdot<c,d>=<a\circ c,b*d>$$

则称$<S,\cdot>$为 V_1 和 V_2 的直积，记作 $V_1\times V_2$。

下证 $V_1\times V_2$ 是半群。

$$\forall <a,b>,<c,d>,<u,v>\in S,$$
$$(<a,b>,<c,d>)\cdot<u,v>=<a\circ c,b*d>\cdot<u,v>$$
$$=<a\circ c>\circ u,(b*d)*v$$
$$=<a\circ c\circ u,b*d*v><a,b>\cdot(<c,d>\cdot<u,v>)$$
$$=<a,b>\cdot<c\circ u,d*v>=<a\circ(c\circ u),b*(d*v)>$$

所以$<S,\cdot>$构成半群。

若 V_1 和 V_2 是独异点，其单位元分别为 e_1 和 e_2，则$<e_1,e_2>$是 $V_1\times V_2$ 中的单位元，因此 $V_1\times V_2$ 也是独异点。

4. 半群与独异点的同态映射

定义 9.4 (1) 设 $V_1=<S_1,\circ>$，$V_2=<S_2,*>$是半群，φ：$S_1\to S_2$，若对任意的 x，$y\in S_1$，有 $\varphi(x\circ y)=\varphi(x)*\varphi(y)$，则称 φ 为半群 V_1 到 V_2 的**同态映射**，简称**同态**。

(2) 设 $V_1=<S_1,\circ,e_1>$，$V_2=<S_2,*,e_2>$是独异点，φ：$S_1\to S_2$，若对任意的 $x,y\in S_1$，有 $\varphi(x\circ y)=\varphi(x)*\varphi(y)$ 且 $\varphi(e_1)=e_2$，则称 φ 为独异点 V_1 到 V_2 的**同态映射**，简称**同态**。

例 9.4 设半群 $V_1=<S,\cdot>$，独异点 $V_2=<S,\cdot,\boldsymbol{e}>$。其中 $S=\left\{\begin{pmatrix}a & 0\\0 & d\end{pmatrix}\middle| a,d\in\mathbf{R}\right\}$，・为矩阵乘法，$\boldsymbol{e}$ 为 2 阶单位矩阵$\begin{pmatrix}1 & 0\\0 & 1\end{pmatrix}$，令 φ：$S\to S$，

$$\varphi\left(\begin{pmatrix}a & 0\\0 & d\end{pmatrix}\right)=\begin{pmatrix}a & 0\\0 & 0\end{pmatrix},\forall\begin{pmatrix}a & 0\\0 & d\end{pmatrix}\in S$$

则对任意的$\begin{pmatrix}a_1 & 0\\0 & d_2\end{pmatrix}$，$\begin{pmatrix}a_2 & 0\\0 & d_2\end{pmatrix}\in S$ 有

$$\varphi\left(\begin{pmatrix}a_1 & 0\\0 & d_1\end{pmatrix}\begin{pmatrix}a_2 & 0\\0 & d_2\end{pmatrix}\right)=\varphi\left(\begin{pmatrix}a_1a_2 & 0\\0 & d_1d_2\end{pmatrix}\right)=\begin{pmatrix}a_1a_2 & 0\\0 & 0\end{pmatrix}$$

$$\varphi\left(\begin{pmatrix}a_1 & 0\\0 & d_1\end{pmatrix}\right)\varphi\left(\begin{pmatrix}a_2 & 0\\0 & d_2\end{pmatrix}\right)=\begin{pmatrix}a_1 & 0\\0 & 0\end{pmatrix}\begin{pmatrix}a_2 & 0\\0 & 0\end{pmatrix}=\begin{pmatrix}a_1a_2 & 0\\0 & 0\end{pmatrix}$$

即

$$\varphi\left(\begin{pmatrix}a_1 & 0\\0 & d_1\end{pmatrix}\begin{pmatrix}a_2 & 0\\0 & d_2\end{pmatrix}\right)=\varphi\left(\begin{pmatrix}a_1 & 0\\0 & d_1\end{pmatrix}\right)\varphi\left(\begin{pmatrix}a_2 & 0\\0 & d_2\end{pmatrix}\right)$$

因此，φ 是半群 V_1 到自身的同态，称为 V_1 的自同态。但 φ 不是独异点 V_2 的**自同态**，因为它没有将 V_2 的单位元映射到 V_2 的单位元。

注意：$V_2=<S,\cdot,\begin{pmatrix}1 & 0\\0 & 1\end{pmatrix}>$；$\varphi\left(\begin{pmatrix}1 & 0\\0 & 1\end{pmatrix}\right)=\begin{pmatrix}1 & 0\\0 & 0\end{pmatrix}$，而$\begin{pmatrix}1 & 0\\0 & 0\end{pmatrix}$不是 V_2 的单位元。

9.2　群的定义与性质

9.2.1　群的定义

定义 9.5　设$<G,\circ>$是代数系统，$\circ$为二元运算。如果$\circ$运算是可结合的，存在单位元$e\in G$，并且对G中的任何元素x都有$x-1\in G$，则称G为**群**。

例 9.5　(1) $<\mathbf{Z},+>$，$<\mathbf{Q},+>$，$<\mathbf{R},+>$都是群，单位元是0；而$<\mathbf{Z}^+,+>$和$<\mathbf{N},+>$不是群。

(2) $<\boldsymbol{M}_n(R),+>$是群，单位元是n维矩阵中所有的元素都为0；而$<\boldsymbol{M}_n(R),\cdot>$不是群。因为并非所有的$n$阶实矩阵都有逆矩阵。

(3) $<P(B),\oplus>$是群，单位元是$\varnothing$，且对任何B的子集A，A的逆元就是A自身。

(4) $<\mathbf{Z}_n,\oplus>$是群。0是$\mathbf{Z}_n$中的单位元。$x\in\mathbf{Z}_n$，若$x=0$，x的逆元就是0；若$x\neq 0$，则$n-x$是x的逆元。

例 9.6　设$\mathbf{Z}$是整数集合，在$\mathbf{Z}$上定义二元运算$*$为$x*y=x+y-2$，那么$\mathbf{Z}$和$*$是否构成群？为什么？

证明　由$x*y=x+y-2$可知，运算$*$是封闭的。

又$(x*y)*z=(x+y-2)*z=x+y+z-4$，$x*(y*z)=x*(y+z-2)=x+y+z-4$，即有$(x*y)*z=x*(y*z)$，运算$*$满足结合率。因为$x*2=x+2-2=x=2*x$，所以2是关于运算$*$的幺元。

对任意$x\in\mathbf{Z}$，令$y=4-x$，则$x*y=x+y-2=2=y*x$，所以$\mathbf{Z}$中的每个元素均有逆元。

综上可知，$\mathbf{Z}$和$*$构成群。

例 9.7　设$S=\{0,1,2,3\}$，$\otimes$为模4乘法，即$\forall x,y\in S$，$x\otimes y=(xy)\bmod 4$，问$<S,\otimes>$是否构成群？为什么？

解

(1) $\forall x,y\in S$，$x\otimes y=(xy)\bmod 4\in s$，$\otimes$是$S$上的代数运算。

(2) $\forall x,y,z\in S$，设$xy=4k+r$，$0\leqslant r\leqslant 3$，$(x\otimes y)\otimes z=((xy)\bmod 4)\otimes z=r\otimes z=(rz)\bmod 4=(4kz+rz)\bmod 4=((4k+r)z)\bmod 4=(xyz)\bmod 4$。

同理$x\otimes(y\otimes z)=(xyz)\bmod 4$。

所以$(x\otimes y)\otimes z=x\otimes(y\otimes z)$，结合律成立。

(3) $\forall x\in S$，$(x\otimes 1)=(1\otimes x)=x$，所以1是单位元。

(4) $1^{-1}=1$，$3^{-1}=3$，0和2没有逆元，所以$<S,\otimes>$不构成群。

例 9.8　设$G=\left\{\begin{pmatrix}1&0\\0&1\end{pmatrix},\begin{pmatrix}1&0\\0&-1\end{pmatrix},\begin{pmatrix}-1&0\\0&1\end{pmatrix},\begin{pmatrix}-1&0\\0&-1\end{pmatrix}\right\}$，证明$G$关于矩阵乘法构成一个群。

解

(1) $\forall x,y\in G$，易知$xy\in G$，乘法是$\mathbf{Z}$上的代数运算。

(2) 矩阵乘法满足结合律。

(3) 设$\begin{pmatrix}1 & 0\\0 & 1\end{pmatrix}$是单位元。

(4) 每个矩阵的逆元都是自己。

所以 G 关于矩阵乘法构成一个群。

9.2.2 Klein 四元群

定义 9.6 设 $G=\{a,b,c,d\}$，· 为 G 上的二元运算，如表 9.1 所示。

表 9.1 G 上的二元运算

·	e	a	b	c
e	e	a	b	c
a	a	e	c	b
b	b	c	e	a
c	c	b	a	e

G 是一个群；e 为 G 中的单位元；运算是可结合的；运算是可交换的；G 中任何元素的逆元就是它自己；在 a,b,c 三个元素中，任何两个元素运算的结果都等于另一个元素。称这个群为 *Klein* **四元群**，简称**四元群**。

9.2.3 群的直积

定义 9.7 设$<G_1,\circ>$，$<G_2,*>$是群，在 $G_1\times G_2$ 上定义二元运算 · 如下：

$$\forall <a,b>,<c,d>\in G_1\times G_2,$$

$$<a,b>\cdot<c,d>=<a\circ c,b*d>$$

则称$<G_1\times G_2,\cdot>$是 G_1 与 G_2 的**直积**。

$<G_1\times G_2,\cdot>$是独异点。

$$\forall <a,b>,<c,d>,<u,v>\in S$$

$$\begin{aligned}(<a,b>,<c,d>)\cdot<u,v>&=<a\circ c,b*d>\cdot<u,v>=<(a\circ c)\circ u,(b*d)*v>\\&=<a\circ c\circ u,b*d*v><a,b>\cdot(<c,d>\cdot<u,v>)\\&=<a,b>\cdot<c\circ u,d*v>=<a\circ(c\circ u),b*(d*v)>\\&=<a\circ c\circ u,b*d*v>\end{aligned}$$

所以$<S,\cdot>$构成半群。

说明：若 V_1 和 V_2 是独异点，其单位元分别为 e_1 和 e_2，则$<e_1,e_2>$是 $V_1\times V_2$ 中的单位元，因此 $V_1\times V_2$ 也是独异点。

证明对任意的$<a,b>\in G_1\times G_2$，$<a,b>\cdot<a^{-1},b^{-1}>=<a\circ a^{-1},b*b^{-1}>=<e_1,e_2>$。故$<a^{-1},b^{-1}>$是$<a,b>$的逆元，因此 $G_1\times G_2$ 关于 · 运算构成一个群。

9.2.4 群论中常用的概念或术语

定义 9.8 (1) 若群 G 中元素个数有限，则称 G 是**有限群**，否则称为**无限群**。群 G 的

基数称为群 G 的**阶**，有限群 G 的阶记作 $|G|$。

(2) 只含单位元的群称为**平凡群**。

(3) 若群 G 中的二元运算是可交换的，则称 G 为**交换群或阿贝尔(Abel)群**。

例 9.9 (1) $<\mathbf{Z},+>$，$<\mathbf{R},+>$是无限群。

(2) $<\mathbf{Z}_n,\oplus>$是有限群，也是 n 阶群。

(3) Klein 四元群是 4 阶群。

(4) $<\{0\},+>$是平凡群。

(5) 上述所有的群都是交换群。

(6) n 阶($n\geqslant 2$)实可逆矩阵的集合关于矩阵乘法构成的群是非交换群，因为矩阵乘法不满足交换律。

9.2.5 群中元素的 n 次幂

定义 9.9 G 是群，$a\in G$，$n\in\mathbf{Z}$，则 a 的 n 次幂

$$a^n=\begin{cases}e, & n=0\\ a^{n-1}a, & n>0\\ (a^{-1})a^n, & n<0,n=-m\end{cases}$$

说明：与半群和独异点不同的是，群中元素可以定义负整数次幂。

在$<\mathbf{Z}_3,\oplus>$中有

$$2^{-3}=(2^{-1})^3=1^3=1\oplus 1\oplus 1=0$$

在$<\mathbf{Z},+>$中有

$$3^{-5}=(3^{-1})^5=(-3)^5=(-3)+(-3)+(-3)+(-3)+(-3)=-15$$

例 9.10 设$<G,\cdot>$是群，满足消去律 $a,b\in G$，$a\neq e$，且 $a^4\cdot b=b\cdot a^5$。试证 $a\cdot b\neq b\cdot a$。

证明 用反证法证明。

假设 $a\cdot b=b\cdot a$。则

$$\begin{aligned}a^4\cdot b&=a^3\cdot(a\cdot b)=a^3\cdot(b\cdot a)=(a^3\cdot b)\cdot a\\&=(a^2\cdot(a\cdot b))\cdot a=(a^2\cdot(b\cdot a))\cdot a=((a^2\cdot b)\cdot a)\cdot a\\&=(a\cdot(a\cdot b))\cdot(a\cdot a)=(a\cdot(b\cdot a))\cdot a^2=((a\cdot b)\cdot a)\cdot a^2\\&=((b\cdot a)\cdot a)\cdot a^2=(b\cdot a^2)\cdot a^2=b\cdot(a^2\cdot a^2)=b\cdot a^4\end{aligned}$$

因为 $a^4\cdot b=b\cdot a^5$，所以 $b\cdot a^5=b\cdot a^4$。由消去律得 $a=e$，与已知矛盾。

9.2.6 群中元素的阶

定义 9.10 设 G 是群，$a\in G$，使得等式 $a^k=e$ 成立的最小正整数 k 称为 a 的阶，记作 $|a|=k$，这时也称 a 为 k **阶元**。若不存在这样的正整数 k，则称 a 为**无限阶元**。

例 9.11 (1) 在$<\mathbf{Z}_6,\oplus>$中，2 和 4 是 3 阶元，3 是 2 阶元，而 1 和 5 是 6 阶元，0 是 1 阶元。

(2) 在$<\mathbf{Z},+>$中，0 是 1 阶元，其他的整数都是无限阶元。

(3) 在 Klein 四元群中，e 为 1 阶元，其他元素都是 2 阶元。

9.2.7 群的性质——群的幂运算规则

定理 9.1 设 G 为群，则 G 中的幂运算满足：

(1) $a\in G,(a^{-1})^{-1}=a$；

(2) $a,b\in G,(ab)^{-1}=b^{-1}a^{-1}$；

(3) $a\in G,a^n a^m=a^{n+m},n,m\in \mathbf{Z}$；

(4) $a\in G,(a^n)^m=a^{nm},n,m\in \mathbf{Z}$；

(5) 若 G 为交换群，则$(ab)^n=a^n b^n$。

分析：

(1)和(2)可以根据定义证明。

(3)、(4)、(5)中的等式，先利用数学归纳法对于自然数 n 和 m 证出相应的结果，然后讨论 n 或 m 为负数的情况。

证明

(1) $(a^{-1})^{-1}$ 是 a^{-1} 的逆元，a 也是 a^{-1} 的逆元(或者：a^{-1} 是 a 的逆元，a 也是 a^{-1} 的逆元。)。

根据逆元的唯一性，$(a^{-1})^{-1}=a$。

(2) $(b^{-1}a^{-1})(ab)=b^{-1}(a^{-1}a)b=b^{-1}b=e$

$(ab)(b^{-1}a^{-1})=a(bb^{-1})a^{-1}=aa^{-1}=e$

故 $b^{-1}a^{-1}$ 是 ab 的逆元。根据逆元的唯一性等式得证。

(3) 先考虑 n,m 都是自然数的情况。任意给定 n，对 m 进行归纳。

$m=0$，有 $a^n a^0=a^n e=a^n=a^{n+0}$ 成立。

假设对一切 $m\in \mathbf{N}$ 有 $a^n a^m=a^{n+m}$ 成立，则有

$a^n a^{m+1}=a^n(a^m a)=(a^n a^m)a=a^{n+m}a=a^{n+m+1}$

由归纳法等式得证。

下面考虑存在负整数次幂的情况。

设 $n<0,m\geqslant 0$，令 $n=-t,t\in \mathbf{Z}^+$，则

$$a^n a^m=a^{-t}a^m=(a^{-1})^t a^m=((a^{-1})^{-1})^{-1t}a^m=a^{m-t}=a^{n+m}$$

对于 $n\geqslant 0,m<0$ 以及 $n<0,m<0$ 的情况同理可证。

(4) 先考虑 n、m 都是自然数的情况。任意给定 n，对 m 进行归纳。

$m=0$，有$(a^n)^0=e=a^0=a^{n+0}$ 成立。

假设对一切 $m\in \mathbf{N}$ 有$(a^n)^m=a^{nm}$ 成立，则有

$$(a^n)^{m+1}=(a^n)^m\cdot a^n=a^{nm}\cdot a^n$$

由(3)知 $a^{nm}\cdot a^n=a^{nm+n}=a^{n(m+1)}$。

由归纳法等式得证。

对于负整数幂的情况同理可证。

(5) 当 n 为自然数时，对 n 进行归纳。

$n=0$，有$(ab)^0=e=ee=a^0b^0$。

假设$(ab)^k=a^k b^k$，则有

$(ab)^{k+1}=(ab)^k(ab)=(a^k b^k)ab=a^k(b^k a)b=a^k(ab^k)b=(a^k a)(b^k)b=(a^{k+1})(b^{k+1})$

由归纳法等式得证。

设 $n<0$，令 $n=-m$，$m>0$，则

$(ab)^n=(ba)^n=(ba)^{-m}=((ba)^{-1})^m=(a^{-1}b^{-1})^m=(a^{-1})^m(b^{-1})^m=a^{-m}b^{-m}=a^nb^n$

说明：

(1) 定理 9.1(2)中的结果可以推广到有限多个元素的情况，即

$$(a_1a_2\cdots a_r)^{-1}=a_r^{-1}a_{r-1}^{-1}\cdots a_1^{-1}$$

(2) 注意上述定理中的最后一个等式只对交换群成立。

如果 G 是非交换群，那么只有 $(ab)^n=\underbrace{(ab)(ab)\cdots(ab)}_{n\text{个}}$

定理 9.2　G 为群，$\forall a,b\in G$，方程 $ax=b$ 和 $ya=b$ 在 G 中有解且仅有唯一解。

证明　先证 $a^{-1}b$ 是方程 $ax=b$ 的解。

将 $a^{-1}b$ 代入方程左边的 x 得 $a(a^{-1}b)=(aa^{-1})b=eb=b$。所以 $a^{-1}b$ 是该方程的解。

下面证明唯一性。

假设 c 是方程 $ax=b$ 的解，必有 $ac=b$，从而有 $c=ec=(a^{-1}a)c=a^{-1}(ac)=a^{-1}b$。

同理可证 ba^{-1} 是方程 $ya=b$ 的唯一解。

例 9.12　设群 $G=<P(\{a,b\}),\oplus>$，其中$\oplus$为集合的对称差运算。解下列群方程：

(1) $\{a\}\oplus X=\varnothing$；

(2) $Y\oplus\{a,b\}=\{b\}$。

解　(1) $X=\{a\}^{-1}\oplus\varnothing=\{a\}\oplus\varnothing=\{a\}$。(2) $Y=\{b\}\oplus\{a,b\}^{-1}=\{b\}\oplus\{a,b\}=\{a\}$。

9.2.8　消去律

定理 9.3　G 为群，则 G 适合消去律，即对任意 $a,b,c\in G$ 有

(1) 若 $ab=ac$，则 $b=c$；

(2) 若 $ba=ca$，则 $b=c$。

证明

(1) $ab=ac$

$\Rightarrow a^{-1}(ab)=a^{-1}(ac)$

$\Rightarrow(a^{-1}a)b=(a^{-1}a)c$

$\Rightarrow eb=ec$

$\Rightarrow b=c$

(2) 略

例 9.13　设 G 为群，$a,b\in G$，$k\in\mathbf{Z}^+$，证明

$$(a^{-1}ba)^k=a^{-1}ba\Leftrightarrow b^k=b$$

证明　充分性

$$\begin{aligned}(a^{-1}ba)^k&=(a^{-1}ba)(a^{-1}ba)(a^{-1}ba)\cdots(a^{-1}ba)\quad k\text{ 个 }a^{-1}ba\\&=a^{-1}b(aa^{-1})b(aa^{-1})b\cdots(aa^{-1})ba\\&=a^{-1}b^ka=a^{-1}ba\ (\text{因为 }b^k=b)\end{aligned}$$

必要性　由 $(a^{-1}ba)^k=a^{-1}ba$，得

$$(a^{-1}ba)(a^{-1}ba)\cdots(a^{-1}ba)=a^{-1}ba$$

化简得

$$a^{-1}b^k a = a^{-1}ba$$

由消去律得 $b^k = b$。

例 9.14 设 G 为群,$a,b \in G$,且 $(ab)^2 = a^2b^2$,证明 $ab = ba$。

证明

由$(ab)^2 = a^2b^2$得 $abab = aabb$,根据群中的消去律,得 $ba = ab$,即 $ab = ba$。

例 9.15 设$G = \{a_1, a_2, \cdots, a_n\}$是 n 阶群,令 $a_iG = \{a_ia_j \mid j = 1, 2, \cdots, n\}$,证明 $a_iG = G$。

证明 由群中运算的封闭性有 $a_iG \subseteq G$。

假设 $a_iG \subset G$,即$|a_iG| < n$,必有 $a_j, a_k \in G$ 使得$a_ia_j = a_ia_k (j \neq k)$,由消去律得 $a_j = a_k$,与$|G| = n$ 矛盾。

9.3 子群

定义 9.11 设 G 是群,H 是 G 的非空子集,如果 H 关于 G 中的运算构成群,则称 H 是 G 的**子群**,记作 $H \leqslant G$。

若 H 是G 的子群,且 $H \subset G$,则称 H 是 G 的**真子群**,记作 $H < G$。

例如 $n\mathbf{Z}$(n 是自然数)是整数加群$<\mathbf{Z}, +>$的子群。当 $n \neq 1$ 时,$n\mathbf{Z}$ 是 $\mathbf{Z}$ 的真子群。

对任何群 G 都存在子群;G 和$\{e\}$都是 G 的子群,称为 G 的平凡子群。

例 9.16 (1) 整数加群$<\mathbf{Z}, +>$,由 2 生成的子群是 $<2> = \{2k \mid k \in \mathbf{Z}\} = 2\mathbf{Z}$。

(2) 模 6 加群 $<\mathbf{Z}_6, \oplus>$中,由 2 生成的子群 $<2> = \{0, 2, 4\}$。

(3) Klein 四元群 $G = \{e, a, b, c\}$的所有生成子群是:

$$<e> = \{e\}, <a> = \{e, a\}, \quad <b> = \{e, b\}, <c> = \{e, c\}$$

定理 9.4(判定定理一) (1) $\forall a, b \in H$ 有 $ab \in H$。

(2) $\forall a \in H$ 有 $a^{-1} \in H$。

证明 必要性是显然的。为证明充分性,只需证明 $e \in H$。

因为 H 非空,存在 $a \in H$。由条件(2)知 $a^{-1} \in H$,根据条件(1)$aa^{-1} \in H$,即 $e \in H$。

定理 9.5(判定定理二) 设 G 为群,H 是 G 的非空子集。H 是 G 的子群当且仅当 $\forall a, b \in H$ 有 $ab^{-1} \in H$。

证明 必要性显然。只证充分性。

因为 H 非空,必存在 $a \in H$。根据给定条件得 $aa^{-1} \in H$,即 $e \in H$。任取 $a \in H$,由 e,$a \in H$ 得 $ea^{-1} \in H$,即 $a^{-1} \in H$。任取 $a, b \in H$,知 $b^{-1} \in H$。再利用给定条件得 $a(b^{-1})^{-1} \in H$,即 $ab \in H$。

综上所述,可知 H 是G 的子群。

定理 9.6(判定定理三) 设 G 为群,H 是G 的非空有穷子集,则 H 是G 的子群当且仅当$\forall a, b \in H$ 有 $ab \in H$。

证明 必要性显然。为证充分性,只需证明 $a \in H$ 有 $a^{-1} \in H$。

任取 $a \in H$,若 $a = e$,则 $a^{-1} = e \in H$。若 $a \neq e$,令 $S = \{a, a^2, \cdots\}$,则 $S \subseteq H$。

由于 H 是有穷集,必有 $a^i = a^j (i < j)$。

根据G 中的消去律得 $a^{j-i} = e$,由 $a \neq e$ 可知 $j - i > 1$,由此得 $a^{j-i-1}a = e$ 和 $aa^{j-i-1} = e$。

从而证明了 $a^{-1} = a^{j-i-1} \in H$。

定义 9.12　设 G 为群，$a\in G$，令 $H=\{a^k \mid k\in \mathbf{Z}\}$，则 H 是 G 的子群，称为由 a **生成的子群**，记作 $<a>$。

证明　首先由 $a\in <a>$ 知道 $<a>\neq\varnothing$。任取 $a^m, a^l\in <a>$，则 $a^m(a^l)^{-1}=a^m a^{-l}=a^{m-l}\in <a>$。

根据判定定理二可知 $<a>\leqslant G$。

定义 9.13　群 G 的中心 C：设 G 为群，令 $C=\{a \mid a\in G\wedge \forall x\in G(ax=xa)\}$，则 C 是 G 的子群，称为 G 的中心。

证明　$e\in C$。C 是 G 的非空子集。

任取 $a,b\in C$，只需证明 ab^{-1} 与 G 中所有的元素都可交换。

$\forall x\in G$，有

$$\begin{aligned}(ab^{-1})x &= ab^{-1}x = ab^{-1}(x^{-1})^{-1} = a(x^{-1}b)^{-1} = a(bx^{-1})^{-1} = a(xb^{-1})\\ &= (ax)b^{-1} = (xa)b^{-1} = x(ab^{-1})\end{aligned}$$

由判定定理三可知 $C\leqslant G$。

对于阿贝尔群 G，因为 G 中所有的元素互相都可交换，G 的中心就等于 G。但是对某些非交换群 G，它的中心是 $\{e\}$。

定理 9.7　设 G 是群，H,K 是 G 的子群。证明：

(1) $H\cap K$ 也是 G 的子群。

(2) $H\cup K$ 是 G 的子群当且仅当 $H\subseteq K$ 或 $K\subseteq H$。

证明　(1) 由 $e\in H\cap K$ 知 $H\cap K$ 非空。

任取 $a,b\in H\cap K$，则 $a\in H, a\in K, b\in H, b\in K$。

必有 $ab^{-1}\in H$ 和 $ab^{-1}\in K$，从而 $ab^{-1}\in H\cap K$。因此 $H\cap K\leqslant G$。

(2) 充分性显然，只证必要性。用反证法。

假设 $H\not\subseteq K$ 且 $K\not\subseteq H$，那么存在 h 和 k 使得 $h\in H\wedge h\notin K$，$k\in K\wedge k\notin H$，这就推出 $hk\notin H$。

否则由 $h^{-1}\in H$ 得 $k=h^{-1}(hk)\in H$，与假设矛盾。

同理可证 $hk\notin K$。从而得到 $hk\notin H\cup K$。与 $H\cup K$ 是子群矛盾。

定义 9.14　设 G 为群，令 $S=\{H \mid H\leqslant G\}$ 是 G 的所有子群的集合，定义 S 上的偏序 $\leqslant$，$\forall x,y\in S, x\leqslant y \Leftrightarrow x\subseteq y$，那么 $<S,\leqslant>$ 构成格，称为 G 的**子群格**。

注：设 R 为非空集合 A 上的关系。如果 R 是自反的、反对称的和传递的，则称 R 为 A 上的偏序关系，记为 $\leqslant$。若 $\forall x\forall y(x,y\in A\wedge <x,y>\in R\wedge (y,x)\in R\rightarrow x=y)$，则称 R 是 A 上的反对称关系。

$R_1=\{<1,1>,<2,2>\}$ 是 A 上的反对称关系；$R_2=\{<1,1>,<1,2>,<2,1>\}$ 是对称的，但不是反对称的；$R_3=\{<1,2>,<1,3>\}$ 是反对称的。

9.4　循环群与置换群

定义 9.15　设 G 是群，若存在 $a\in G$ 使得 $G=\{a^k \mid k\in \mathbf{Z}\}$，称 G 是**循环群**，记作 $G=<a>$，称 a 为 G 的**生成元**。

例 9.17 整数加群 $G=\langle\mathbf{Z},+\rangle=\langle 1\rangle=\langle -1\rangle$；模 6 加群 $G=\langle\mathbf{Z}_6,\oplus\rangle=\langle 1\rangle=\langle 5\rangle$。设 $G=\langle a\rangle$：

若 a 是 n 阶元,则 G 为 n 阶循环群,即 $G=\{a^0=e,a^1,a^2,\cdots,a^{n-1}\}$。若 a 是无限阶元,则 G 为无限循环群,即 $G=\{a^{\pm 0}=e,a^{\pm 1},a^{\pm 2},\cdots\}$。

例 9.18 (1) $G=\langle\mathbf{Z},+\rangle$是无限阶循环群。(2) $G=\langle\mathbf{Z}_6,\oplus\rangle$是 6 阶循环群。

定理 9.8 设$G=\langle a\rangle$是循环群。

(1) 若 G 是无限循环群,则 G 只有两个生成元,即 a 和 a^{-1}。

(2) 若 G 是 n 阶循环群,则 G 含有 $\varphi(n)$个生成元,对于任何小于或等于 n 且与 n 互质的正整数 r,a^r 是G 的生成元。

例 9.19 (1) 设 $G=\{e,a,\cdots,a^{11}\}$是 12 阶循环群,则小于或等于 12 且与 12 互素的数是 1,5,7,11,由定理可知 a,a^5,a^7 和 a^{11} 是 G 的生成元。

(2) 设 $G=\langle\mathbf{Z}_9,\oplus\rangle$是模 9 的整数加群,则小于或等于 9 且与 9 互素的数是 1,2,4,5,7,8。根据定理,G 的生成元是 1,2,4,5,7 和 8。

(3) 设 $G=3\mathbf{Z}=\{3z \mid z\in\mathbf{Z}\}$,$G$ 上的运算是普通加法。那么 G 只有两个生成元：3 和 -3。

定理 9.9 设 $G=\langle a\rangle$是循环群。

(1) 设 $G=\langle a\rangle$是循环群,则 G 的子群仍是循环群。

(2) 若 $G=\langle a\rangle$是无限循环群,则 G 的子群除$\{e\}$以外都是无限循环群。

(3) 若 $G=\langle a\rangle$是 n 阶循环群,则对 n 的每个正因子 d,G 恰好含有一个 d 阶子群。

例 9.20 (1) $G=\langle\mathbf{Z},+\rangle$是无限循环群,对于自然数 $m\in\mathbf{N}$,1 的 m 次幂是 m,m 生成的子群是$m\mathbf{Z}$,$m\in\mathbf{N}$。即 $\langle 0\rangle=\{0\}=0\mathbf{Z}$,$\langle m\rangle=\{mz\mid z\in\mathbf{Z}\}=m\mathbf{Z}$,$m>0$。

(2) $G=\mathbf{Z}_{12}$ 是 12 阶循环群。12 的正因子是 1,2,3,4,6 和 12,因此 G 的子群是：

1 阶子群	$\langle 12\rangle=\langle 0\rangle=\{0\}$	2 阶子群	$\langle 6\rangle=\{0,6\}$
3 阶子群	$\langle 4\rangle=\{0,4,8\}$	4 阶子群	$\langle 3\rangle=\{0,3,6,9\}$
6 阶子群	$\langle 2\rangle=\{0,2,4,6,8,10\}$	12 阶子群	$\langle 1\rangle=\mathbf{Z}_{12}$

定义 9.16 设 $S=\{1,2,\cdots,n\}$,S 上的双射函数σ：$S\rightarrow S$ 称为 S 上的 ***n* 元置换**,一般将 n 元置换σ 记为

$$\sigma=\begin{pmatrix}1 & 2 & \cdots & n\\ \sigma(1) & \sigma(2) & \cdots & \sigma(n)\end{pmatrix}$$

例如 $S=\{1,2,3,4,5\}$,则

$$\sigma=\begin{pmatrix}1 & 2 & 3 & 4 & 5\\ 3 & 5 & 4 & 1 & 2\end{pmatrix},\quad \tau=\begin{pmatrix}1 & 2 & 3 & 4 & 5\\ 5 & 4 & 1 & 3 & 2\end{pmatrix}$$

都是 5 元置换。

定义 9.17 设σ 是 $S=\{1,2,\cdots,n\}$上的 n 元置换。若

$$\sigma(i_1)=i_2,\sigma(i_2)=i_3,\cdots,\sigma(i_{k-1})=i_k,\sigma(i_k)=i_1$$

且保持 S 中的其他元素不变,则称σ 为 S 上的 ***k* 阶轮换**,记作 $(i_1 i_2\cdots i_k)$。若 $k=2$,称σ 为 S 上的对换。

例如 5 元置换

$$\sigma=\begin{pmatrix}1 & 2 & 3 & 4 & 5\\ 2 & 3 & 4 & 5 & 1\end{pmatrix},\quad \tau=\begin{pmatrix}1 & 2 & 3 & 4 & 5\\ 3 & 2 & 1 & 4 & 5\end{pmatrix}$$

分别是 4 阶和 2 阶轮换 $\sigma=(1\ 2\ 3\ 4)$，$\tau=(1\ 3)$。

例 9.21 设 $S=\{1,2,\cdots,8\}$，

$$\sigma=\begin{pmatrix}1&2&3&4&5&6&7&8\\5&3&6&4&2&1&8&7\end{pmatrix},\quad \tau=\begin{pmatrix}1&2&3&4&5&6&7&8\\8&1&4&2&6&7&5&3\end{pmatrix}$$

从 σ 中分解出来的第一个轮换式为$(1\ 5\ 2\ 3\ 6)$；第二个轮换式为(4)；第三个轮换式为$(7\ 8)$。σ 的轮换表示式：$\sigma=(1\ 5\ 2\ 3\ 6)\ (4)\ (7\ 8)=(1\ 5\ 2\ 3\ 6)(7\ 8)$。

用同样的方法可以得到 τ 的分解式 $\tau=(1\ 8\ 3\ 4\ 2)(5\ 6\ 7)$。

任何 n 元置换可以分解成对换的乘积，因为任何轮换都可以表示成对换乘积。一种可行的表示方法是：$(i_1\ i_2\cdots\ i_k)=(i_1i_2)\ (i_1i_3)\cdots(i_1i_k)$。

定义 9.18 考虑所有的 n 元置换构成的集合 S_n，则

(1) S_n 关于置换的乘法是封闭的，置换的乘法满足结合律；

(2) 恒等置换(1)是 S_n 中的单位元；

(3) 对于任何 n 元置换 $\sigma\in S_n$，逆置换 σ^{-1} 是 σ 的逆元。

这就证明 S_n 关于置换的乘法构成一个群，称为 n 元对称群。n 元对称群的子群称为 n 元置换群。

例 9.22 设 $S=\{1,2,3\}$，3 元对称群 $S_3=\{(1),(1\ 2),(1\ 3),(2\ 3),(1\ 2\ 3),(1\ 3\ 2)\}$，如表 9.2 所示。

表 9.2 例 9.22 表

	(1)	(1 2)	(1 3)	(2 3)	(1 2 3)	(1 3 2)
(1)	(1)	(1 2)	(1 3)	(2 3)	(1 2 3)	(1 3 2)
(1 2)	(1 2)	(1)	(1 2 3)	(1 3 2)	(1 3)	(2 3)
(1 3)	(1 3)	(1 3 2)	(1)	(1 2 3)	(2 3)	(1 2)
(2 3)	(2 3)	(1 2 3)	(1 3 2)	(1)	(1 2)	(1 3)
(1 2 3)	(1 2 3)	(2 3)	(1 2)	(1 3)	(1 3 2)	(1)
(1 3 2)	(1 3 2)	(1 3)	(2 3)	(1 2)	(1)	(1 2 3)

S_3 的子群：

$$\begin{aligned}&S_3=\{(1),(1\ 2),(1\ 3),(2\ 3),(1\ 2\ 3),(1\ 3\ 2)\},\\&A_3=<(1\ 2\ 3)>=\{(1),(1\ 2\ 3),(1\ 3\ 2)\},<(1)>\\&\quad=\{(1)\},<(1\ 2)>=\{(1),(1\ 2)\},<(1\ 3)>\\&\quad=\{(1),(1\ 3)\},<(2\ 3)>=\{(1),(2\ 3)\}\end{aligned}$$

9.5 陪集与拉格朗日定理

定义 9.19 设 G 为群，$H\leqslant G$，$\forall a\in G$，令 $H_a=\{h_a\mid h\in H\}$，称 H_a 是**子群 H 在 G 中的右陪集**，简称为 **H 的右陪集**，称 a 为右陪集 H_a 的**代表元**。

例 9.23 设 $G=\{e,a,b,c\}$是 Klein 四元群，$H=\{e,a\}$是$<G,*>$子群。那么 H 的所有右陪集是：

$$He=\{ee,ae\}=\{e,a\}=H$$

$$Ha=\{ea,aa\}=\{a,e\}=He=H$$
$$Hb=\{eb,ab\}=\{b,c\}$$
$$Hc=\{ec,ac\}=\{c,b\}=Hb$$

且 $G=H\cup Hc$，$H\neq Hc$，$H\cap Hc=\varnothing$。

设 $A=\{1,2,3\}$，f_1,f_2,f_3,f_4,f_5,f_6 是 A 上的双射函数，其中

$f_1=\{<1,1>,<2,2>,<3,3>\}$　$f_2=\{<1,2>,<2,1>,<3,3>\}$

$f_3=\{<1,3>,<2,2>,<3,1>\}$　$f_4=\{<1,1>,<2,3>,<3,2>\}$

$f_5=\{<1,2>,<2,3>,<3,1>\}$　$f_6=\{<1,3>,<2,1>,<3,2>\}$

则 $G=\{f_1,f_2,f_3,f_4,f_5,f_6\}$ 关于函数的复合运算构成群，考虑它的子群 $H=\{f_1,f_2\}$，那么 H 的所有右陪集是：

$$Hf_1=\{f_1f_1,f_2f_1\}=\{f_1,f_2\}\quad Hf_2=\{f_1f_2,f_2f_2\}=\{f_2,f_1\}$$
$$Hf_3=\{f_1f_3,f_2f_3\}=\{f_3,f_5\}\quad Hf_4=\{f_1f_4,f_2f_4\}=\{f_4,f_6\}$$
$$Hf_5=\{f_1f_5,f_2f_5\}=\{f_5,f_3\}\quad Hf_6=\{f_1f_6,f_2f_6\}=\{f_6,f_4\}$$

易见，不同的右陪集只有三个，每个右陪集都是 G 的子集。

例 9.24　$<\{0,2,4\},+_6>$ 是 $<\mathbf{N}_6,+_6>$ 的子群，求 $<\{0,2,4\},+_6>$ 的所有左陪集。

解

由 0 确定的左陪集：$\{0,2,4\}$

由 1 确定的左陪集：$\{1,3,5\}$

由 2 确定的左陪集：$\{0,2,4\}$

由 3 确定的左陪集：$\{1,3,5\}$

由 4 确定的左陪集：$\{0,2,4\}$

由 5 确定的左陪集：$\{1,3,5\}$

定理 9.10　设 H 是群 G 的子群，则

(1) $He=H$。

(2) $\forall a\in G$ 有 $a\in Ha$。

证明

(1) $He=\{he\mid h\in H\}=\{h\mid h\in H\}=H$。

(2) 任取 $a\in G$，由 $a=ea$ 和 $ea\in Ha$ 得 $a\in Ha$。

定理 9.11　设 H 是群 G 的子群，则 $\forall a,b\in G$ 有

$$a\in Hb\Leftrightarrow ab^{-1}\in H\Leftrightarrow Ha=Hb$$

证明　先证 $a\in Hb\Leftrightarrow ab^{-1}\in H$。

$$a\in Hb\Leftrightarrow\exists h(h\in H\land a=hb)\Leftrightarrow\exists h(h\in H\land ab^{-1}=h)\Leftrightarrow ab^{-1}\in H$$

再证 $a\in Hb\Leftrightarrow Ha=Hb$。

充分性。若 $Ha=Hb$，由 $a\in Ha$ 可知，必有 $a\in Hb$。

必要性。由 $a\in Hb$ 可知，存在 $h\in H$ 使得 $a=hb$，即 $b=h^{-1}a$。

任取 $h_1a\in Ha$，则有

$$h_1a=h_1(hb)=(h_1h)b\in Hb$$

从而得到

$$Ha\subseteq Hb$$

反之，任取 $h_1b \in Hb$，则有

$$h_1b = h_1(h^{-1}a) = (h_1h^{-1})a \in Ha$$

从而得到

$$Hb \subseteq Ha$$

综上所述，$Ha = Hb$ 得证。

说明：

(1) 该定理给出了两个右陪集相等的充分必要条件，并且说明在右陪集中的任何元素都可以作为它的代表元素。

(2) 在例 9.24 中，

$H = \{f_1, f_2\}$

$f_3 = \{<1,3>, <2,2>, <3,1>\}$

$f_5 = \{<1,2>, <2,3>, <3,1>\}$

$Hf_3 = \{f_1 \circ f_3, f_2 \circ f_3\} = \{f_3, f_5\} Hf_5 = \{f_1 \circ f_5, f_2 \circ f_5\} = \{f_5, f_3\}$

可以看出 $f_3 \in Hf_5$，所以 $Hf_3 = Hf_5$。

同时有 $f_3 \circ f_5^{-1} = f_3 \circ f_6 = f_2 \in H$。

定理 9.12　设 H 是群 G 的子群，在 G 上定义二元关系 R：

$$\forall a, b \in G, <a, b> \in R \Leftrightarrow ab^{-1} \in H$$

则 R 是 G 上的等价关系，且 $[a]_R = Ha$。

证明　先证明 R 为 G 上的等价关系。

自反性。任取 $a \in G$，则

$$aa^{-1} = e \in H \Leftrightarrow <a, a> \in R$$

对称性。任取 $a, b \in G$，则

$$<a, b> \in R \Rightarrow ab^{-1} \in H \Rightarrow (ab^{-1})^{-1} \in H \Rightarrow ba^{-1} \in H \Rightarrow <b, a> \in R$$

传递性。任取 $a, b, c \in G$，则

$$<a, b> \in R \wedge <b, c> \in R \Rightarrow ab^{-1} \in H \wedge bc^{-1} \in H \Rightarrow ac^{-1} \in H \Rightarrow <a, c> \in R$$

下面证明：$\forall a \in G, [a]_R = Ha$。

任取 $b \in G$，

$$b \in [a]_R \Leftrightarrow <a, b> \in R \Leftrightarrow ab^{-1} \in H \Leftrightarrow Ha = Hb \Leftrightarrow b \in Ha$$

推论　设 H 是群 G 的子群，则

(1) $\forall a, b \in G, Ha = Hb$ 或 $Ha \cap Hb = \varnothing$；

(2) $\bigcup\{Ha \mid a \in G\} = G$。

重要结果：给定群 G 的一个子群 H，H 的所有右陪集的集合 $\{Ha \mid a \in G\}$ 恰好构成 G 的一个划分。

举例：考虑 Klein 四元群 $G = \{e, a, b, c\}$，$H = \{e, a\}$ 是 G 的子群。

H 在 G 中的右陪集是 H 和 Hb，其中 $Hb = \{b, c\}$。那么 $\{H, Hb\}$ 构成了 G 的一个划分。

定理 9.13　设 H 是群 G 的子群，则 $\forall a \in G, H \approx Ha$。

证明　令 $f: H \to Ha, f(x) = xa$。

任取 $ha \in Ha$，$\exists h \in H$，使得 $f(h) = ha$，因而 f 是满射的。

假设 $f(h_1) = f(h_2)$，那么有 $h_1a = h_2a$。根据消去律得 $h_1 = h_2$，因而 f 是单射的。因

此,$H \approx Ha$。

类似地,也可以定义 **H 的左陪集**,即 $aH=\{ah \mid h \in H\}, a \in G$。

关于左陪集有下述性质:

(1) $eH=H$;

(2) $\forall a \in G, a \in aH$;

(3) $\forall a,b \in G, a \in bH \Leftrightarrow b^{-1}a \in H \Leftrightarrow aH=bH$;

(4) 若在 G 上定义二元关系 R,$\forall a,b \in G, \langle a,b \rangle \in R \Leftrightarrow b^{-1}a \in H$,则 R 是 G 上的等价关系,且$[a]_R=aH$;

(5) $\forall a \in G, H \approx aH$。

例 9.25 设 G 为模 12 加群,求$\langle 3 \rangle$在 G 中所有的左陪集。

解 $\langle 3 \rangle=\{0,3,6,9\}$,$\langle 3 \rangle$的不同左陪集有 3 个,即 $0+\langle 3 \rangle=\langle 3 \rangle$,

$1+\langle 3 \rangle=4+\langle 3 \rangle=7+\langle 3 \rangle=10+\langle 3 \rangle=\{1,4,7,10\}$,

$2+\langle 3 \rangle=5+\langle 3 \rangle=8+\langle 3 \rangle=11+\langle 3 \rangle=\{2,5,8,11\}$。

例 9.26 群 $G=\{f_1,f_2,\cdots,f_6\}$。令 $H=\{f_1,f_2\}$,则 H 在 G 中的全体左陪集如下:

$$f_1H=\{f_1 \circ f_1, f_1 \circ f_2\}=\{f_1,f_2\}=H$$
$$f_2H=\{f_1 \circ f_2, f_2 \circ f_2\}=\{f_2,f_1\}=H$$
$$f_3H=\{f_3 \circ f_1, f_3 \circ f_2\}=\{f_3,f_6\}$$
$$f_4H=\{f_4 \circ f_1, f_4 \circ f_2\}=\{f_4,f_5\}$$
$$f_5H=\{f_5 \circ f_1, f_5 \circ f_2\}=\{f_5,f_4\}$$
$$f_6H=\{f_6 \circ f_1, f_6 \circ f_2\}=\{f_6,f_3\}$$
$$Hf_1=\{f_1 \circ f_1, f_2 \circ f_1\}=\{f_1,f_2\}=H$$
$$Hf_2=\{f_1 \circ f_2, f_2 \circ f_2\}=\{f_2,f_1\}=H$$
$$Hf_3=\{f_1 \circ f_3, f_2 \circ f_3\}=\{f_3,f_5\}$$
$$Hf_4=\{f_1 \circ f_4, f_2 \circ f_4\}=\{f_4,f_6\}$$
$$Hf_5=\{f_1 \circ f_5, f_2 \circ f_5\}=\{f_5,f_3\}$$
$$Hf_6=\{f_1 \circ f_6, f_2 \circ f_6\}=\{f_6,f_4\}$$

和 H 的右陪集相比较,不难看出有

$$Hf_1=f_1H, \quad Hf_2=f_2H, \quad Hf_3 \neq f_3H,$$
$$Hf_4 \neq f_4H, \quad Hf_5 \neq f_5H, \quad Hf_6 \neq f_6H$$

结论:一般来说,对于群 G 的每个子群 H 不能保证有 $Ha=aH$。但是对某些特殊的子群 H,$a \in G$ 都有 $Ha=aH$,称这些子群为 G 的正规子群。

定理 9.14 令 $S=\{Ha \mid a \in G\}$,$T=\{aH \mid a \in G\}$分别表示 H 的右陪集和左陪集的集合。定义:$f:S \to T$,$f(Ha)=a^{-1}H$,$\forall a \in G$ 可以证明 f 是 S 到 T 的双射函数。

证明 对 $\forall a,b \in G$ 有

$$Ha=Hb \Leftrightarrow ab^{-1} \in H \Leftrightarrow (ab^{-1})^{-1} \in H \Leftrightarrow (b^{-1})^{-1}a^{-1} \in H \Leftrightarrow a^{-1}H=b^{-1}H$$

这说明对于任意的 $Ha \in S$,必有唯一的 $f(Ha) \in T$ 与之对应,即 f 是函数。

同时可知:若 $f(Ha)=f(Hb)$,必有 $Ha=Hb$,即 f 是单射。

任取 $bH \in T$,则 $Hb^{-1} \in S$,且有 $f(Hb^{-1})=(b^{-1})^{-1}H=bH$,从而证明了 f 的满射性。因此 $S \approx T$。

(1) 对于子群 H 和元素 a,它的左陪集 aH 与右陪集 Ha 一般来说是不等的。

(2) H 的左陪集个数与右陪集个数是相等的，因为可以证明 $f(Ha)=a^{-1}H$，f 在 H 的右陪集和左陪集之间建立了一一对应关系。

(3) 今后不再区分 H 的右陪集数和左陪集数，统称为 H 在 G 中的陪集数，也称为 H 在 G 中的指数，记作$[G:H]$。

(4) 对于有限群 G，H 在 G 中的指数 $[G:H]$ 和 $|G|$，$|H|$ 有密切的关系，这就是著名的拉格朗日定理。

定理 9.15(拉格朗日定理)　设 G 是有限群，$H\leqslant G$，则$|G|=|H|\cdot[G:H]$。

证明　设$[G:H]=r$，$a_1,a_2,\cdots,a_r$ 分别是 H 的 r 个右陪集的代表元素，根据定理推论有

$$G=Ha_1\cup Ha_2\cup\cdots\cup Ha_r$$

由于这 r 个右陪集是两两不交的，所以有

$$|G|=|Ha_1|+|Ha_n|+\cdots+|Ha_r|$$

又因为$|Ha_i|=|H|$，$i=1,2,\cdots,r$。所以$|G|=|H|\cdot r=|H|\cdot[G:H]$。

推论 1　设 G 是 n 阶群，则 $\forall a\in G$，$|a|$ 是 n 的因子，且有 $a^n=e$。

证明　任取 $a\in G$，$\langle a\rangle$是 G 的子群，$\langle a\rangle$的阶是 n 的因子。

$\langle a\rangle$是由 a 生成的子群，若$|a|=r$，则$\langle a\rangle=\{a^0=e,a^1,a^2,\cdots,a^{r-1}\}$。即$\langle a\rangle$的阶与$|a|$相等，所以$|a|$是 n 的因子。从而 $an=e$。

推论 2　对阶为素数的群 G，必存在 $a\in G$ 使得 $G=\langle a\rangle$。

证明　设$|G|=p$，p 是素数。由 $p\geqslant 2$ 知 G 中必存在非单位元。

任取 $a\in G$，$a\neq e$，则$\langle a\rangle$是 G 的子群。

根据拉格朗日定理，$\langle a\rangle$的阶是 p 的因子，即$\langle a\rangle$的阶是 p 或 1。显然$\langle a\rangle$的阶不是 1，这就推出 $G=\langle a\rangle$。

注意：拉格朗日定理的逆命题不成立，即 n 阶群 G 中不一定有 r 阶元。

设 $A=\{1,2,3\}$，f_1,f_2,f_3,f_4,f_5,f_6 是 A 上的双射函数，其中

$$f_1=\{\langle 1,1\rangle,\langle 2,2\rangle,\langle 3,3\rangle\}\quad f_2=\{\langle 1,2\rangle,\langle 2,1\rangle,\langle 3,3\rangle\}$$

$$f_3=\{\langle 1,3\rangle,\langle 2,2\rangle,\langle 3,1\rangle\}\quad f_4=\{\langle 1,1\rangle,\langle 2,3\rangle,\langle 3,2\rangle\}$$

$$f_5=\{\langle 1,2\rangle,\langle 2,3\rangle,\langle 3,1\rangle\}\quad f_6=\{\langle 1,3\rangle,\langle 2,1\rangle,\langle 3,2\rangle\}$$

则 $G=\{f_1,f_2,f_3,f_4,f_5,f_6\}$，因此 G 中并没有 6 阶元。

例 9.27　如果群 G 只含 1 阶和 2 阶元，则 G 是 Abel 群。

证明　设 a 为 G 中任意元素，有 $a^{-1}=a$。任取 $x,y\in G$，则 $xy=(xy)^{-1}=y^{-1}x^{-1}=yx$，因此 G 是 Abel 群。

例 9.28　证明 6 阶群中必含有 3 阶元。

证明　设 G 是 6 阶群，由拉格朗日定理的推论 1 可知：G 中的元素只可能是 1 阶、2 阶、3 阶或 6 阶元。

若 G 中含有 6 阶元，设这个元是 a，则 a^2 是 3 阶元。

若 G 中不含有 6 阶元，下面证明 G 中必有 3 阶元。

如若不然，G 中只含有 1 阶和 2 阶元，即 $\forall a\in G$，$a^2=e$，则由上面命题可知 G 是 Abel 群。

取 G 中两个不同的 2 阶元 a 和 b，令 $H=\{e,a,b,ab\}$。易证 H 是G 的子群，但$|H|=4$，$|G|=6$，这与拉格朗日定理相矛盾。

故 G 中必含有 3 阶元。

例 9.29 证明阶小于 6 的群都是 Abel 群。

证明 1 阶群是平凡的,显然是 Abel 群。2,3 和 5 都是素数,由推论 2 知它们都是单元素生成的群,都是 Abel 群。设 G 是 4 阶群。若 G 中含有 4 阶元,例如说 a,则 $G=\langle a\rangle$。由上述分析可知 G 是 Abel 群。

若 G 中不含 4 阶元,G 中只含 1 阶和 2 阶元。由命题可知 G 也是 Abel 群。

9.6 同态与同构

这一节将讨论代数系统的同态与同构。代数系统的同态与同构就是在两个代数系统之间存在着一种特殊的映射——保持运算的映射,它是研究两个代数系统之间关系的强有力的工具。

定义 9.20 设 $\langle X,\circ\rangle$ 和 $\langle Y,*\rangle$ 是两个代数系统,$\circ$ 和 $*$ 分别是 X 和 Y 上的二元运算,设 f 是从 X 到 Y 的一个映射,使得对任意的 $x,y\in X$ 都有 $f(x\circ y)=f(x)*f(y)$,则称 f 为由 $\langle X,\circ\rangle$ 到 $\langle Y,*\rangle$ 的一个同态映射,称 $\langle X,\circ\rangle$ 与 $\langle Y,*\rangle$ 同态,记作 $X\sim Y$。把 $\langle f(X),*\rangle$ 称为 $\langle X,\circ\rangle$ 的一个同态像。其中 $f(X)=\{a\,|\,a=f(x),x\in X\}\subseteq Y$。

在这个定义中,如果 $\langle Y,*\rangle$ 就是 $\langle X,\circ\rangle$,则 f 是 X 到自身的映射。当上述条件仍然满足时,就称 f 是 $\langle X,\circ\rangle$ 上的一个自同态映射。

例 9.30 设 m 是所有 n 阶实数矩阵的集合,$*$ 表示矩阵的乘法运算,则 $\langle M,*\rangle$ 是一个代数系统。设 R 表示所有实数的集合,$\times$ 表示数的乘法,则 $\langle R,\times\rangle$ 也是一个代数系统。定义 M 到 R 的映射 f 为:$f(A)=|A|,A\in M$,即 f 将 n 阶矩阵 $\mathbf{A}$ 映射为它的行列式 $|A|$。因为 $|A|$ 是一个实数,而且当 $A,B\in M$ 时,有 $f(A*B)=|A*B|=|A|\times|B|=f(A)\times f(B)$。

所以 f 是一个同态映射,$M\sim R$,且 R 是 M 的一个同态像。

例 9.31 考查代数系统 $\langle\mathbf{R},\cdot\rangle$,其中 $\mathbf{R}$ 是实数集,$\cdot$ 是普通乘法运算。如果我们只对运算结果中正、负、零之间的特征区别感兴趣,那么,代数系统 $\langle\mathbf{R},\cdot\rangle$ 中运算结果的特征就可以用另一个代数系统 $\langle B,*\rangle$ 的运算结果来描述,其中 $B=\{$正,负,零$\}$,是定义在 B 上的二元运算,如表 9.3 所示。

表 9.3 *B* 上的二元运算

*	正	负	零
正	正	负	零
负	负	正	零
零	零	零	零

作映射 $f:\mathbf{R}\to B$ 如下:

$$f(x)=\begin{cases}\text{正}, & \text{若 } x>0\\ \text{负}, & \text{若 } x<0 \quad x\in\mathbf{R}\\ \text{零}, & \text{若 } x=0\end{cases}$$

依经验算得,对于任意的 $x,y\in\mathbf{R}$,有 $f(x\cdot y)=f(x),f(y)$。

因此，映射 f 是由$<\mathbf{R},\cdot>$到$<B,*>$的一个同态映射。

由例 9.31 知，在$<\mathbf{R},\cdot>$中研究运算结果的正、负、零的特征就等于在$<B,\cdot>$中的运算特征，可以说，代数系统$<B,*>$描述了$<\mathbf{R},\cdot>$中运算结果的这些基本特征。而这正是研究两个代数系统之间是否存在同态的重要意义之一。

应该指出，由一个代数系统到另一个代数系统可能存在着多于一个的同态映射。

例 9.32　设 $f:\mathbf{R}\to\mathbf{R}$ 定义为对任意 $x\in\mathbf{R}$，$f(x)=2^x$；

$g:\mathbf{R}\to\mathbf{R}$ 定义为对任意 $x\in\mathbf{R}$，$g(x)=3^x$。

f,g 都是从$<\mathbf{R},+>$到 $<\mathbf{R},\times>$的同态映射。

定义 9.21　设 f 是由 $<X,\circ>$到 $<Y,*>$的一个同态映射，如果 f 是从 X 到 Y 的一个满射，则 f 称为**满同态**；如果 f 是从 X 到 Y 的一个单射，则 f 称为**单同态**；如果 f 是从 X 到 Y 的一个双射，则 f 称为**同构映射**，并称$<X,\circ>$和$<Y,*>$是同构的(Isomorphic)。若 g 是$<A,\circ>$到 $<A,\circ>$的同构映射，则 g 称为**自同构映射**。

定理 9.16　设 G 是一些只有一个二元运算的代数系统的非空集合，则 G 中代数系统之间的同构关系是等价关系。

证明　因为任何一个代数系统 $<X,\circ>$可以通过恒等映射与它自身同构，即自反性成立。关于对称性，设$<X,\circ>\cong <Y,*>$且有对应的同构映射 f，因为 f 的逆映射是由$<Y,*>$到$<X,\circ>$的同构映射，所以$<Y,*>\cong <X,\circ>$。最后，如果 f 是由$<X,\circ>$到$<Y,*>$的同构映射，g 是由$<Y,*>$到$<U,\Delta>$的同构映射，那么 $g\circ f$ 就是$<X,\circ>$到$<U,\Delta>$的同构映射。因此，同构关系是等价关系。

例 9.33　设 $f:\mathbf{Q}\to\mathbf{R}$ 定义为对任意 $x\in\mathbf{Q}$，那么 f 是$<\mathbf{Q},+>$到$<\mathbf{R},+>$的单同态。

例 9.34　设 $f:\mathbf{Z}\to\mathbf{Z}_n$ 定义为对任意的 $x\in\mathbf{Z}$，$f(x)=x(\bmod n)$，那么 f 是从$<\mathbf{Z},+>$到$<\mathbf{Z}_n,+_n>$的一个同态满射。

例 9.35　设 n 是确定的正整数，集合 $H_n=\{x\mid x=kn,k\in\mathbf{Z}\}$，定义映射 $f:\mathbf{Z}\to H_n$ 为对任意的 $k\in\mathbf{Z}$，$f(k)=kn$。

那么 f 是$<\mathbf{Z},+>$到$<H_n,+>$的一个同构映射，所以 $\mathbf{Z}\cong H_n$。

例 9.36　设 $X=\{a,b\}$，$Y=\{$奇，偶$\}$，$U=\{0,1\}$，二元运算$\circ$，$*$，Δ 如表 9.4(a)～表 9.4(c)所示，代数系统$<Y,*>$和$<U,\Delta>$都与代数系统 $<X,\circ>$同构。

表 9.4(a)　$<X,\circ>$运算

$\circ$	a	b
a	a	b
b	b	a

表 9.4(b)　$<Y,*>$运算

$*$	偶	奇
偶	偶	奇
奇	奇	偶

表 9.4(c)　$<U,\Delta>$运算

Δ	0	1
0	0	1
1	1	0

同构是个很重要的概念，从例 9.36 可以看到形式上不同的代数系统，如果它们同构，那么就可以抽象地把它们看作本质上相同的代数系统，不同的只是所用的符号。另外由定理 9.16 知，同构是一个等价关系，从而可用同构对代数系统进行分类研究。

利用同态和同构还可由一个代数系统研究另一个代数系统。

定理 9.17　设 f 是代数系统$<X,\circ>$和$<Y,*>$的满同态：

(1) 若$\circ$可交换，则 $*$ 可交换；

(2) 若$\circ$可结合,则$*$可结合;

(3) 若代数系统$<X,\circ>$有幺元e,则$e'=f(e)$是$<Y,*>$的幺元。

证明

(1) 因为f是$<X,\circ>$到$<Y,*>$的满同态,所以对任意的$x,y\in Y$,存在$a,b\in X$,使$f(a)=x,f(b)=y$。从而由$\circ$的可交换性得

$$x*y=f(a)*f(b)=f(a\circ b)=f(b\circ a)=f(b)*f(a)=y*x$$

故$*$可交换。

(2) 由条件,对任意$x,y,z\in Y$,存在$a,b,c\in X$,使$f(a)=x,f(b)=y,f(c)=z$,从而由$\circ$可结合得

$$\begin{aligned}x*(y*z)&=f(a)*(f(b)*f(c))=f(a)*f(b\circ c)=f(a\circ(b\circ c))\\&=f(a\circ b)*f(c)=(f(a)*f(b))*f(c)=(x*y)*z\end{aligned}$$

所以$*$是可结合的。

(3) 因为e是代数系统$<X,\circ>$的幺元,f是$<X,\circ>$到$<Y,*>$的满同态,所以$e'=f(e)\in Y$,且对任意的$x\in Y$,都存在$a\in X$,使$f(a)=x$,从而

$$x*e'=f(a)*f(e)=f(a\circ e)=f(a)=x=f(e\circ a)=f(e)*f(a)=e'*x$$

故e'是$<Y,*>$的幺元。

定理 9.18 设f是从代数系统$<X,\circ>$到代数系统$<Y,*>$的同态映射。

(1) 如果$<X,\circ>$是半群,则$<f(X),*>$是半群;

(2) 如果$<X,\circ>$是含幺半群,则$<f(X),*>$是含幺半群;

(3) 如果$<X,\circ>$是群,则$<f(X),*>$是群。

证明

(1) 因为$<X,\circ>$是半群,$<Y,*>$是代数系统,f是由$<X,\circ>$到$<Y,*>$的同态映射,所以$f(X)\subseteq Y$。

对任意的$x,y\in f(X)$,必存在$a,b\in X$使得$f(a)=x,f(b)=y$。

因为$c=a\circ b\in Z$,所以

$$x*y=f(a)*f(b)=f(a\circ b)=f(c)\in f(X)$$

$*$作为$f(X)$上的二元运算是封闭的。f作为$<X,\circ>$到$<f(X),*>$的同态映射是满同态,因为$\circ$是可结合的,由定理9.17知$f(X)$上的运算$*$是可结合的,故$<f(X),*>$是半群。

(2) 因为$<X,\circ>$是含幺半群,所以$<X,\circ>$是半群且含有幺元e,f是$<X,\circ>$到$<Y,*>$的同态映射,由(1)知$<f(X),*>$是半群,由定理9.17知$e'=f(e)$是$<f(X),*>$的幺元,所以$<f(X),*>$是含幺半群。

(3) 设$<X,\circ>$是群,则由(2)知$<f(X),*>$是含幺半群。又对任意$x\in X$,必有$a\in X$,使$f(a)=x$,因为$<X,\circ>$是群,所以a在X中有逆元a^{-1},且$f(a^{-1})\in f(X)$,$f(a)*f(a^{-1})=f(a\circ a^{-1})=f(e)=e'$,$f(a^{-1})*f(a)=f(a^{-1}\circ a)=f(e)-e'$,所以$f(a^{-1})$是$f(a)$的逆元,即$f(a^{-1})=(f(a))^{-1}$,因此,$<f(X),*>$是群。

推论 设f是从代数系统$<X,\circ>$到代数系统$<Y,*>$的同态满射。

(1) 如果$<X,\circ>$是群,则$<Y,*>$是群。

(2) 如果$<X,\circ>$是群,$<H,\circ>$是$<X,\circ>$的子群,则$<f(H),*>$是群$<Y,*>$的

子群。

定理 9.19　设 f 是从群$\langle X,\circ\rangle$到群$\langle Y,*\rangle$的同态映射，$\langle S,*\rangle$是$\langle Y,*\rangle$的子群，记 $H=f^{-1}(S)=\{a\mid a\in X$ 且 $f(a)\in S\}$，则 $\langle H,\circ\rangle$是 $\langle X,\circ\rangle$的子群。

证明　因为$\langle S,*\rangle$是$\langle Y,*\rangle$的子群，所以，群$\langle Y,*\rangle$的幺元 $e'\in S$，又若 e 是$\langle X,\circ\rangle$的幺元，则 $f(e)=e'$，所以 $e\in H$，$H\neq\varnothing$。

对任意 $a,b\in H$，有 $a\circ b^{-1}\in X$ 且 $x=f(a)\in S$，$y=f(b)\in S$，因为$\langle S,*\rangle$是$\langle Y,*\rangle$的子群，所以 $x*y^{-1}\in S$。从而

$$f(a\circ b^{-1})=f(a)*f(b^{-1})=f(a)*(f(b))^{-1}=x*y^{-1}\in S$$

所以 $a\circ b^{-1}\in H$，$\langle H,\circ\rangle$是$\langle X,\circ\rangle$的子群。

定义 9.22　设 f 是由群$\langle X,\circ\rangle$到群$\langle Y,*\rangle$的同态映射，e'是 Y 中的幺元。记 $\ker(f)=\{a\mid a\in X$ 且 $f(a)=e'\}$，称 $\ker(f)$为**同态映射 f 的核**，简称 **f 的同态核**。

若 f 是由群$\langle X,\circ\rangle$到群$\langle Y,*\rangle$的同态映射，e'是 Y 的幺元，$S=\{e'\}$，则$\langle S,*\rangle$是$\langle Y,*\rangle$的子群，且 $\ker(f)=f^{-1}(S)$，所以由定理 9.19 可得下面推论。

推论　设 f 是由群$\langle X,\circ\rangle$到群$\langle Y,*\rangle$的同态映射，则 f 的同态核 $\ker(f)$是 X 的子群。

在一般的集合上，我们定义了元素间的等价关系，下面在含有二元运算的代数系统中引入同余关系，并进一步讨论同态和同余关系的对应。

定义 9.23　设$\langle A,\circ\rangle$是一个代数系统，$\circ$是 A 上的一个二元运算，R 是 A 上的一个等价关系。如果当$\langle x_1,x_2\rangle$，$\langle y_1,y_2\rangle\in R$ 时，都有$\langle x_1\circ y_1,x_2\circ y_2\rangle\in R$，则称 R 为 A 上关于$\circ$的**同余关系**。由这个同余关系将 A 划分成的等价类称为**同余类**。

例 9.37　恒等关系是任何一个具有一个二元运算的代数系统上的同余关系。

例 9.38　设代数系统$\langle \mathbf{Z},+\rangle$上的关系 E 为

$$xEy\Leftrightarrow x\equiv y(\bmod m),\quad x,y\in X$$

则 E 是 Z 上的等价关系，现证 E 是$\langle \mathbf{Z},+\rangle$上的同余关系。

若 aEb，cEd 则 $a\equiv b(\bmod m)$，$c\equiv d(\bmod m)$即存在 $k_1,k_2\in$ Z，使

$$a-b=k_1m,\quad c=d=k_2m$$

所以

$$(a+c)-(b+d)=(a-b)+(c-d)=(k_1+k_2)m$$

从而

$$(a+c)\equiv(b+d)(\bmod m)$$

即

$$(a+c)E(b+d)$$

还可以证明 E 也是$\langle \mathbf{Z},\cdot\rangle$和$\langle \mathbf{Z},-\rangle$上的同余关系。

例 9.39　设 $A=\{a,b,c,d\}$，在 A 上定义关系 $R=\{\langle a,a\rangle,\langle a,b\rangle,\langle b,a\rangle,\langle b,b\rangle,\langle c,c\rangle,\langle c,d\rangle,\langle d,c\rangle,\langle d,d\rangle\}$，则 R 是 A 上的等价关系。$\circ$和 $*$ 分别由表 9.5 和表 9.6 所定义，它们都是 A 上的二元运算。

$\langle A,\circ\rangle$和$\langle A,*\rangle$是两个代数系统。

表 9.5 运算∘的定义

∘	a	b	c	d
a	a	a	d	c
b	b	a	d	a
c	c	b	a	b
d	d	d	b	a

表 9.6 运算 * 的定义

*	a	b	c	d
a	a	a	d	c
b	b	a	d	a
c	c	b	a	b
d	c	d	b	a

容易验证,R 是 A 上关于运算∘的同余关系,同余类为$\{a,b\}$和$\{c,d\}$。

由于对$<a,b>,<c,d>\in R$,有 $<a*c,b*d>=<d,a>\notin R$。所以 R 不是 A 上关于运算 * 的同余关系。

由例 9.39 可知,在 A 上定义的等价关系R,不一定是 A 上的同余关系,这是因为同余关系必须与定义在 A 上的二元运算密切相关。

定义 9.24 设E 是代数系统$<X,\circ>$上的同余关系,在集合 X/E 上定义运算 * 如下:$[x_1]*[x_2]=[x_1\circ x_2]$。称$<X/E,*>$为$<X,\circ>$的商代数。

这里需要说明对于商集 X/E 中任意两个元素$[x_1]$,$[x_2]$,运算结果$[x_1]*[x_2]$在 X/E 是唯一确定的,即如果$[x_1]=[y_1]$和$[x_2]=[y_2]$时,有$[x_1]*[y_1]=[x_2]*[y_2]$。

事实上,由于 E 是同余关系,故有$(x_1\circ x_2)E(y_1\circ y_2)$,从而$[x_2\circ x_2]=[y_1\circ y_2]$,由运算 * 的定义,得$[x_1]*[x_2]=[y_1]*[y_2]$。

也就是说,X/E 上的运算 * 与∘代表元的选择无关。

定理 9.20 设∘是非空集合 X 上的二元运算,E 是 X 上关于∘的同余关系,则存在代数系统$<X,\circ>$到商代数$<X/E,*>$的满同态。

即$<X/E,*>$是$<X,\circ>$的同态像。

证明 作映射 $g_e:X\to X/E$,$g_e(x)=[x]$,$x\in X$,显然 g_e 是满射,而且,对任意 x_1,$x_2\in X$,$g_e(x_1\circ x_2)=(x_1\circ x_2)=[x_1]*[x_2]=g_e(x_1)*g_e(x_2)$。

由定理 9.20 可见,任何一个在其上定义了一种同余关系 E 的代数系统都以 E 所确定的商代数为同态的像,其中同态映射 g_E 称为同余关系 E 的自然同态。因此,定理 9.20 说明对于一个代数系统$<X,\circ>$中的同余关系 E,可以定义一个自然同态 g_E,反之若 f 是代数系统$<X,\circ>$到$<Y,*>$的同态映射,是否可对应地定义一个同余关系 E 呢?事实上,在同态映射 f 与$<X,\circ>$上的同余关系之间,确实存在一定意义下的一一对应关系。

定理 9.21 设$<X,\circ>$和$<Y,*>$是两个具有二元运算的代数系统,f 是$<X,\circ>$到$<Y,*>$的同态映射,则 X 上的关系 $E_f=\{<x,y>\mid f(x)=f(y),x,y\in X\}$ 是一个同余关系。

证明 易得,E_f 是 X 上的等价关系。

因为 f 是同态映射，所以，若 $x_1 E_f y_1, x_2 E_f y_2$，则

$$f(x_1 \circ x_2) = f(x_1) * f(x_2) = f(y_1) * f(y_2) = f(y_1 \circ y_2)$$

即 $(x_1 \circ x_2) E_f (y_1 \circ y_2)$，故 E_f 是一个同余关系。

定理 9.22 设 f 是 $<X, \circ>$ 到 $<Y, \Delta>$ 的满同态映射，则 $<X/E_f, *>$ 与 $<Y, \Delta>$ 同构。

证明 定义映射 $h: X/E_f \to Y, h([x]) = f(x)$。

由 E_f 的定义，若 $f(x_1) = f(x_2)$，则有 $x_1 E_f x_2$，即 $[x_1] = [x_2]$，所以 h 是映射且是单射，又因为 h 是满同态，所以 h 是满射。

又因为

$$\begin{aligned} h([x_1] * [x_2]) &= h([x_1 \circ x_2]) \\ &= f(x_1 \circ x_2) \\ &= f(x_1) \Delta f(x_2) \\ &= h([x_1]) \Delta h([x_2]) \end{aligned}$$

所以，h 是一个从 $(X/E_f, *)$ 到 $<Y, \Delta>$ 的同构映射。

定理 9.22 说明，如果 $<X, \circ>$ 与 $<Y, \Delta>$ 满同态，必能找到一个代数系统与 $<Y, \Delta>$ 同构。

推论 若 f 是从 $<X, \circ>$ 到 $<Y, \Delta>$ 的同态映射，则 $<X/E_f, *>$ 与 $<f(X), \Delta>$ 同构，$<X/E_f, *>$ 与 $<Y, \Delta>$ 同态。

因此，一个代数系统的同态像可以看作当抽去该系统中某些元素的次要特性的情况下，对该系统的一种粗糙描述。如果把属于同一个同余类的元素看作是没有区别的，那么原系统的性态可以用同余类之间的相互关系来描述。

9.7 环与域

前面几节，我们已初步研究了具有一个二元运算的代数系统——半群、含幺半群和群。现在，我们将讨论具有两个二元运算的代数系统。对于给定的两个具有二元的代数系统 $<X, \Delta>$ 和 $<X, *>$，容易将它们组合成一个具有两个二元运算的代数系统 $<X, \Delta, *>$，我们感兴趣的是两个二元运算 Δ 和 $*$ 之间有联系的代数系统 $<A, \Delta, *>$。通常把第一个运算 Δ 称为"加法"，把第二个运算 $*$ 称为"乘法"。

如对整数集 $\mathbf{Z}$ 和有理数集 $\mathbf{Q}$ 以及通常数的加法和乘法，有具有两个二元运算的代数系统 $<\mathbf{Z}, +, \times>$ 和 $<\mathbf{Q}, +, \times>$。并且对于任意的 $a, b, c \in \mathbf{Z}$（或 $\mathbf{Q}$），都有 $a \times (b + c) = (a \times b) + (a \times c)$ 以及 $(b + c) \times a = (b \times a) + (c \times a)$，这就是二元运算"+"和"×"的联系，也就是乘法运算对加法运算是可分配的。

定义 9.25 设 X 是非空集合，$<X, \Delta, *>$ 是代数系统，$\Delta, *$ 都是二元运算，如果

(1) $<X, \Delta>$ 是交换群；

(2) $<X, *>$ 是半群；

(3) 运算 $*$ 对于运算 Δ 是可分配的。

则称 $<X, \Delta, *>$ 是环。环 $<X, \Delta, *>$ 中若运算 $*$ 是可交换的，则称环 $<X, \Delta, *>$ 为**交换环**；否则称为非交换环。

例 9.40 全体整数 **Z**、全体有理数 **Q**、全体实数 **R** 和全体复数 **C** 关于数的加法和乘法都分别构成环,而且都是交换环。

例 9.41 x 的整系数多项式的全体 $\mathbf{Z}[x]$,即

$$\mathbf{Z}[x]=\{f(x)=a_nx^n+a_{n-1}x^{n-1}+\cdots+a_1x+a_0 \mid a_n,a_{n-1},\cdots,a_0\in\mathbf{Z},n\text{ 是非负整数}\}$$

且关于通常多项式的加法与乘法构成环。同样 x 的有理系数多项式集 $\mathbf{Q}[x]$、实系数多项式集 $\mathbf{R}[x]$和复系数多项式集 $\mathbf{C}[x]$关于通常多项式的加法和乘法都分别构成环。

例 9.42 整数集 **Z** 上的 n 阶方阵全体 $\boldsymbol{M}(n,\mathbf{Z})$关于矩阵的加法和乘法也构成环。当 $n\geqslant 2$ 时,这种环是非交换环。同样有环 $\boldsymbol{M}(n,\mathbf{Q})$,$\boldsymbol{M}(n,\mathbf{R})$与 $M(n,\mathbf{C})$。

例 9.43 前面在同余类集 $\mathbf{Z}_m$ 中引进了两种运算 $+_m$ 与 $\times_m$,容易验证$<\mathbf{Z}_m,+_m,\times_m>$是一个交换环,称为模 m 的同余类环。

环中称为加法的运算常用+表示,称为乘法的运算常用·表示。

定理 9.23 设$<X,+,\cdot>$是一个环,则对任意的 $x,y,z\in X$,有

(1) $x\cdot\theta=\theta\cdot x=\theta$;

(2) $x\cdot(-y)=(-x)\cdot y=-(x\cdot y)$;

(3) $(-x)\cdot(-y)=xy$;

(4) $x\cdot(y-z)=x\cdot y-x\cdot z$;

(5) $(y-z)\cdot x=y\cdot x-z\cdot x$。

其中,θ 是加法幺元,$-x$ 是 x 的加法逆元,并且 $x+(-y)=x-y$。

证明

(1) 因为 $x\cdot\theta=x\cdot(\theta+\theta)=x\cdot\theta+x\cdot\theta$,$<X,+>$是群,所以由加法消去律得 $x\cdot\theta=\theta$。同理可证 $\theta\cdot x=\theta$。

(2) 因为

$$(-x)\cdot y+x\cdot y=(-x+x)\cdot y=\theta\cdot y=\theta$$

类似地,有

$$x\cdot y+(-x)\cdot y=\theta$$

所以$(-x)\cdot y$ 是$x\cdot y$ 的逆元,即$(-x)\cdot y=-(x\cdot y)$。

(3) 因为

$$x\cdot(-y)+(-x)\cdot(-y)=[x+(-x)]\cdot(-y)=\theta\cdot(-y)=\theta$$

$$x\cdot(-y)+x\cdot y=x\cdot[(-y)+y]=x\cdot\theta=\theta$$

所以

$$(-x)\cdot(-y)=x\cdot y$$

(4)
$$\begin{aligned}x\cdot(y-z)&=x\cdot[y+(-z)]\\&=x\cdot y+x\cdot(-z)\\&=x\cdot y+(-x\cdot z)=x\cdot y-x\cdot z\end{aligned}$$

(5)
$$\begin{aligned}(y-z)\cdot x&=[y+(-z)]\cdot x\\&=y\cdot x+(-z\cdot)x\\&=y\cdot x+(-z\cdot x)=y\cdot x-z\cdot x\end{aligned}$$

例 9.44 设$<X,+,\cdot>$是环,任取 $x,y\in X$,计算$(x-y)^2$ 和$(x+y)^3$。

解

$$
\begin{aligned}
(x-y)^2 &= (x-y)\cdot(x-y) \\
&= x^2 - y\cdot x - x\cdot y - y\cdot(-y) \\
&= x^2 - y\cdot x - x\cdot y + y^2
\end{aligned}
$$

类似可得

$$(x+y)^3 = x^3 + y\cdot x^2 + x\cdot y\cdot x + y^2\cdot x + x^2\cdot y + y\cdot x\cdot y + x\cdot y^2 + y^3$$

显然,若$<X,+,\cdot>$是交换环,$x,y\in X$,则

$$(x-y)^2 = x^2 - 2xy - y^2$$

$$(x+y)^3 = x^3 + 3x^2y + 3xy^2 + y^3$$

还可以根据环中乘法的性质来定义一些常见的特殊环。

定义 9.26　设$<X,+,\cdot>$是环,如果$<X,\cdot>$含有幺元,则称$<X,+,\cdot>$是**含幺环**。

例 9.45　设 A 是集合,$P(A)$是它的幂集,如果在 $P(A)$上定义二元运算$+$和$\cdot$如下,对于任意的 $X,Y\in P(A)$,$X+Y=\{x\mid x\in S$ 且 $x\in X\cup Y$ 且 $x\notin X\cap Y\}$,$X\cdot Y=X\cap Y$。

容易证明$<P(A),+,\cdot>$是环,因为集合运算$\cap$是可交换的,$<P(A),\cdot>$有幺元 A,所以环$<P(A),+,\cdot>$是含有幺元的交换环。

例 9.46　设 $X=\{2k\mid k\in\mathbf{Z}\}$,则 X 关于数的加法和乘法构成环,称为偶数环,它不含幺元,从而不是含幺元。

定义 9.27　设$<X,+,\cdot>$是环,若 $x,y\in X$,$x\neq\theta$,$y\neq\theta$,而 $x\cdot y=\theta$,则称 x 为 X 的一个**左零因子**,y 为 X 的一个**右零因子**,环 X 的左零因子和右零因子都称为环 X 的**零因子**。

在某些同余类环中有零因子,如$<\mathbf{Z}_6,+_6,\times_6>$中,[2]和[3]就是它的零因子。当 $n\geqslant 2$ 时,矩阵环 $\boldsymbol{M}(n,\mathbf{Z})$有零因子,如在矩阵环 $\boldsymbol{M}(2,\mathbf{Z})$中,取 $x=\begin{pmatrix}1&0\\1&0\end{pmatrix}$,$y=\begin{pmatrix}0&0\\1&1\end{pmatrix}$,则 $x\neq 0$,$y\neq 0$,但 $x\cdot y=\begin{pmatrix}1&0\\1&0\end{pmatrix}\cdot\begin{pmatrix}0&0\\1&1\end{pmatrix}=\begin{pmatrix}0&0\\0&0\end{pmatrix}=\theta$,所以 x,y 是 $\boldsymbol{M}(2,\mathbf{Z})$的零因子。

定理 9.24　在交换环$<X,+,\cdot>$中无零因子当且仅当 X 中乘法消去律成立,即对 $c\neq\theta$ 和 $c\cdot a=c\cdot b$,必有 $a=b$。

证明　若 X 中无零因子,并设 $c\neq\theta$ 和 $c\cdot a=c\cdot b$,则有 $c\cdot a-c\cdot b=c\cdot(a-b)=\theta$,必有 $a-b=\theta$,所以 $a=b$。

反之,若消去律成立,设 $a\neq\theta$,$a\cdot b=\theta$,则 $a\cdot b=a\cdot\theta$,消去 a 得 $b=\theta$,所以,X 中无零因子。

定义 9.28　若至少有两个元的环$<X,+,\cdot>$是交换、含幺和无零因子的,则称 X 为**整环**。

整数环$<\mathbf{Z},+,\cdot>$是整环,$<\mathbf{Z}_6,+_6,\times_6>$和$<\boldsymbol{M}(2,\mathbf{Z}),+,\cdot>$都不是整环。

定义 9.29　若环$<X,+,\cdot>$至少含有两个元素且是含幺和无零因子的,并且对任意 $a\in X$,当 $a\neq\theta$ 时,a 有逆元 $a^{-1}\in X$,则称$<X,+,\cdot>$为**除环**。

若环$<X,+,\cdot>$既是整环,又是除环,称 X 是**域**。

例如,$<\mathbf{Q},+,\cdot>$,$<\mathbf{R},+,\cdot>$,$<\mathbf{C},+,\cdot>$都是域,这里 **Q** 为有理数集合,**R** 为实数集合,**C** 为复数集合。但整数环$<\mathbf{Z},+,\cdot>$不是域。

例 9.47 设 S 为下列集合,$+$和$\cdot$是数的加法和乘法。

(1) $S=\{x \mid x=3n$ 且 $n\in\mathbf{Z}\}$;

(2) $S=\{x \mid x=2n+1$ 且 $x\in\mathbf{Z}\}$;

(3) $S=\{x \mid x\in\mathbf{Z}$ 且$\geqslant 0\}$;

(4) $S=\{x \mid x=a+b\sqrt{2}$ 且 $a,b\in\mathbf{Q}\}$。

问 S 关于$+$,$\cdot$能否构成整环?能否构成域?为什么?

解

(1) 不是整环也不是域,因为乘法幺元是 1,$1\notin S$。

(2) 不是整环也不是域,因为数的加法的幺元是 0,$0\notin S$,S 不是环。

(3) S 不是环,因为除 0 外任何正整数 x 的加法逆元是$-x$,而$-x\notin S$。S 当然也不是整环和域。

(4) S 是整环且是域。对任意 $x_1,x_2\in S$,有

$$x_1=a_1+b_1\sqrt{2},\quad x_2=a_2+b_2\sqrt{2},$$

$$x_1+x_2=(a_1+a_2)+(b_1+b_2)\sqrt{2}\in S,$$

$$x_1\cdot x_2=(a_1a_2+2b_1b_2)+(a_1b_2+a_2b_1)\sqrt{2}\in S$$

S 关于$+$和$\cdot$是封闭的,又乘法幺元 $1=1+0\sqrt{2}\in S$。

易证$<S,+,\cdot>$是整环,且对任意 $x\in S$,当 $x\neq 0$ 时,$x=a+b\sqrt{2}$,a,b 不同时为 0,

$$\frac{1}{x}=\frac{1}{a+b\sqrt{2}}=\frac{a-b\sqrt{2}}{a^2-2b^2}=\frac{a}{a^2-2b^2}-\frac{b}{a^2-2b^2}\sqrt{2}\in S$$

所以$<S,+,\cdot>$是域。

定理 9.25 有限整环是域。

证明 设$<X,+,\cdot>$是一个有限整环,则对 $a,b,c\in X$ 且 $c\neq\theta$,若 $a\neq b$,那么 $a\cdot c\neq b\cdot c$,再由运算$\cdot$的封闭性,就有 $X\cdot c=\{x\cdot c \mid x\in X\}=X$,对 X 的乘法幺元 e,由 $X\cdot c=X$ 知存在 $d\in X$,使 $d\cdot c=e$,故 d 是 c 的乘法逆元。

所以,有限整环$<X,+,\cdot>$是一个域。

环和域都是具有两个二元运算的代数系统。现在我们来讨论这种代数系统的同态问题。

定理 9.26 设$<X,+,\cdot>$和$<Y,\oplus,\odot>$都是具有两个二元运算的代数系统,如果一个从 X 到 Y 的映射 f,满足如下条件:

对于任意的 $x,y\in X$,有

(1) $f(x+y)=f(x)\oplus f(y)$;

(2) $f(x\cdot y)=f(x)\odot f(y)$。

则称 f 为由$<X,+,\cdot>$到$<Y,\oplus,\odot>$的一个同态映射,并称$<f(x),\oplus,\odot>$是$<X,+,\cdot>$的同态像。

设$<X,+,\cdot>$是一个代数系统,并且 E 是一个在 X 上关于运算$+$和$\cdot$的同余关系,

即 E 是 X 上的一个等价关系，并且若 $<x_1,x_2>,<y_1,y_2>\in E$，则 $<x_1+y_1,x_2+y_2>\in E$，$<x_1\cdot y_1,x_2\cdot y_2>\in E$。则 X/E 是 X 关于 E 的商集，在 X/E 上定义两个运算⊕和⊙如下：

$$[x],[y]\in X/E,\quad [x]\oplus[y]=[x+y],[x]\odot[y]=[x\cdot y]$$

如果定义由 X 到 X/E 的映射 f：对于 $x\in X$，$f(x)=[x]$，那么，对于任意的 $a,b\in X$ 有

$$f(a+b)=[a+b]=[a]\oplus[b]=f(a)\oplus f(b)$$
$$f(a\cdot b)=[a\cdot b]=[a]\odot[b]=f(a)\odot f(b)$$

因此，f 是一个由 $<X,+,\cdot>$ 到 $<X/E,\odot>$ 的同态映射，显然 f 是 X 到 X/E 的满射，所以 $<X/E,\oplus,\odot>$ 是 $<X,+,\cdot>$ 的同态像。

例 9.48 设 $<\mathbf{N},+,\cdot>$ 是一个代数系统，$\mathbf{N}$ 是自然数集，$+$ 和 $\cdot$ 是普通的加法和乘法，并设代数系统 $<$\{偶,奇\}$,\oplus,\odot>$，其中⊕，⊙的运算表如表 9.7 所示。

表 9.7 ⊕和⊙的运算

⊕	偶　奇	⊙	偶　奇
偶	偶　奇	偶	偶　偶
奇	奇　偶	奇	偶　奇

定义 $\mathbf{N}$ 到集合\{偶,奇\}的映射 f 如下：

$$f(n)=\begin{cases}\text{偶}, & n=2k,k=0,1,2,\cdots\\ \text{奇}, & n=2k+1,k=0,1,2,\cdots\end{cases}$$

容易验证 f 是由 $<\mathbf{N},+,\cdot>$ 到 $<$\{偶,奇\}$,\oplus,\odot>$ 的同态映射，因此，由 f 是满射知，$<$\{偶,奇\}$,\oplus,\odot>$ 是 $<\mathbf{N},+,\cdot>$ 的一个同态像。

例 9.49 设 $<\mathbf{Z},+,\cdot>$ 是整数环，E 是整数集 $\mathbf{Z}$ 上的模 m 同余关系，即 $xEy\Leftrightarrow x\equiv y(\bmod m)x,y\in\mathbf{Z}$ 则 E 是 $\mathbf{Z}$ 上的等价关系，容易证 E 是环 $<\mathbf{Z},+,\cdot>$ 上的同余关系。$\mathbf{Z}/E=\mathbf{Z}_m$，由上面的讨论知，$<\mathbf{Z}_m,+_m,\times_m>$ 是 $<\mathbf{Z},+,\cdot>$ 的同态像。

定理 9.27 任一环的同态像是一个环。

证明 设 $<X,+,\cdot>$ 是环，$<Y,\oplus,\odot>$ 是代数系统，f 是 $<X,+,\cdot>$ 到 $<Y,\oplus,\odot>$ 的同态满射。因为 $<X,+>$ 是群，f 也是 $<X,+>$ 到 $<Y,\oplus>$ 的同态满射，所以，$<Y,\oplus>$ 是群且对任意 $y_1,y_2\in Y$，存在 $x_1,x_2\in X$ 使

$$y_1=f(x_1),\quad y_2=f(x_2)$$

所以

$$\begin{aligned}y_1\oplus y_2&=f(x_1)\oplus f(x_2)\\&=f(x_1+x_2)\\&=f(x_2+x_1)\\&=f(x_2)\oplus f(x_1)\\&=y_2\oplus y_1\end{aligned}$$

所以 $<Y,\oplus>$ 是交换群。

因为 $<X,\cdot>$ 是半群，f 也是 $<X,\cdot>$ 到 $<Y,\odot>$ 的同态满射，所以 $<Y,\odot>$ 是半

群。下面证明$\odot$对$\oplus$适合分配律。对于任意的$y_1,y_2,y_3\in Y$,因为f是X到Y的满射,所以存在$x_1,x_2,x_3\in X$使得$f(x_i)=y_i,i=1,2,3$。

于是

$$\begin{aligned}
y_1\odot(y_2\oplus y_3)&=f(x_1)\odot(f(x_2)\oplus f(x_3))\\
&=f(x_1)\odot f(x_2+x_3)\\
&=f(x_1\cdot(x_2+x_3))\\
&=f((x_1\cdot x_2)+(x_1\cdot x_3))\\
&=f(x_1\cdot x_2)\oplus f(x_1\cdot x_3)\\
&=(f(x_1)\odot f(x_2))\oplus(f(x_1)\odot f(x_3))\\
&=(y_1\odot y_2)\oplus(y_1\odot y_3)
\end{aligned}$$

同理可证

$$(y_2\oplus y_3)\odot y_1=(y_2\odot y_1)\oplus(y_3\odot y_1)$$

所以$<Y,\oplus,\odot>$是环。

9.8 格

在前面的章节中,已经介绍了偏序和偏序集的概念,偏序集就是由一个集合X以及X上的一个偏序关系"$\leqslant$"所组成的一个序偶——$<X,\leqslant>$。若a,b都是某个偏序集中的元素,以下把集合$\{a,b\}$的最小上界(最大下界),称为元素a,b的最小上界(最大下界)。

对于给定的偏序集,它的子集不一定有最小上界或最大下界。例如,在如图9.1所示的偏序集中,b,c的最大下界是a,但没有最小上界。d,e的最小上界是f,但没有最大下界。

然而,如图9.2所示的偏序集却都有一个共同的特性,那就是这些偏序集中,任何两个元素都有最小上界和最大下界。这就是我们将要讨论的被称作格的偏序集。

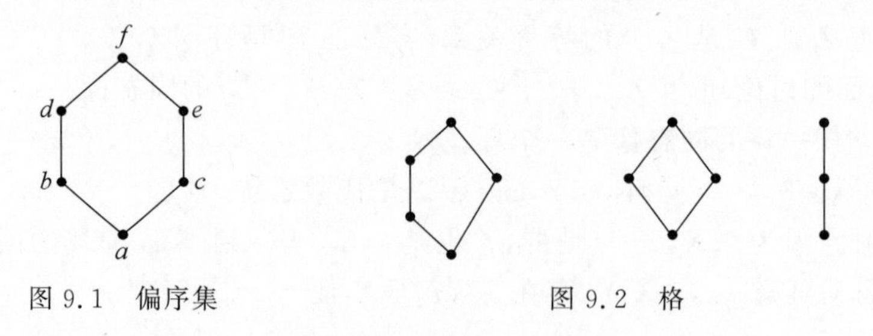

图9.1 偏序集　　　　图9.2 格

定义9.30 设$<X,\leqslant>$是一个偏序集,如果X中任意两个有最小上界和最大下界,则称$\leqslant$为格。

例9.50 S是一个集合,$P(S)$是S的幂集,则$<P(S),\subseteq>$是一个格。因为对于任何的$A,B\subseteq S$,A,B的最小上界为$A\cup B$,A,B的最大下界为$A\cap B$。

例9.51 设$\mathbf{N}^+$是所有正整数集合,在$\mathbf{N}^+$上定义一个二元关系$|$,$x,y\in\mathbf{N}^+$,$x|y$当且仅当x整除y。容易验证$|$是$\mathbf{N}^+$上的一个偏序关系,故$<\mathbf{N}^+,|>$是偏序集。由于该偏序集中任意两个元素的最小公倍数和最大公约数分别是这两个元素的最小上界和最大下界,因此$<\mathbf{N}^+,|>$是格。

例 9.52　设集合 $A=\{a,b,c\}$，考虑恒等关系$=$，$=$是一种特殊的偏序关系，所以$<A,=>$是一个偏序集，但它不是格，因为 A 中任意两个元素都是既无最小上界又无最大下界，如图 9.3 所示。

定义 9.31　设$<X,\leqslant>$是一个格，如果在 X 上定义两个二元运算 $\vee$ 和 $\wedge$，使得对于任意的 $x,y\in X$，$x \vee y$ 等于 x 和 y 的最小上界，$x\wedge y$ 等于 x 和 y 的最大下界。则称$<X,\vee,\wedge>$为由格$<X,\leqslant>$所诱导的**代数系统**。二元运算 $\vee$ 和 $\wedge$ 分别称为**并运算**和**交运算**。

例 9.53　对给定的集合 S，由例 9.50 知，$<P(S),\subseteq>$是一个格，现设 $S=\{x,y\}$，则 $P(S)=\{\varnothing,\{x\},\{y\},\{x,y\}\}$，格$<P(S),\subseteq>$如图 9.4 所示。而由格$<P(S),\subseteq>$所诱导的代数系统$<P(S),\vee,\wedge>$，其中运算 $\vee$ 是集合的并，运算 $\wedge$ 是集合的交。故 $\vee$ 和 $\wedge$ 的运算表分别如表 9.8(a)和表 9.8(b)所示。

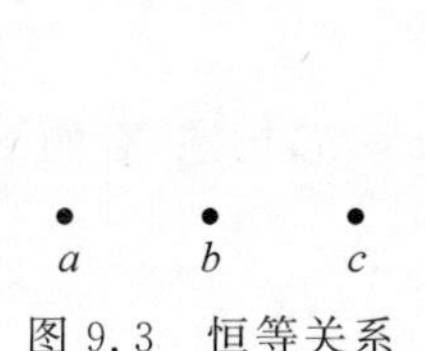

图 9.3　恒等关系

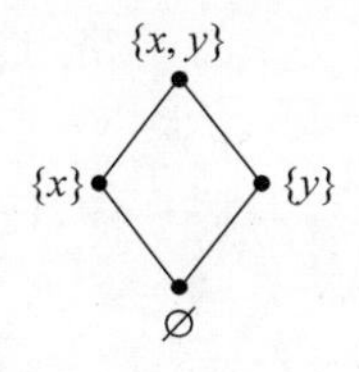

图 9.4　$<P(S),\subseteq>$格

表 9.8(a)　$\vee$ 运算

$\vee$	$\varnothing$	$\{x\}$	$\{y\}$	$\{x,y\}$
$\varnothing$	$\varnothing$	$\{x\}$	$\{y\}$	$\{x,y\}$
$\{x\}$	$\{x\}$	$\{x\}$	$\{x,y\}$	$\{x,y\}$
$\{y\}$	$\{y\}$	$\{x,y\}$	$\{y\}$	$\{x,y\}$
$\{x,y\}$	$\{x,y\}$	$\{x,y\}$	$\{x,y\}$	$\{x,y\}$

表 9.8(b)　$\wedge$ 运算

$\wedge$	$\varnothing$	$\{x\}$	$\{y\}$	$\{x,y\}$
$\varnothing$	$\varnothing$	$\varnothing$	$\varnothing$	$\varnothing$
$\{x\}$	$\varnothing$	$\{x\}$	$\varnothing$	$\{x\}$
$\{y\}$	$\varnothing$	$\varnothing$	$\{y\}$	$\{y\}$
$\{x,y\}$	$\varnothing$	$\{x\}$	$\{y\}$	$\{x,y\}$

例 9.54　设 D_{36} 是 36 的全部正因子的集合，$D_{36}=\{1,2,3,4,6,9,12,18,36,\}$，“|”表示数的整除关系，则$<D_{36},|>$是格，如图 9.5 所示。对 $m,n\in D_{36}$，$m\vee n$ 是 m,n 的最小公倍数，$m\wedge n$ 是 m,n 的最大公约数。

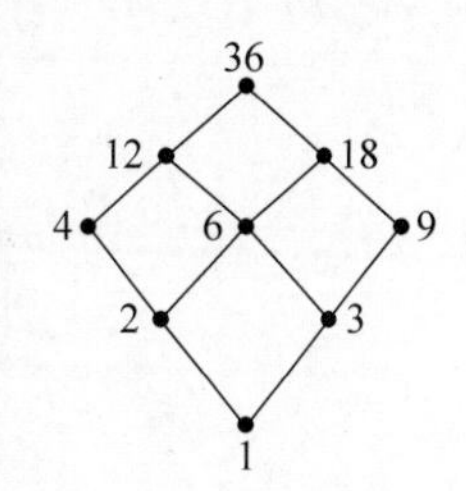

图 9.5　$<D_{36},|>$格

定义 9.32　设$<X,\leqslant>$是一格，由$<X,\leqslant>$诱导的代数系统为$<X,\vee,\wedge>$，设 $Y\subseteq \mathbf{Z}$ 且 $Y\subseteq\varnothing$，如果 Y 关于 X 中的运算 $\vee$ 和 $\wedge$ 都是封闭的，则称$<Y,\leqslant>$是$<X,\leqslant>$的**子格**。

容易证明，若$<Y,\leqslant>$是格$<X,\leqslant>$的子格，则$<Y,\leqslant>$也是格。

例 9.55 例 9.51 给出了一个具体的格$<\mathbf{N}^+,|>$,由它诱导的代数系统为$<\mathbf{N}^+,\vee,\wedge>$,其中,对 $x,y\in\mathbf{N}^+$,$x\vee y$ 是 x,y 的最小公倍数,$x\wedge y$ 是 x,y 的最大公因数。例 9.54 中的 D_{36} 关于 $\mathbf{N}^+$ 中的运算$\vee$和$\wedge$都是封闭的,所以$<D_{36},|>$是格$<\mathbf{N}^+>$的子格。另外若 E^+ 表示全体正偶数集,则任何两个偶数的最大公因数和最小公倍数都是偶数,所以 E^+ 关于 $\mathbf{N}^+$ 的运算$\vee$和$\wedge$封闭,因此,$<E^+,|>$也是$<\mathbf{N}^+,|>$的子格。

例 9.56 设$<L,\leqslant>$是格,其中 $L=\{a,b,c,d,e,f,g,h\}$,如图 9.6 所示。取

$$L_1=\{a,b,d,f\}$$
$$L_2=\{c,e,g,h\}$$
$$L_3=\{a,b,c,d,e,g,h\}$$

从图 9.6 可以看出,$<L_1,\leqslant>$和$<L_2,\leqslant>$都是$<L,\leqslant>$的子格,而偏序集$<L_3,\leqslant>$虽然是格,但它不是$<L,\leqslant>$的子格,这是因为在格$<L,\leqslant>$诱导的代数系统$<L,\vee,\wedge>$中,$b\wedge d=f\notin L_3$。

例 9.57 设$<X,\leqslant>$是一格,任取 $a,b\in X$ 使 $a\leqslant b$,构造 X 的子集。

$$L_1=\{x\mid x\in X \text{ 且 } x\leqslant a\}$$
$$L_2=\{x\mid x\in X \text{ 且 } a\leqslant x\}$$
$$L_3=\{x\mid x\in X \text{ 且 } a\leqslant x\leqslant b\}$$

则$<L_i,\leqslant>$都是$<X,\leqslant>$的子格,$i=1,2,3$。

解 对任意 $x,y\in L_1$,必有 $x\leqslant a$,$y\leqslant a$,所以

$$x\vee y\leqslant a,\quad x\wedge y\leqslant a$$

故

$$x\vee y\in L_1,\quad x\wedge y\in L_1$$

因此,$<L_1,\leqslant>$是$<X,\leqslant>$的子格。

同理可得$<L_2,\leqslant>$,$<L_3,\leqslant>$也是$<X,\leqslant>$的子格。

在讨论格以及格诱导的代数系统的一些性质之前,先介绍对偶的概念和对偶原理。

设$<X,\leqslant>$是一个偏序集,在 X 上定义一个二元关系$\leqslant_R$,使得对于 X 中的两个元素 x,y 有关系 $x\leqslant_R y$ 当且仅当 $y\leqslant x$,可以证明这样定义的 X 上的关系$\leqslant_R$ 是一偏序关系,从而$<X,\leqslant_R>$也是一个偏序集。把偏序集$<X,\leqslant>$和$<X,\leqslant_R>$称为是彼此对偶的(互为对偶的),它们所对应的哈斯图是互为颠倒的。例如,例 9.6 中偏序集$<L,\leqslant>$的哈斯图如图 9.6 所示,$<L,\leqslant>$的对偶$<L,\leqslant_R>$的哈斯图如图 9.7 所示,它恰是图 9.6 的颠倒。

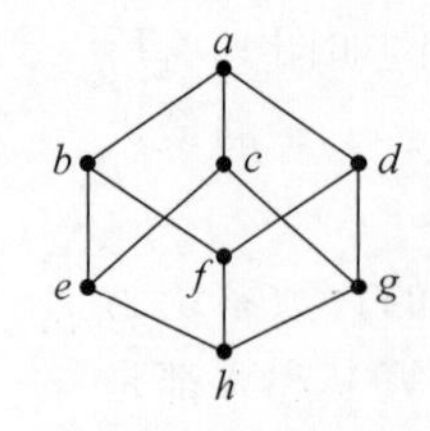

图 9.6 $<L,\leqslant>$格

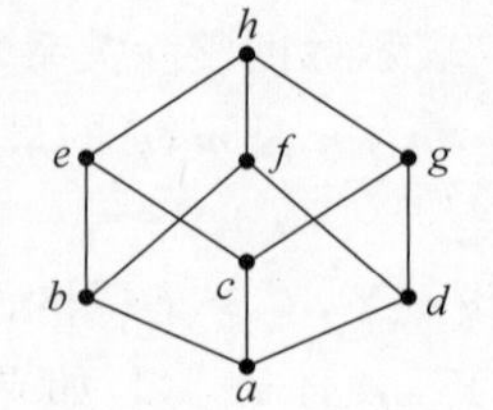

图 9.7 $<L,\leqslant_R>$格

可以证明,若$<\mathbf{Z},\leqslant>$是一个格,则$<\mathbf{Z},\leqslant_R>$也是一个格。我们把二元关系$\leqslant_R$ 称为二元关系$\leqslant$的逆关系,为简单起见,用记号$\geqslant$表示$\leqslant_R$。

对格$<X,\leqslant>$，由$<X\mathbf{Z},\geqslant>$的定义知，由格$<X,\leqslant>$所诱导的代数系统的并(交)运算正好是由格$<X,\geqslant>$所诱导的代数系统的交(并)运算，从而有如下表述的格的对偶原理。

设P是对任意格都为真的命题，如果在命题P中把$\leqslant$换成$\geqslant$，$\vee$换成$\wedge$，$\wedge$换成$\vee$，就得到另一命题P'，我们把P'称为P的对偶命题，则P'对任意格也是真的命题。

下面，讨论格的一些基本性质。

定理9.28　在一个格$<L,\leqslant>$中，对L中任意元a,b,c,d都有

(1) $a\leqslant a\vee b, b\leqslant a\vee b$

$a\wedge b\leqslant a, a\wedge b\leqslant b$

(2) 若$a\leqslant b$且$c\leqslant d$，则

$$a\vee c\leqslant b\vee d$$
$$a\wedge c\leqslant b\wedge d$$

证明

(1) 因为a和b的并是a和b的一个上界，所以$a\leqslant b\vee b$且$b\leqslant a\vee b$，由对偶原理，即得$a\wedge b\leqslant a$且$a\wedge b\leqslant b$。

(2) 因为$b\leqslant b\vee d$，$d\leqslant b\vee d$，所以，由传递性可得$a\leqslant b\vee d$，$c\leqslant b\vee d$，这就表明$b\vee d$是a和c的一个上界，而$a\vee c$是a和c的最小上界。

所以，必有$a\vee c\leqslant b\vee d$。

类似地可以证明$a\wedge c\leqslant b\wedge d$。

推论　在一格$<L,\leqslant>$中，对于$a,b,c\in L$，若$a\leqslant b$，则$a\vee c\leqslant b\vee c$，$a\wedge c\leqslant b\wedge c$。

证明　定理9.28的(2)中取$d=c$即得。

定理9.29　设$<L,\leqslant>$是一个格，由格$<L,\leqslant>$所诱导的代数系统为$<L,\vee,\wedge>$，则对L中的任意元素a,b,c有

(1) 幂等律

$$a\vee a=a$$
$$a\wedge a=a$$

(2) 交换律

$$a\vee b=b\vee a$$
$$a\wedge b=b\wedge a$$

(3) 结合律

$$a\vee(b\vee c)=(a\vee b)\vee c$$
$$a\wedge(b\wedge c)=(a\wedge b)\wedge c$$

(4) 吸收律

$$a\vee(a\wedge b)=a$$
$$a\wedge(a\vee b)=a$$

证明

(1) 由定理9.28可得$a\leqslant a\vee a$，由自反性可得$a\leqslant a$，由此可得$a\vee a\leqslant a$，因此$a\vee a=a$。利用对偶原理，即得$a\wedge a=a$。

(2) 格中任意两个元素a,b的最小上界(最大下界)当然等于b,a的最小上界(最大下

界),所以 $a\vee b=b\vee a(a\wedge b=b\wedge a)$。

(3) 由定理 9.28 中的(1)知 $a\leqslant a\vee(b\vee c)$,$b\leqslant b\vee c\leqslant a\vee(b\vee c)$。

由定理 9.28 中的(2)知 $a\vee b\leqslant a\vee(b\vee c)$。

又因

$$c\leqslant b\vee c\leqslant a\vee(b\vee c)$$

所以

$$(a\vee b)\vee c\leqslant a\vee(b\vee c)$$

类似地可以证明

$$a\vee(b\vee c)\leqslant a\vee(b\vee c)$$

因此

$$a\vee(b\vee c)=(a\vee b)\vee c$$

利用对偶原理,即得

$$a\wedge(b\wedge c)=(a\wedge b)\wedge c$$

(4) 由定理 9.28 得

$$a\leqslant a\vee(a\wedge b)$$

又因为

$$a\leqslant a\quad 和\quad a\wedge b\leqslant a$$

所以

$$a\vee(a\wedge b)\leqslant a$$

因此

$$a\vee(a\wedge b)=a$$

利用对偶原理,即得

$$a\wedge(a\vee b)=a$$

例 9.58 在例 9.51 中给出的格$<\mathbf{N}^+,|>$中,若$<\mathbf{N}^+,\vee,\wedge>$是格$<\mathbf{N}^+,|>$所诱导的代数系统,则对 $a,b\in\mathbf{N}^+$,有 $a\vee b$ 是 a,b 的最小公倍数,记为 $\mathrm{lcm}(a,b)$,$a\wedge b$ 是 a,b 的最大公约数,记为 $\mathrm{gcd}(a,b)$。

在代数系统$<\mathbf{N}^+,\vee,\wedge>$中,对 $\mathbf{N}^+$ 中任意数 a,b,c,由于 $\mathrm{lcm}(a,a)=\mathrm{gcd}(a,a)=a$,所以等幂性成立;因为两个数 a 和 b 的最小公倍数(最大公因数)与 b 和 a 的最小公倍数(最大公约数)是相等的,因此,并运算和交运算都是可交换的;又因为 $\mathrm{lcm}(a,\mathrm{lcm}(b,c))$和 $\mathrm{lcm}(\mathrm{lcm}(a,b),c)$都是三个数 a,b,c 的最小公倍数,所以在$<\mathbf{N},\vee,\wedge>$中并运算是可结合的,同理,有 $\mathrm{gcd}(a,(\mathrm{gcd}(b,c)))=\mathrm{gcd}(\mathrm{gcd}(a,b),c)$,从而交运算也是可结合的;又由于 $\mathrm{lcm}(a,\mathrm{gcd}(a,b))=a$ 和 $\mathrm{gcd}(a,\mathrm{lcm}(a,b))=a$,因而,吸收性也成立。

定理 9.30 若$<L,\leqslant>$是一个格,则对 L 中的任意 a,b,c 都有

$$a\vee(b\wedge c)\leqslant(a\vee b)\wedge(a\vee c) \tag{9.1}$$

$$(a\wedge b)\vee(a\wedge c)\leqslant a\wedge(b\vee c) \tag{9.2}$$

证明 由定理 9.28 知 $a\leqslant a\vee b$ 和 $a\leqslant a\vee c$。

由定理 9.29 和等幂性可得

$$a=a\wedge a\leqslant(a\vee b)\wedge(a\vee c)$$

又因为

$$b \vee c \leqslant b \leqslant a \vee b \quad 且 \quad b \wedge c \leqslant c \leqslant a \vee c$$

所以

$$b \wedge c = (b \wedge c) \wedge (b \wedge c) \leqslant (a \vee b) \wedge (a \vee c)$$

由式(9.1)、式(9.2)及定理 9.29 得

$$a \vee (b \wedge c) \leqslant (a \vee b) \wedge (a \vee c)$$

利用对偶原理,即得

$$(a \wedge b) \vee (a \wedge c) \leqslant a \wedge (b \vee c)$$

定理 9.30 中的式(9.1)和式(9.2)称为分配不等式。

定理 9.31 设$<L,\leqslant>$是一个格,那么对于 L 中任意元 a,b,有 $a\leqslant b \Leftrightarrow a\wedge b=a \Leftrightarrow a\vee b=b$。

证明 先证 $a\leqslant b\Leftrightarrow a\wedge b=a$。

若 $a\leqslant b$,则 $a\leqslant a$,所以 $a\leqslant a\wedge b$,但根据 $a\wedge b$ 的定义应有 $a\wedge b\leqslant a$,由反对称性得 $a\wedge b=a$,这就证明了 $a\leqslant b\Leftrightarrow a\vee b=b$。

反之,若 $a\wedge b=a$,则 $a=a\wedge b\leqslant b$,这就证明了 $a\wedge b=a\Rightarrow a\leqslant b$,因此 $a\leqslant b\Leftrightarrow a\wedge b=a$。

用同样的方法,可以证明

$$a \leqslant b \Leftrightarrow a \vee b = b$$

因而

$$a \leqslant b \Leftrightarrow a \wedge b = a \Leftrightarrow a \vee b = b$$

定理 9.32 设$<L,\leqslant>$是格,则对于 L 中的任意元 a,b,c,有 $a\leqslant c\Leftrightarrow a\vee(b\wedge c)\leqslant (a\vee b)\wedge c$。

证明 由定理 9.31 知

$$a \leqslant c \Leftrightarrow a \vee c = c$$

由定理 9.30 知

$$a \vee (b \wedge c) \leqslant (a \vee b) \wedge (a \vee c)$$

用 c 代替上式中的 $a\vee c$,即得

$$a \vee (b \wedge c) \leqslant (a \vee b) \vee c$$

所以

$$a \leqslant c \Rightarrow a \vee (b \wedge c) \leqslant (a \vee b) \wedge c$$

另外,若 $a\vee(b\wedge c)\leqslant(a\vee b)\wedge c$,则由运算$\vee$,$\wedge$的定义知:

$$a \leqslant a \vee (b \wedge c) \leqslant (a \vee b) \wedge c \leqslant c$$

即有 $a\leqslant c$,所以

$$a \leqslant c \Leftrightarrow a \vee (b \wedge c) \leqslant (a \vee b) \wedge c$$

推论 在一个格$<L,\leqslant>$中,对 L 中任意 a,b,c,必有$(a\wedge b)\vee(a\wedge c)\leqslant a\wedge(b\vee(a\wedge c))$和 $a\vee(b\wedge(a\vee c))\leqslant(a\vee b)\wedge(a\vee c)$。

证明 利用定理 9.32 和 $a\wedge c\leqslant a$ 及 $a\leqslant a\vee c$,便可分别获证。

由定理 9.29 知,若$<X,\vee,\wedge>$是格$<X,\leqslant>$诱导的代数系统,则 X 上的“$\vee$”和“$\wedge$”两种运算都满足交换律、结合律和吸收律。下面我们将说明,若代数$<L,\vee,\wedge>$的两种运算都满足交换律、结合律和吸收律,那么可以在 L 上定义一个偏序,使得 L 中任何两个元素关于这个偏序都有最小上界和最大下界,也就是说,偏序集$<L,\leqslant>$是格,而且$<L,\leqslant>$诱导的代数系统恰是$<L,\wedge,\vee>$。

引理 9.1 设$<L,\wedge,\vee>$是一个代数系统,若$\vee,\wedge$都是二元运算且满足吸收律,则$\vee$和$\wedge$都满足幂等律。

证明 因为运算$\vee$和$\wedge$满足吸收律,即对L中任意元素a,b有

$$a \vee (a \wedge b)=a \tag{9.3}$$

$$a \wedge (a \vee b)=a \tag{9.4}$$

将式(9.3)中的b取为$a\vee b$,便得$a\vee(a\wedge(a\vee b))=a$。

再由式(9.4),即得$a\vee a=a$,同理可证$a\wedge a=a$。

定理 9.33 设$<L,\vee,\wedge>$是一个代数系统,其中$\vee$和$\wedge$都是二元运算且满足交换律、结合律和吸收律,则存在偏序关系,使$<L,\leqslant>$是格且这个所诱导的代数系统就是$<L,\vee,\wedge>$。

证明 设在L上定义二元关系$\leqslant$如下:对于任意$a,b\in L$,$a\leqslant b$当且仅当$a\wedge b=a$。

下面分三步证明定理成立。

先证L上的二元关系$\leqslant$是一个偏序关系。

由引理9.1可知$\wedge$满足幂等律,即对任一$a\in L$,有$a\wedge a=a$,所以$a\leqslant a$,故$\leqslant$是自反的。

对任意$a,b\in L$,若$a\leqslant b$且$b\leqslant a$,由$\leqslant$的定义知$a=a\wedge b$且$b=b\wedge a$。

因为$\wedge$满足交换律,所以$a=b$,故$\leqslant$是反对称的。

对任意的$a,b,c\in L$,若$a\leqslant b$且$b\leqslant c$,则$a=a\wedge b$且$b=b\wedge c$。

因为

$$a \wedge c=(a \wedge b) \wedge c=a \wedge (b \wedge c)=a \wedge b=a$$

所以,$a \leqslant c$,故$\leqslant$是传递的。因此,$\leqslant$是偏序关系。

再证,对任意$a,b\in L$,$a\wedge b$是a和b的最大下界。

由于

$$(a \wedge b) \wedge a=(a \wedge a) \wedge b=a \wedge b$$

$$(a \wedge b) \wedge b=a \wedge (b \wedge b)=a \wedge b$$

所以

$$a \wedge b \leqslant a,\quad a \wedge b \leqslant b$$

即$a\wedge b$是a和b的下界。

设c是a和b的任一下界,即$c\leqslant a$,$c\leqslant b$,则有

$$c \wedge a=c,\quad c \wedge b=c$$

而

$$c \wedge (a \wedge b)=(c \wedge a) \wedge b=c \wedge b=c$$

所以

$$c \leqslant a \wedge b$$

故$a\wedge b$是a和b的最大下界。

最后,根据交换性和吸收性,对L中的任意a,b,若$a\wedge b=a$,则$(a\wedge b)\vee b=a\vee b$,即$b=a\vee b$。

反之,若$a\vee b=b$则$a\wedge(a\vee b)=a\wedge b$,即$a=a\wedge b$。因此$a\wedge b=a\Leftrightarrow a\vee b=b$。

由此可知,L上的偏序关系如下:对任意的$a,b\leqslant L$,$a\leqslant b$当且仅当$a\vee b=b$,从而可用

与上面类似的方法证明 $a \vee b$ 是 a 和 b 的最小上界。

因此，$<L,\leqslant>$是一个格，且这个格所诱导的代数系统就是$<L,\vee,\wedge>$。

定义 9.33　设$<L_1,\leqslant_1>$和$<L_2,\leqslant_2>$都是格，由它们分别诱导的代数系统为$<L_1,\vee_1,\wedge_1>$和$<L_2,\vee_2,\wedge_2>$，如果有一个从 L_1 到 L_2 的映射 Φ，使得对任意的 $x,y\in L_1$，有

$$\Phi(x \vee_1 y)=\Phi(x) \vee_2 \Phi(y)$$

$$\Phi(x \wedge_1 y)=\Phi(x) \wedge_2 \Phi(y)$$

则称 Φ 为从$<L_1,\vee_1,\wedge_1>$到$<L_2,\vee_2,\wedge_2>$的格同态，也称$<\Phi(A_1),\leqslant_2>$是$<A_1,\leqslant_1>$的**格同态像**。另外，若 Φ 还是双射，则称 Φ 是从$<L_1,\vee_1,\wedge_1>$到$<L_2,\vee_2,\wedge_2>$的格同构，并称$<L_1,\leqslant_1>$和$<L_2,\leqslant_2>$这两个格是同构的。

定理 9.34　设 Φ 是格$<L_1,\leqslant_1>$到$<L_2,\leqslant_2>$的格同态，则对任意的 $a,b\in L_1$，当 $a\leqslant_1 b$ 时，$\Phi(a)\leqslant\Phi(b)$。

证明　因为 $a\leqslant_1 b$，所以

$$a \wedge_1 b=a,\Phi(a \wedge_1 b)=\Phi(a),\quad \Phi(a) \wedge_2 \Phi(b)=\Phi(a)$$

故 $\Phi(a)\leqslant_2\Phi(b)$。

由定理 9.34 知，格同态是保序的。但是定理 9.34 的逆命题不一定成立。

例 9.59　设$<S,\leqslant>$是一个格，其中 $S=\{a,b,c,d\}$，如图 9.8 所示。

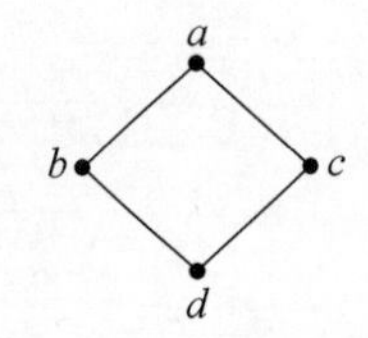

图 9.8　$<S,\leqslant>$格

我们知道，$<P(S),\subseteq>$也是一个格，作映射 $\Phi:S\to P(S)$，对任一 $x\in S$，$\Phi(x)=\{y \mid y\in S$ 且 $y\leqslant x\}$，当 $x,y\in S$ 且 $x\leqslant y$ 时，有 $\Phi(x)\subseteq\Phi(y)$，所以 Φ 是保序的。

但是，对于 $b,c\in S$，有

$$b \vee c=a,\quad \Phi(b \vee c)=\Phi(a)=S$$

而

$$\Phi(b) \cup \Phi(c)=\{b,c,d\}$$

所以

$$\Phi(b \vee c) \neq \Phi(b) \cup \Phi(c)$$

从而 Φ 不是从$<S,\leqslant>$到$<P(S),\subseteq>$的格同态。

定理 9.35　设$<L_1,\leqslant_1>$和$<L_2,\leqslant_2>$都是格，Φ 是从 L_1 到 L_2 的双射，则 Φ 是从$<L_1,\leqslant_1>$到$<L_2,\leqslant_2>$的格同构当且仅当对任意的 $x,y\in L_1$，$x\leqslant_1 y\Leftrightarrow\Phi(x)\leqslant_2\Phi(y)$。

证明　设 Φ 是从$<L_1,\leqslant_1>$到$<L_2,\leqslant_2>$的格同构。由定理 9.34 知，对任意 $x,y\in L_1$，若 $x\leqslant_1 y$，则 $\Phi(x)\leqslant_2\Phi(y)$。

反之，若

$$\Phi(x) \leqslant_2 \Phi(y)$$

则

$$\Phi(x) \wedge_2 \Phi(y)=\Phi(x \wedge_1 y)=\Phi(x)$$

由于 Φ 是双射，所以 $x \wedge_1 y=x$，故 $x\leqslant_1 y$。

设对任意的 $x,y\in L_1$，

$$x \leqslant_1 y \Leftrightarrow \Phi(x) \leqslant_2 \Phi(y)$$

设

$$x \wedge_1 y = u$$

则

$$u \leqslant_1 x, \quad u \leqslant_1 y$$

于是

$$\Phi(x \wedge_1 y) = \Phi(u), \quad \Phi(u) \leqslant_2 \Phi(x), \Phi(u) \leqslant_2 \Phi(y)$$

所以

$$\Phi(u) \leqslant \Phi(x) \wedge_2 \Phi(y)$$

设

$$\Phi(x) \wedge_2 \Phi(y) = \Phi(v)$$

则

$$\Phi(u) \leqslant_2 \Phi(v), \quad \Phi(v) \leqslant_2 \Phi(x), \quad \Phi(v) \leqslant \Phi(y)$$

从而

$$v \leqslant_1 x, \quad v \leqslant_1 y, \quad v \leqslant_1 x \wedge_1 y$$

即

$$v \leqslant_1 u$$

所以

$$f(v) \leqslant_2 f(u)$$

故

$$f(u) = f(v)$$

即

$$f(x \wedge_1 y) = f(x) \wedge_2 f(y)$$

类似地可以证明 $f(x \vee_1 y) = f(x) \vee_2 f(y)$，因此，$\Phi$ 是 $<L_1, \leqslant_1>$ 到 $<L_2, \leqslant_2>$ 的格同构。

习题 9

1. 设 $<S, *>$ 是半群，$a \in s$。在 s 上定义二元运算 $\oplus$ 如下：

$$\forall x, y \in s, x \oplus y = x * a * y$$

证明：$<S, \oplus>$ 是半群。

2. 设 $\mathbf{R}$ 是实数集合。在 $\mathbf{R}$ 上定义二元运算 $*$ 如下：

$$\forall x, y \in \mathbf{R}, \quad x * y = x + y + xy$$

证明：$<\mathbf{R}, *>$ 是含幺半群。

3. 设 $<H_1, *>$ 和 $<H_2, *>$ 是群 $<G, *>$ 的子群。证明：$<H_1 \cap H_2, *>$ 是 $<G, *>$ 的子群。

4. 设 $G = \{f \mid f: \mathbf{R}/\mathbf{R}$ 且 $f(x) = ax + b, a, b \in \mathbf{R}, a \neq 0\}$，其中 $\mathbf{R}$ 是实数集合，$\circ$ 是 G 上的函数复合运算。

(1) 证明$<G,\circ>$是群；

(2) 设$S_1=\{f \mid f(x)=x+b,x,b\in\mathbf{R}\}$，$S_2=\{f \mid f(x)=ax,a,x\in\mathbf{R},a\neq 0\}$。证明：$<S_1,\circ>$和$<S_2,\circ>$都是$<G,\circ>$的子群。

5. 设G是$\boldsymbol{M}_n(R)$上的加法群，$n\geqslant 2$，判断下述子集是否构成子群。

(1) 全体对称矩阵；

(2) 全体对角矩阵；

(3) 全体行列式大于或等于0的矩阵；

(4) 全体上(下)三角矩阵。

6. 设G为群，a是G中给定元素，a的正规化子$N(a)$表示G中与a可交换的元素构成的集合，即

$$N(a)=\{x \mid x\in G \wedge xa=ax\}$$

证明$N(a)$构成G的子群。

7. 设半群$<S,\cdot>$中消去律成立，则$<S,\cdot>$是可交换半群当且仅当$\forall a,b\in S$，$(a\cdot b)2=a^2\cdot b^2$。

8. 设$<G,\cdot>$是群，$a\in G$。令$H=\{x\in G \mid a\cdot x=x\cdot a\}$。试证：$H$是$G$的子群。

9. 在一个群$<G,*>$中，若A和B都是G的子群。试证：若$A\cup B=G$，则$A=G$或$B=G$。

10. 给出群$<\mathbf{Z}_8,+_8>$的全部子群。

11. 设$G=\{1,5,7,11\}$，对G上的二元运算"模12乘法$\times_{12}$"：

$$i\times_{12}j=(i\times j)(\bmod 12)$$

$<G,\times_{12}>$构成群，请求出$<G,\times_{12}>$的所有子群。

12. 设$<G,*>$是群，H是其子群，任给$a\in H$，令

$$aHa=\{a*h*a^{-1} \mid h\in H\}$$

证明：aHa^{-1}是G的子群(称为H的**共轭子群**)。

13. 设$<G,*>$是群，H和K是其子群，证明HK和KH是$<G,*>$的子群当且仅当$HK=KH$，其中

$$HK=\{h*k \mid h\in H \wedge k\in K\} \quad KH=\{k*h \mid k\in K \wedge h\in H\}$$

14. 设$<G,*>$是群，H是G的子集，证明H是G的子群当且仅当$H^2=H$，$H^{-1}=H$，这里

$$H^2=\{h_1*h_2 \mid h_1,h_2\in H\} \quad H^{-1}=(h^{-1} \mid h\in H)$$

15. 某一通信编码的码字$x=(x_1,x_2,\cdots,x_7)$，其中x_1,x_2,x_3和x_4为数据位，x_5,x_6和x_7为校验位($x_1,x_2,\cdots,x_7$都是0或1)，并且满足

$$x_5=x_1+_2x_2+_2x_3 \quad x_6=x_1+_2x_2+_2x_4 \quad x_7=x_1+_2x_3+_2x_4$$

这里$+_2$是模2加法。设H是所有这样的码字构成的集合。在H上定义二元运算如下：

$$\forall x,y\in H,\quad x*y=(x_1+_2y_1,x_2+_2y_2,\cdots,x_7+_2y_7)$$

证明：$<H,*>$构成群，且是$<G,*>$的子群，其中G是长度为7的位串构成的集合。

16. 设$G=<a>$是循环群，$H=<a^s>$和$K=<a^t>$是它的两个子群。证明$H\cap K=<a^u>$，这里$u=\mathrm{lcm}(s,t)$是s和t的最小公倍数。

17. 设5阶置换为

$$\alpha=\begin{pmatrix}1 & 2 & 3 & 4 & 5\\ 2 & 3 & 1 & 5 & 4\end{pmatrix}\quad \beta=\begin{pmatrix}1 & 2 & 3 & 4 & 5\\ 1 & 3 & 4 & 5 & 2\end{pmatrix}$$

计算 $\alpha\beta,\beta\alpha,\alpha^{-1},\alpha^{-1}\beta\alpha,\beta^{-1}\alpha\beta$。

18. 设 $<G,*>$ 是群,若 $\forall x\in G$,有 $x^2=e$,证明 $<G,*>$ 为交换群。

19. 设 $<G,*>$ 是群,证明 G 是交换群的充分必要条件是 $\forall a,b\in G$ 有 $(a*b)^2=a^2*b^2$。

20. 设 $<G,*>$ 是群,并且对任意的 $a,b\in G$ 都有 $(a*b)^3=a^3*b^3,(a*b)^5=a^5*b^5$,证明 G 是交换群。

21. 设 $<G,*>$ 是有限半群,且满足消去律,证明 G 是群。

22. 设 $<G,*>$ 是群,$a,b,c\in G$,证明

$$|a*b*c|=|b*c*a|=|c*a*b|$$

23. 设 $<G,*>$ 是群,$a,b\in G$ 且 $a*b=b*a$。如果 $|a|=n,|b|=m$ 且 n 与 m 互质,证明 $|a*b|=n\times m$。

24. 证明循环群一定是交换群,举例说明交换群不一定是循环群。

25. 阶数为5、6、14、15的循环群的生成元分别有多少个?

26. 设 $G=\{1,5,7,11\}$,对于 G 上的二元运算"模12乘法 $\times_{12}$":

$$i\times_{12}j=(i\times j)(\bmod 12)$$

(1) 证明 $<G,\times_{12}>$ 构成群。

(2) 求 G 中每个元素的次数。

(3) $<G,\times_{12}>$ 是循环群吗?

27. 证明:如果 f 是 $<A_1,\circ>$ 到 $<A_2,*>$ 的同态映射,g 是 $<A_2,*>$ 到 $<A_3,\Delta>$ 的同态映射,则 $g\circ f$ 是 $<A_1,\circ>$ 到 $<A_3,\Delta>$ 的同态映射。

28. 设 f_1,f_2 都是从代数系统 $<A_1,\circ>$ 到 $<A_2,*>$ 的同态映射,g 是 A_1 到 A_2 的一个映射,使得对任意 $a\in A$,都有 $g(a)=f_1(a)*f_2(a)$。

29. 证明:如果 A_2 上的二元运算 $*$ 可交换,则 g 是一个由 $<A_1,\circ>$ 到 $<A_2,*>$ 的同态映射。

30. 设 $\mathbf{Q}$ 是有理数集,$<\mathbf{Q}-\{0\},\times>$ 与 $<\mathbf{Q},+>$ 同构吗?

31. 设 $A=\{a+b\mathrm{i}\mid a,b\in Z,\mathrm{i}^2=-1\}$。证明 A 关于复数的加法和乘法构成环,称为高斯整数环。

32. 设 $f(x)=a_0+a_1x+a_2x^2+\cdots+a_nx^n,a_1,a_2,\cdots,a_n$ 为实数,称 $f(x)$ 为实数域上的 n 次多项式,令

$$A=\{f(x)\mid f(x)\text{ 为实数域上的 } n \text{ 次多项式}, n\in\mathbf{N}\}$$

证明:A 关于多项式的加法和乘法构成环,称为实数域上的多项式环。

33. 判断下列集合和给定运算是否构成环、整环和域,如果不能构成,请说明理由。

(1) $A=\{a+b\mathrm{i}\mid a,b\in\mathbf{Q},\mathrm{i}^2=-1\}$,运算为复数的加法和乘法。

(2) $A=\{2z+1\mid z\in\mathbf{Z}\}$,运算为实数的加法和乘法。

(3) $A=\{2z\mid z\in\mathbf{Z}\}$,运算为实数的加法和乘法。

(4) $A=\{x\mid x\geqslant 0\land x\in\mathbf{Z}\}$,运算为实数的加法和乘法。

(5) $A=\{a+b\sqrt[4]{5}\mid a,b\in\mathbf{Q}\}$,运算为实数的加法和乘法。

34. 设$<\mathbf{R},+,\times>$是环,证明

(1) $\forall a\in\mathbf{R},a0=0a=0$;

(2) $\forall a,b\in\mathbf{R},(-a)b=a(-b)=-(ab)$;

(3) $\forall a,b,c\in\mathbf{R},a(b-c)=ab-ac,(b-c)a=ba-ca$。

35. 设$<\mathbf{R},+,\times>$是环,令

$$C=\{x\mid x\in\mathbf{R}\wedge\forall a\in\mathbf{R}(xa=ax)\}$$

C 称作环 $\mathbf{R}$ 的中心,证明 C 是 $\mathbf{R}$ 的子环。

36. 设 a 和 b 是含么环中的两个可逆元,证明:

(1) $-a$ 可逆,且$(-a)^{-1}=-a^{-1}$;

(2) ab 可逆,且$(ab)^{-1}=b^{-1}a^{-1}$。

37. 下列集合 L 构成的偏序集$<L,\leqslant>$,其中$\leqslant$定义如下:对于 $m,n\in L,m\leqslant n$ 当且仅当m 是 n 的因子。问哪几个偏序集是格?

(1) $L=\{1,2,3,6,9,18\}$;

(2) $L=\{1,2,3,4,5,6,8,12,15\}$;

(3) $L=\{1,2,3,4,5,6,7,8,9,10\}$。

38. 在一个格中,若 $a\leqslant b\leqslant c$,证明:

$$(a\wedge b)\vee(b\wedge c)=(a\vee b)\wedge(a\vee c)$$

39. 在一个格中证明:

(1) $(a\wedge b)\vee(c\wedge d)\leqslant(a\vee c)\wedge(b\vee d)$;

(2) $(a\wedge b)\vee(b\wedge c)\vee(c\wedge a)\leqslant(a\vee b)\wedge(b\vee c)\wedge(c\vee a)$。

参考文献

[1] 耿素云,屈婉玲,张立昂.离散数学[M].北京:清华大学出版社,2013.

[2] 屈婉玲,耿素云,张立昂.离散数学习题解答与学习指导[M].北京:清华大学出版社,2006.

[3] 傅彦,顾小丰,王庆先,等.离散数学及其应用[M].北京:高等教育出版社,2013.

[4] Johnsonbaugh R.离散数学[M].石纯一,金泽,等译.北京:人民邮电出版社,2003.

[5] 袁崇义,屈婉玲,张桂芸.离散数学及其应用[M].北京:机械工业出版社,2011.

[6] 邓辉文.离散数学习题解答[M].北京:清华大学出版社,2010.

[7] 屈婉玲,耿素云,王捍贫,等.离散数学习题解析[M].北京:北京大学出版社,2008.

[8] 杨祥金.离散数学教程[M].北京:清华大学出版社,2010.

[9] 徐洁磐.离散数学导论[M].北京:高等教育出版社,2011.

[10] 高世贵,王艳天.计算机数学[M].北京:北京大学出版社,2011.

[11] 周忠荣.离散数学及其应用[M].北京:电子工业出版社,2007.

[12] 黄林鹏,陈俊清.离散数学[M].北京:清华大学出版社,2015.

[13] 李盘林,李丽双,赵铭伟.离散数学[M].北京:高等教育出版社,2005.

[14] 左孝凌,焦艳芳.离散数学同步辅导及习题全解(新版)[M].上海:上海科学技术文献出版社,2010.

[15] 陈莉,刘晓霞.离散数学[M].北京:高等教育出版社,2010.

[16] 卢开澄,卢华明.组合数学[M].北京:清华大学出版社,2002.

[17] 杨凤杰,欧阳丹彤.离散数学[M].北京:高等教育出版社,2002.

[18] 刘振宏,赵振江.组合数学教程[M].北京:机械工业出版社,2007.

[19] 徐六通,杨娟,吴斌.离散数学及其应用[M].北京:机械工业出版社,2015.

[20] 李明哲,金俊,石端银.图论及其算法[M].北京:机械工业出版社,2010.

[21] 张海良,苏歧芳,林荣斐.图论基础[M].北京:清华大学出版社,2011.

[22] 董晓蕾,曹珍富.离散数学[M].北京:机械工业出版社,2010.

[23] 段禅伦,魏仕民.离散数学[M].北京:北京大学出版社,2006.

[24] Makinson D.计算机数学[M].北京:清华大学出版社,2010.

[25] Rosen K H. Discrete Mathematics and Its Applications[M]. 8th ed.北京:机械工业出版社,2008.

[26] Stein C,Drysdale R L,Bogart K. Discrete Mathematics for Computer Scientists[M].北京:电子工业出版社,2010.

[27] Dossey J A,Otto A D,Spence L E,et al. Discrete Mathematics[M]. 5th ed.北京:机械工业出版社,2006.

[28] Johnsonbaugh R. Discrete Mathematics[M]. 2版.北京:电子工业出版社,2015.

图书资源支持

感谢您一直以来对清华版图书的支持和爱护。为了配合本书的使用，本书提供配套的资源，有需求的读者请扫描下方的“书圈”微信公众号二维码，在图书专区下载，也可以拨打电话或发送电子邮件咨询。

如果您在使用本书的过程中遇到了什么问题，或者有相关图书出版计划，也请您发邮件告诉我们，以便我们更好地为您服务。

我们的联系方式：

地　　址：北京市海淀区双清路学研大厦 A 座 714

邮　　编：100084

电　　话：010-83470236　010-83470237

客服邮箱：2301891038@qq.com

QQ：2301891038（请写明您的单位和姓名）

资源下载：关注公众号“书圈”下载配套资源。

资源下载、样书申请

书圈

图书案例

清华计算机学堂

观看课程直播